Ergänzt wird dieses Buch durch weitere Bände mit SAP-Themen, deren Inhaltsspektrum folgende betrieblichen Anwendungsbereiche abdecken:

- **Betriebswirtschaftliche Anwendungen mit SAP R/3®,** mit einer SAP-Einführung, Customizing, ABAP/4, AcceleratedSAP (ASAP) und Projektsystem (PS);
- **Logistik mit SAP R/3®,** mit Material- und Fertigungswirtschaft, Qualitätsmanagement sowie „Vorkonfigurierte SAP-Systeme – LIVE MASTER";
- **Personalwirtschaft mit SAP R/3®,** (HR) mit Personalstammdaten, Organisationsmanagement, Personalentwicklung und -beschaffung, Zeitwirtschaft, Lohn- und Gehaltsabrechnung, Reisemanagement, Internetanbindung;
- **Vertrieb und Workflow mit SAP R/3®,** mit Optischer Archivierung und Internetanbindung.

Begleitend zu diesem Buch stehen – ergänzend zu den schriftlichen Ausführungen – zahlreiche Video-Sequenzen, Hilfe-Texte und Präsentationen auf einem Web-Server an der Fachhochschule Konstanz, im Fachbereich Informatik, für den interessierten Leser unter folgender **Adresse im Internet** bereit:

http://www-home.fh-konstanz.de/~wenzel/sapinfo

Paul Wenzel (Hrsg.)

Rechnungswesen mit SAP R/3®

Edition Business Computing
herausgegeben von Prof. Dr. Paul Wenzel

Die Reihe **Edition Business Computing** bietet Anwendern, Entscheidern, Beratern sowie Trainern und Dozenten praxisorientierte Leitfäden für den effizienten Einsatz systemintegrierter Software im Unternehmen.

Die Beiträge zeigen Beispiele und Lösungen zur Verbesserung betrieblicher Abläufe und zur Optimierung von Geschäftsprozessen. Es geht u. a. um Themen wie SAP R/3-Anwendungen, ABAP/4, SAP-MIS/EIS, Geschäftsprozeßoptimierung mit BAAN- und Navision-Systemen, Business Workflow, Internetapplikationen.

Besonderer Vorzug der Reihe ist die spezifische Verbindung von Betriebswirtschaft und Informatik in der angewandten Form einer praxisnahen Wirtschaftsinformatik, die sich als **unabhängig versteht gegenüber Firmen und Produkten** und nicht zuletzt dadurch praxisgerechte Hilfestellung anbieten kann.

Die ersten Titel der Reihe:

Geschäftsprozeßoptimierung mit SAP R/3®
hrsg. von Paul Wenzel

Betriebswirtschaftliche Anwendungen des integrierten Systems SAP R/3®
hrsg. von Paul Wenzel

SAP R/3®-Anwendungen in der Praxis
hrsg. von Paul Wenzel

SAP Business Workflow® in der Logistik
von Ulrich Strobel-Vogt

Business Computing mit BAAN®
hrsg. von Paul Wenzel und Henk Post

Business Computing mit NAVISION®-Systemen
hrsg. von Paul Wenzel

Business Computing mit SAP R/3®
hrsg. von Paul Wenzel

Erfolge mit SAP Business Workflow®
von Ulrich Strobel-Vogt

Qualitätsmanagement mit SAP R/3® und ARIS®
von Harald Harings

Betriebswirtschaftliche Anwendungen mit SAP R/3®
hrsg. von Paul Wenzel

Logistik mit SAP R/3®
hrsg. von Paul Wenzel

Vertrieb und Workflow mit SAP R/3®
hrsg. von Paul Wenzel

Personalwirtschaft mit SAP R/3®
hrsg. von Paul Wenzel

Rechnungswesen mit SAP R/3®
hrsg. von Paul Wenzel

Vieweg

Paul Wenzel (Hrsg.)

Rechnungswesen mit SAP R/3®

Finanzbuchhaltung,
Anlagenbuchhaltung,
Kostenrechnung, Controlling

vieweg

Die Deutsche Bibliothek – CIP-Einheitsaufnahme
Ein Titeldatensatz für diese Publikation ist bei
Der Deutschen Bibliothek erhältlich.

1. Auflage Januar 2001

Ursprünglich erschienen bei Friedr. Vieweg & Sohn Verlagsgesellschaft mbH, Braunschweig/ Wiesbaden 2001

www.vieweg.de

Höchste inhaltliche und technische Qualität unserer Produkte ist unser Ziel. Bei der Produktion und Auslieferung unserer Bücher wollen wir die Umwelt schonen: Dieses Buch ist auf säurefreiem und chlorfrei gebleichtem Papier gedruckt. Die Einschweißfolie besteht aus Polyäthylen und damit aus organischen Grundstoffen, die weder bei der Herstellung noch bei der Verbrennung Schadstoffe freisetzen.

Konzeption und Layout des Umschlags: Ulrike Weigel, www.CorporateDesignGroup.de

Gedruckt auf säurefreiem Papier

ISBN 978-3-528-03163-3 ISBN 978-3-322-90876-6 (eBook)
DOI 10.1007/978-3-322-90876-6

Inhaltsübersicht

Inhaltsverzeichnis

Vorwort

Der Schlüssel zur Sicherung und Verbesserung der Wettbewerbsfähigkeit liegt heute in der Informationstechnologie. Die Globalisierung der Märkte, immer kürzere Produktlebenszyklen und zunehmender Kostendruck zwingen die Unternehmen zu einer vorausschauenden Konzeption ihrer Strukturen und zu einem effizienten Management ihrer Geschäftsprozesse und Human Resources.

„*Get the right information to the right people*"[1], in diesem Zusammenhang ist auch die Analogie des ehemaligen CEO und Gründers von Microsoft Bill Gates sehr passend. Er bezeichnet derartige integrierte Informationssysteme - wie bspw. SAP R/3 - als digitale Nervensysteme, als Schaltzentralen im Unternehmen, die die jeweilige Situation analysieren, um schnell und effizient agieren und reagieren zu können.

Dieses Buch wurde von den Studenten/-innen der Wirtschaftsinformatik der Fachhochschule Konstanz als Projekt-Vorlage zu **SAP R/3®**, **Release 4.5B**, zusammengestellt.

Durch eine praxisnahe Bearbeitung des R/3-Systems werden die nachfolgenden Teilbereiche sehr anwendungsnah vorgestellt:

- **Finanzbuchhaltung (FI)**
- **Anlagenbuchhaltung (AM)**
- **Kostenrechnung & Controlling (CO)**

Dabei werden neue SAP-Begrifflichkeiten, wie u. a. Profit-Center-Rechnung, Investitionsmanagement, Konsolidierung (FI-LC), Leasing, Investment-Center und viele andere Neuerungen vorgestellt.

Begleitend zu diesem Buch stehen - ergänzend zu den schriftlichen Ausführungen - zahlreiche Video-Sequenzen und Präsentationen auf einem Web-Server an der Fachhochschule Konstanz, im Fachbereich Informatik, für den interessierten Leser bereit (siehe hierzu Beispieldateien Seite XVII).

[1] Gates, B./Hemmingway, C.: Digitales Business. Wettbewerb im Informationszeitalter, Wilhelm Heyne Verlag, München 1999, S. 15

Die anzuwählende **Adresse im Internet** lautet:

http://www-home.fh-konstanz.de/~wenzel/sapinfo

Nach der **Einwahl über einen Browser**, z. B. MS-Internet-Explorer, Netscape Navigator, stößt man auf eine Datenbankübersicht mit Beispieldateien, die den Interessenten in die einzelnen Teilbereiche der SAP-Software leitet und weitere elektronische Dateien zur Verfügung stellt (siehe hierzu Beispieldateien Seite XVII).

„Datei-Name"

Dargestellt mit dem **Symbol**  und dem **„Datei-Namen.scm"** neben den jeweiligen Textstellen erkennt der Leser, dass es weiterführende Informationen und Ergänzungen zum beschriebenen Sachverhalt im Internet - unter der o. g. Adresse - gibt. Insbes. längere Einstellungen im System und Prozessabläufe werden per Screencam-Film, HTML-Shows und PowerPoint-Präsentationen anschaulich gezeigt. Fast alle betrieblichen Anwendungsmodule, insbes. HR, FI, CO, AM, MM, PP, SD und Workflow, werden mit Fallbeispielen videogestützt vorgestellt, damit der User einen deutlich größeren und umfassenderen Überblick über die R/3-Anwendungen erhält.

Ergänzt wird dieses Buch durch weitere Bände mit SAP-Themen, deren Inhaltsspektrum folgende betrieblichen Anwendungsbereiche abdecken:

- **Betriebliche Anwendungen des Systems SAP R/3®** mit einer SAP-Einführung, Customizing, ABAP/4, AcceleratedSAP (ASAP) und Projektsystem (PS);
- **Personalwirtschaft (HR)** mit Personalstammdaten, Organisationsmanagement, Personalentwicklung und -beschaffung, Zeitwirtschaft, Lohn- und Gehaltsabrechnung, Reisemanagement, Internetanbindung;
- **Logistik** mit Material- und Fertigungswirtschaft, Qualitätsmanagement sowie „Vorkonfigurierte SAP-Systeme – LIVE MASTER";
- **Vertrieb, Workflow, Optische Archivierung** und **Internetanbindung**.

Dieses Buch bietet einen umfassenden Funktionsüberblick über die Möglichkeiten in **Release 4.5B** des R/3-Systems, der über eine Bedienungsanleitung hinausgeht. Die angegebenen Menüpfade können sich bei anderen Releases ändern, oftmals sind mehrere Wege über das Menü zum gleichen Ziel möglich. Als **Bedienungsanleitung sei auf die SAP-Online-Dokumentation** verwiesen.

Danksagungen

Von Seiten der Autoren und nicht zuletzt der Hochschule gilt unser **Dank der SAP AG**, Walldorf, für die großzügige Überlassung der Software R/3, der vielen Beschreibungen, Unterstützungen und Hinweisen zum System R/3, die in diesem Buch praxis- bzw. systemnah eingearbeitet wurden.

Für die geschätzte Mitarbeit und das **enorme Engagement** der 21 Autoren, insbes. der Wirtschaftsinformatik-Studenten/-innen der Fachhochschule Konstanz (siehe Autorenverzeichnis, S. 286), bedanke ich mich herzlichst.

Zuletzt **danken wir besonders meiner lieben Frau Martina** (StR) und unserem **Vater Wendlin Wenzel** (StD a.D., Hainburg), die in vielen Tagen und Wochen das Lektorat für dieses Werk übernommen haben.

Paul Wenzel, Konstanz im Dezember 2000

Beispieldateien, die per Internet abrufbar sind, unter:

http://www-home.fh-konstanz.de/~wenzel/sapinfo

„Datei-Name"

Finanzbuchhaltung

1. Kapitel:

„Kreditor anlegen.scm"
„Konto_analyse.scm"
„Beurteilung.scm"
„Saldenliste.scm"
„Kontoverzeichnis.scm"
„Reportinglisten.scm"
„Musterbelege erstellen.scm"

Anlagenbuchhaltung

2. Kapitel:

„Bewertungsplan.scm"
„Bewertungsbereiche.scm"
„Buchungskreis.scm"
„Anlagenklassen.scm"
„Anlage anlegen.scm"
„Anlagen ändern.scm"
„Anlagen sperren-löschen.scm"
„GV Kauf.scm"
„GV Verkauf.scm"
„GV Umbuchung.scm"
„Sonderabschreibung.scm"

Kostenrechnung & Controlling (CO)

3. Kapitel:

„Ergebnisbericht.scm"
„Auftrag.scm"
„CO-Ueberblick.scm"
„Bauteilkalkulation.scm"
„Produktionskosten.scm"
„PCA-Zuordnung1.scm"
„PCA-Zuordnung2.scm"

1 Finanzbuchhaltung

1.1 Organisation und Konfiguration

Bei der Organisation und Konfiguration der Buchhaltung handelt es sich lediglich um das Customizing der Buchhaltung.

Da SAP ein Produkt geschaffen hat, das in jedem Bereich eingesetzt werden kann, ist es notwendig jedes Modul so einzurichten, dass nur die Informationen, die für die Firma oder den Konzern von Interesse sind, bearbeitet und ausgewertet werden.

Dies wird aus dem **Werkzeuge-Menü** ausgeführt, das wie folgt aussieht:

Abb. 1.1
Menü Werkzeuge

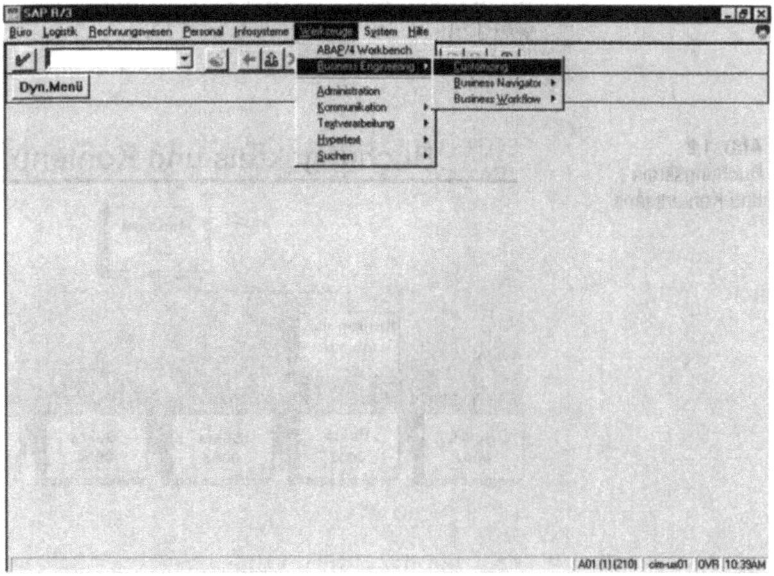

1.1.1 Organisationsstruktur der Buchhaltung

Die Organisationsstruktur der Buchhaltung besteht aus drei Einheiten:

1. **dem Mandanten**
2. **der rechtlichen Organisationsstruktur**
3. **der internen Organisationsstruktur**

Mandant

Der Mandant steht in der Hierarchie ganz oben, d. h. alle Informationen, wie die Stammdaten, die hier abgelegt werden, können überall benutzt werden.

Die **rechtliche Organisationsstruktur** ist wie folgt aufgebaut:

1. **Buchungskreis**
2. **Kostenrechnungskreis**

Buchungskreis

Jeder Buchungskreis stellt eine selbstständig bilanzierende Einheit dar. Auf der Ebene des Buchungskreises wird die vom Gesetzgeber geforderte Bilanz und GuV erstellt. Für jeden Mandanten können mehrere Buchungskreise eingerichtet werden, um die Buchhaltung mehrerer selbständiger Unternehmen gleichzeitig führen zu können. Eine weitere Untergliederung ist durch interne Organisationsstrukturen möglich.

Jeder Buchungskreis verwendet genau einen Kontenplan. Ein Kontenplan kann jedoch von mehreren Buchungskreisen benutzt werden:

Abb. 1.2 Buchungskreis und Kontenpläne

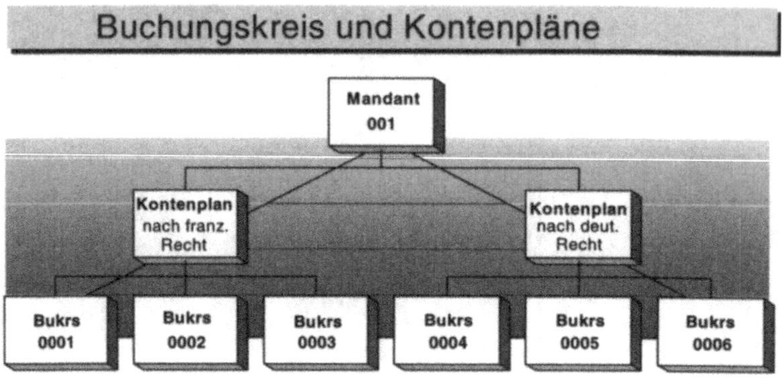

Durch folgende Schritte kann - vom Customizing-Menü aus - nach Auswahl von *„Unternehm.-IMG“* die nachfolgende Bildschirmmaske erreicht werden:

Abb. 1.3
Unternehmens-IMG

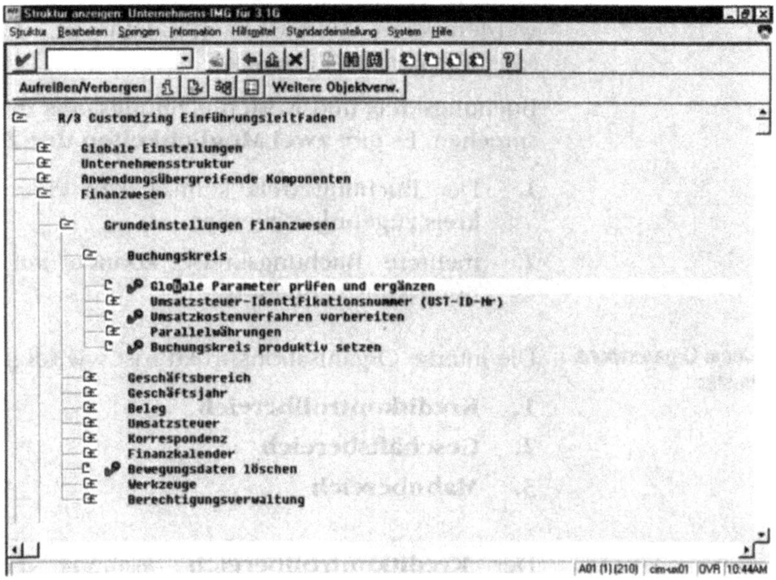

Am Ende erscheint folgende Bildschirmmaske:

Abb. 1.4
Buchungskreis definieren

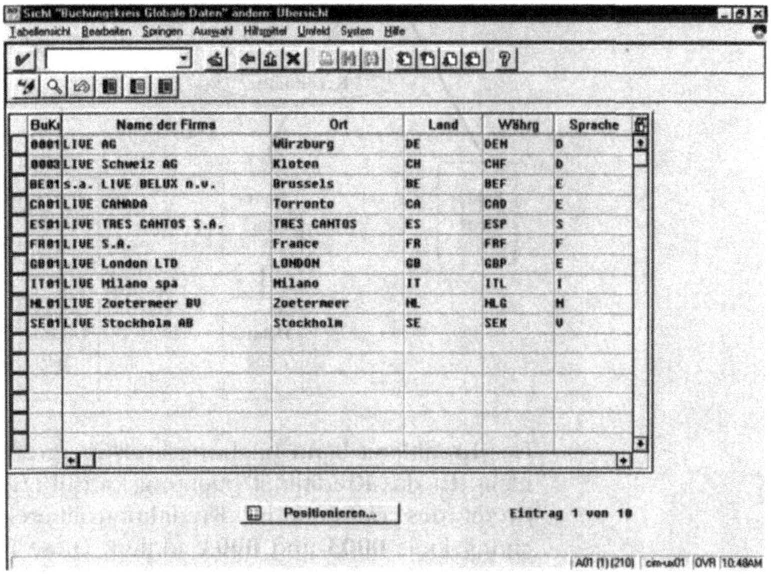

Kostenrechnungskreis

Der Kostenrechnungskreis ist im Endeffekt nichts anderes als eine Kostenstelle, die beim Buchen von Aufträgen angegeben werden kann. Voraussetzung dafür ist, dass das Controlling-Modul bereits im Einsatz ist.

Buchungskreis und Kostenrechnungskreis müssen sich nicht entsprechen. Es gibt **zwei Möglichkeiten der Zuordnung**:

1. Der Buchungskreis kann genau einem Kostenrechnungskreis zugeordnet werden;
2. mehrere Buchungskreise können auf einen Kostenrechnungskreis verweisen.

Interne Organisationsstruktur

Die interne Organisationsstruktur ist wie folgt aufgebaut:

1. **Kreditkontrollbereich**
2. **Geschäftsbereich**
3. **Mahnbereich**

Der **Kreditkontrollbereich** bestimmt das **Kreditlimit** der Kreditoren. Die Buchungskreise sind diesem Kreditlimit unterstellt:

Abb. 1.5
Kreditkontrollbereiche und Kreditlimit

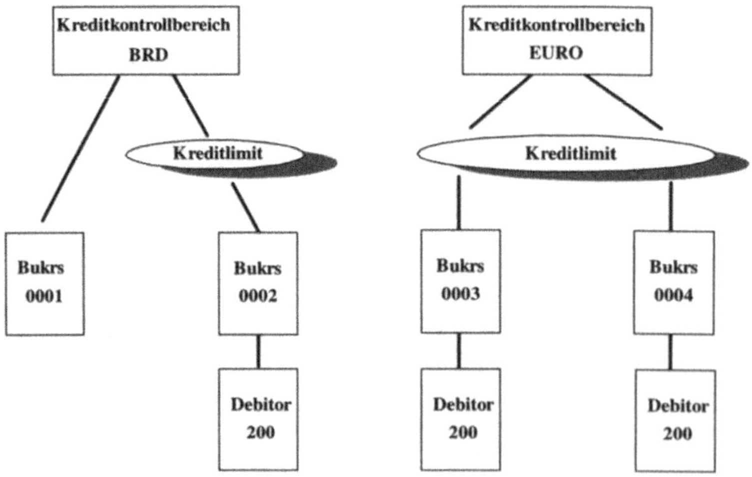

Das Kreditlimit kann buchungskreisübergreifend sein, muss aber nicht. Ist das Kreditlimit buchungskreisübergreifend, so wird der Kredit des Debitors im Kreditkontrollbereich **EURO** von Buchungskreis **0003** und **0004** addiert. Diese haben jedoch keinen Einfluss auf den Kreditkontrollbereich **BRD**.

Kreditkontrollbereich definieren

Durch folgende Schritte - vom Customizing-Menü aus - kann die unten angegebene Bildschirmmaske erreicht werden:

Unternehm.-IMG ⇨ Unternehmensstruktur ⇨ Strukturpflege ⇨ Definition ⇨ Finanzwesen ⇨ Kreditkontrollbereich pflegen

Es erscheint folgende Bildschirmmaske:

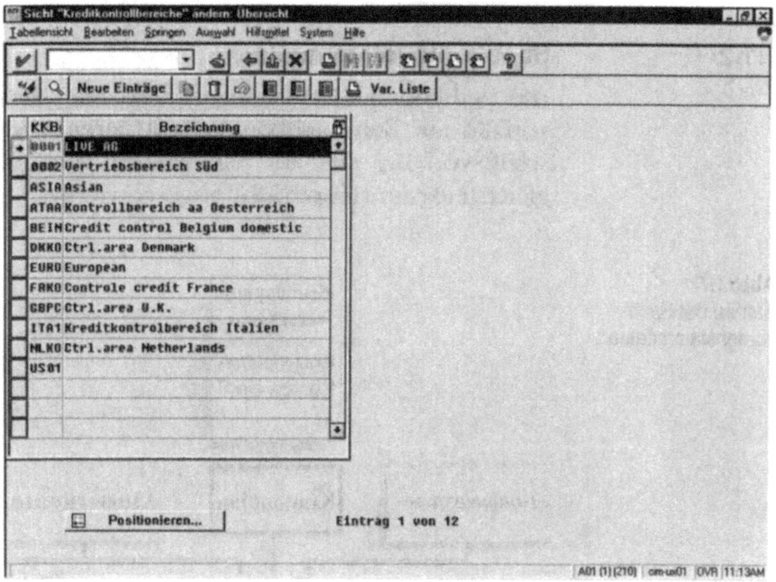

Abb. 1.6 Kreditkontrollbereiche ändern

Geschäftsbereich definieren

Ein **Geschäftsbereich** ist eine Organisationseinheit unter der die Verkehrszahlen der Sachkonten für interne Auswertungszwecke getrennt geführt werden. In diesem Bereich kann intern die Bilanz sowie die Gewinn und Verlustrechnung erstellt werden. Der Geschäftsbereich hat somit keinen Außenwirkungscharakter.

Durch folgende Schritte - vom Customizing-Menü aus - kann die unten angegebene Bildschirmmaske erreicht werden:

Einstellungsmenü ⇨ Organisationsstruktur ⇨ Einrichtung ⇨ Rechnungswesen ⇨ Finanzwesen

Mahnbereich

In der Regel wird das Mahnwesen pro Buchungskreis abgewickelt. In diesem Fall ist das Einrichten von Mahnbereichen **nicht** erforderlich.

Mahnbereiche werden verwendet, wenn für die Abwicklung des Mahnwesens innerhalb eines Buchungskreises mehrere Organisationseinheiten zuständig sind. Diese Organisationseinheiten bildet man im SAP-System durch Mahnbereiche ab.

1.1.2 Sachkontenstammdaten

Die Sachkontenstammdaten dienen zum Erfassen der Geschäftsvorfälle auf den Sachkonten und deren Verarbeitung. Alle Geschäftsvorfälle, die auf Sachkonten gebucht werden, werden gleichzeitig im Hauptbuch fortgeschrieben.

Abb. 1.7
Aufbau der Sachkontenstammdaten

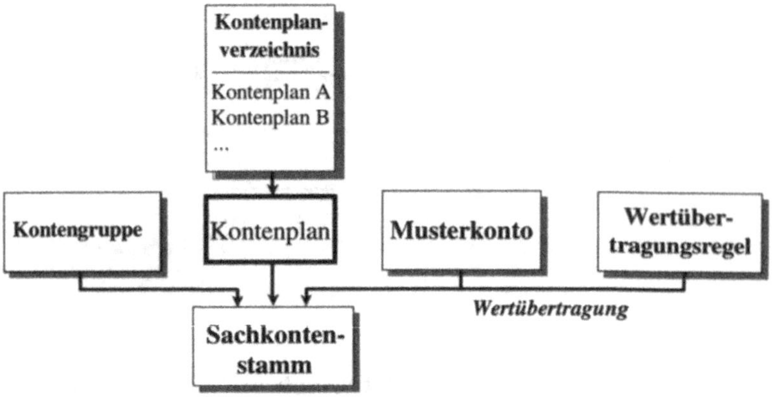

Auf den Sachkontenstamm nimmt der Kontenplan und die Kontengruppe direkten Einfluss. Der **Kontenplan** ist ein Verzeichnis aller Sachkontenstammsätze, die in einem oder mehreren Buchungskreisen benötigt werden.

Durch folgende Schritte - vom Customizing-Menü aus - kann die unten angegebene Bildschirmmaske erreicht werden:

Kontenplan definieren

Unternehm.-IMG ⇨ Finanzwesen ⇨ Hauptbuchhaltung ⇨ Sachkonten ⇨ Stammdaten ⇨ anlegen der Sachkonten ⇨ manuell zweistufig (Alternative 4) ⇨ Kontenplanverzeichnis pflegen

Abb. 1.8
Verzeichnis aller Kontenpläne

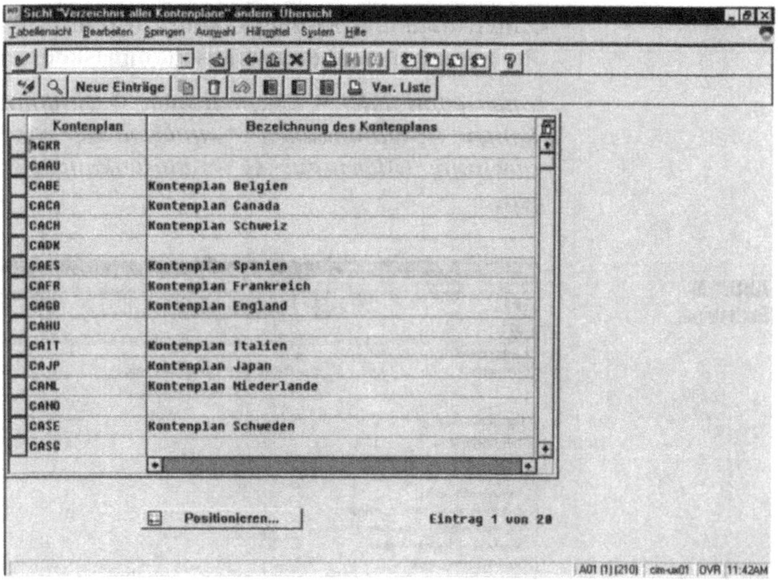

Die **Kontengruppe** ist eine Zusammenfassung von Eigenschaften, die das Anlegen von Stammsätzen steuert. Die Sachkontenstammdaten sind verteilt auf einen Kontenplanbereich und einen buchungskreisspezifischen Bereich; z. B. wird die Kontonummer im Kontenplan vorgegeben, die Währung, in der das Konto bebucht werden kann, wird im buchungskreisabhängigen Bereich festgelegt.

Jeder Buchungskreis muss einem Kontenplan zugeordnet sein. Bei Einrichtung der Buchführung für zwei Buchungskreise, die die gleiche Kontengliederung benutzen, reicht ein Kontenplan aus. Weisen die Buchungskreise jedoch unterschiedliche **Gliederungsstrukturen** auf (z. B. unterschiedliche Branchen), so sind zwei Kontenpläne einzurichten.

Die Kontengruppe hilft beim Anlegen von Stammsätzen und beim Vermeiden von Eingabefehlern. Dies wird durch die unterschiedliche Gestaltung der Bildschirmbilder erreicht. Sachkonten lassen sich nach Sachgebieten gruppieren, z. B. können alle Bankkonten, Postgirokonten und die Kasse zur Kontengruppe „Flüssige Mittel" zusammengefasst werden. Über die Kontengruppe wird festgelegt, welche Felder relevant sind. Es kann ein Feldstatus zugeordnet werden, wie z. B. Mussfeld, Kannfeld oder ausgeblendetes Feld.

Feldstatus definieren

Durch folgende Schritte - vom Customizing-Menü aus - können die unten angegebenen Bildschirmmasken erreicht werden:

Unternehm.-IMG ⇨ Finanzwesen ⇨ Hauptbuchhaltung ⇨ Sachkonten ⇨ Stammdaten ⇨ anlegen der Sachkonten ⇨ manuell zweistufig (Alternative 4) ⇨ Musterkonten ⇨ Musterkonten anlegen

Abb. 1.9
Feldstatus

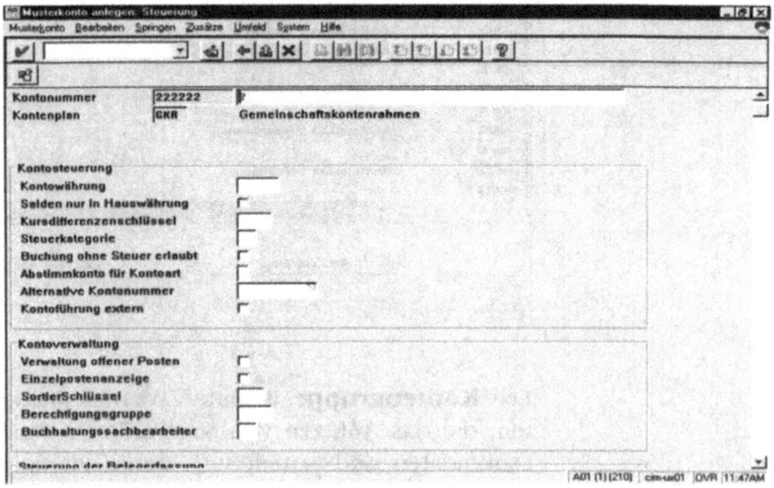

Unternehm.-IMG ⇨ Finanzwesen ⇨ Hauptbuchhaltung ⇨ Sachkonten ⇨ Stammdaten ⇨ anlegen der Sachkonten ⇨ manuell zweistufig (Alternative 4) ⇨ Musterkonten ⇨ Verzeichnis der Regelwerke pflegen

Abb. 1.10
Regeln für Musterkonten

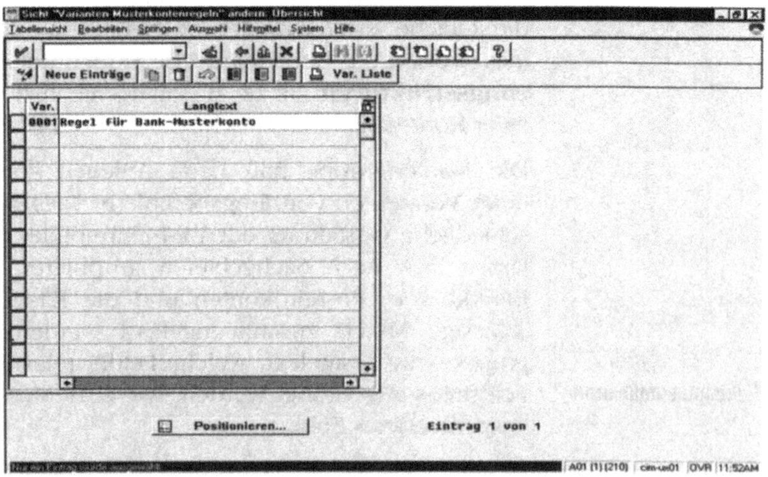

Die Vergabe der Kontonummern wird durch den Kontenrahmen bestimmt. So kann jeder Kontengruppe ein Nummernbereich zugeordnet werden, um Eingabefehler zu verhindern. SAP liefert vordefinierte Kontengruppen, die verwendet werden können. Im Kontenplan muss mindestens eine Kontengruppe angegeben werden. Kontengruppen können auch nachträglich verändert werden.

Kontengruppe definieren

Durch folgende Schritte - vom Customizing-Menü aus - kann die unten angegebene Bildschirmmaske erreicht werden:

Unternehm.-IMG ⇨ Finanzwesen ⇨ Hauptbuchhaltung ⇨ Sachkonten ⇨ Stammdaten ⇨ anlegen der Sachkonten ⇨ manuell zweistufig (Alternative 4) ⇨ Bildaufbau pro Kontengruppe definieren (Sachkonten)

Abb. 1.11 Kontengruppen Sachkonten

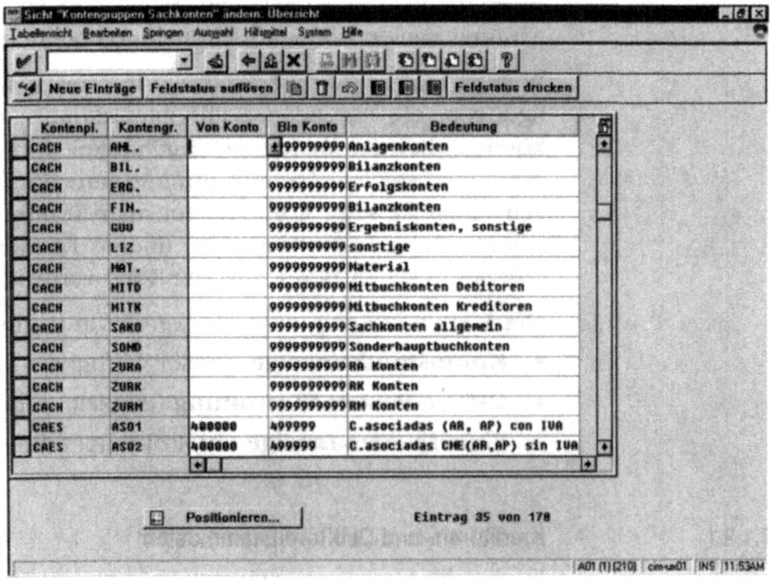

Im **buchungskreisspezifischen Bereich** werden nur die Informationen hinterlegt, die von Buchungskreis zu Buchungskreis unterschiedlich sind. Bei einem Kontenplan für Deutschland, Italien und Österreich wird man die Konten in der jeweiligen Währung anlegen.

Abb. 1.12
Buchungskreisspezifische Bereiche

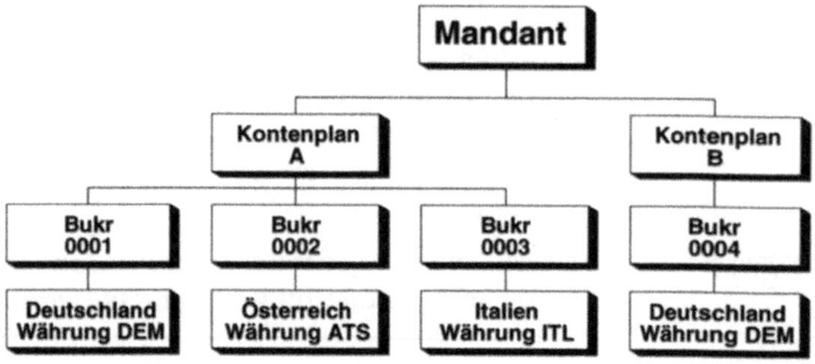

Wichtige buchungskreisspezifische Daten sind somit die **Währung**, die **Steuer** (Umsatzsteuer) und das **Abstimmkonto** (z. B. für Forderungen und Verbindlichkeiten). Über das Abstimmkonto ist es möglich, jederzeit eine Bilanz und eine GuV zu erstellen. Abstimmkonten können nicht manuell bebucht werden.

Weitere buchungskreisspezifische Informationen sind die Berechtigungen, die für jeden Sachkontenstammsatz vergeben werden können. Bei automatischen Buchungen können z. B. Gewinne oder Verluste aus Fremdwährungsumrechnungen (Kursdifferenzen) gemeint sein. Dafür richtet man Konten ein, die nur automatisch bebucht werden. Eine andere Festlegung im buchungskreisspezifischen Bereich ist die Kontoverwaltung.

Die Konten können verwaltet werden in Bezug auf:

- **Kontostandsanzeige** (immer verfügbar)
- **Offene-Posten-Verwaltung** (explizit vorgesehen)
- **Einzelpostenanzeige** (explizit vorgesehen)

1.1.2.1 Kreditoren- und Debitorenstammdaten

Da Kreditorenstammdaten nahezu äquivalent zu den Debitorenstammdaten sind, werden hier nur diese behandelt.

Debitorenstammdaten

Debitorenstammdaten sind die Daten, die für die Abwicklung der Geschäftsbeziehung mit dem Debitor benötigt werden (z. B. Adressdaten, Zahlungsbedingungen). Sie steuern ferner das Erfassen der Geschäftsvorfälle auf einem Debitorenkonto und die Verarbeitung der gebuchten Daten.

Folgende Objekte nehmen Einfluss auf den **Debitorenstamm**:

- **Nummernkreis:** Nummernbereich, aus dem die Kontonummer für den Stammsatz zu wählen ist.
- **Kontengruppe:** Zusammenfassung von Eigenschaften.
- **Feldstatusdefinitionen:** bestimmen Status der Felder auf dem Bildschirm.

Abb. 1.13
Debitoren-/Kreditorenstamm

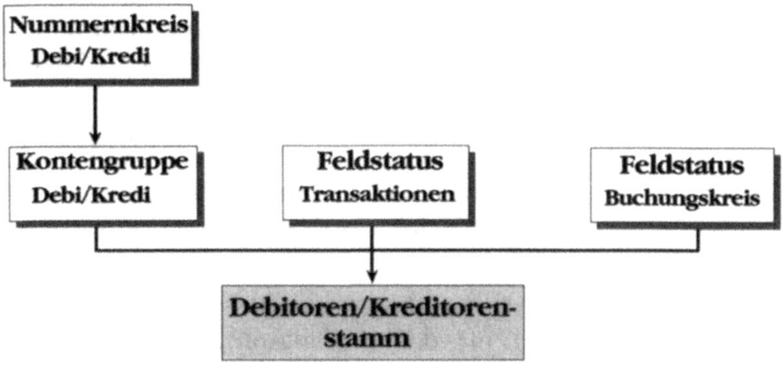

Anmerkung

Die Bildschirmmasken für die Konfiguration der Kreditor-/Debitorenstammdaten sind vom Prinzip gleich.

Um die notwendigen Einstellungen zu tätigen, erreicht man den Kreditor-/Debitorenstamm über den Unternehmens-IMG:

Abb. 1.14
Systemeinstieg: Debitoren-/Kreditorenstamm

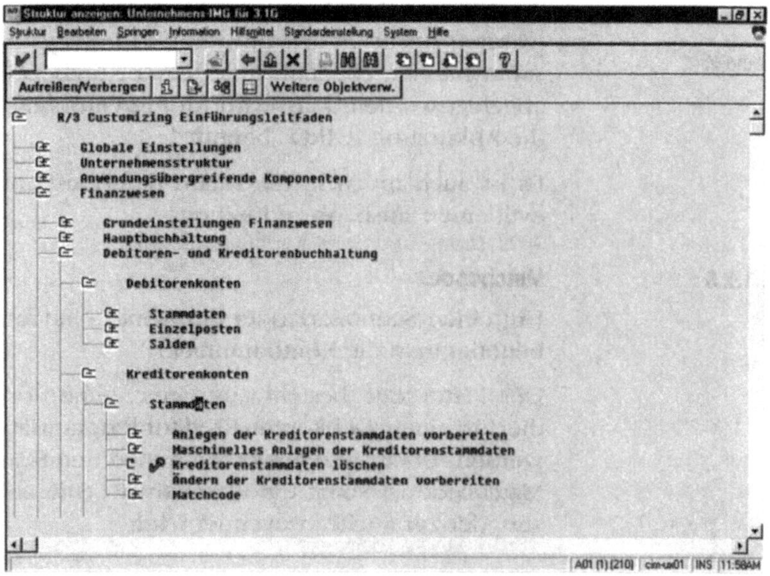

1.1.2.2 Bankenstammdaten

Die Bankenstammdaten werden im SAP-System zentral im Bankenverzeichnis abgelegt (siehe hierzu Kapitel 1.7). Zu den Bankenstammdaten gehören u. a. die Anschriftsdaten der Banken. Die Bankverbindung der Geschäftspartner wird im Debitoren- bzw. Kreditorenstammsatz hinterlegt. Angaben zu den eigenen Hausbanken werden separat gespeichert.

Swift-Code

Das Bankenverzeichnis wird vor allem für den maschinellen Zahlungsverkehr benötigt. Besonders wichtige Daten sind die Anschrift und der Swift-Code (Society for Worldwide Interbank Financial Telecommunication). Dieser Code identifiziert jede Bank ohne Angabe von Anschrift und Bankleitzahl. Postbankgirokonten sind speziell zu kennzeichnen. Nach Einführung des Systems wird das Bankenverzeichnis nur noch bei Bedarf gepflegt.

In den Debitoren- und Kreditorenstammsätzen benötigt das System für das Zahlungsprogramm Angaben über die eigenen Bankverbindungen; z. B. kann man im Kreditorenstammsatz bereits angeben, von welcher Hausbank die Zahlung erfolgen soll.

Bank-Id

Die Bankverbindungen werden pro Buchungskreis festgelegt. Zu jeder Bank wird eine frei definierbare Kurzbezeichnung (Bank-Id) angegeben. Zusätzlich ist zu jeder Bankverbindung das Bankland und die Bankleitzahl einzutragen.

Konto-Id

Wenn beim Zahlungsprogramm die Bankverbindungen benötigt werden, reicht es aus die Bank-Id anzugeben. Die Bankkonten selbst müssen ebenfalls unter einer Kurzbezeichnung (**Konto-Id**) abgelegt werden, z. B. wird für ein Girokonto in Landeswährung die Abkürzung „GIRO" benutzt.

Es ist auch möglich, die Daten der Hausbanken zu ändern und evtl. eine Hausbank zu löschen.

1.1.2.3 Matchcode

Um einen Stammsatz oder ein Konto eindeutig zu identifizieren, benötigt man die Kontonummer.

Der Matchcode besteht aus einer Reihe von Stammsatzfeldern, die für einen Debitoren-/Kreditorenstammsatz im System gefüllt werden. Über diese Felder kann man den Stammsatz suchen. Der Matchcode ist somit ein alternativer Schlüssel zu den Stammsätzen, der zur Suche verwendet wird.

Die folgende Abbildung 1.15 zeigt die Objekte, die für einen Matchcode benötigt werden:

Abb. 1.15
Matchcode-Objekt

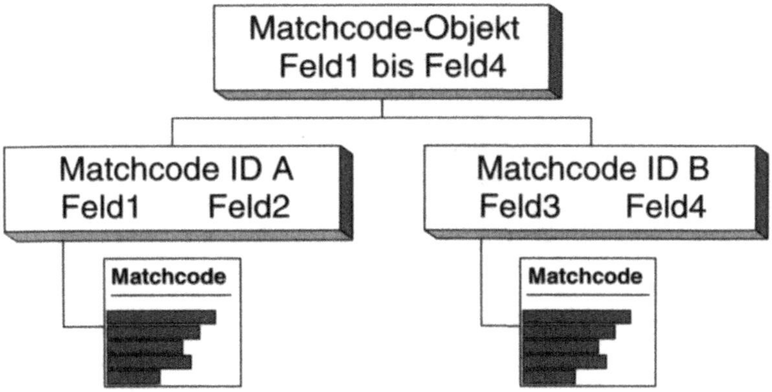

Das **Matchcode-Objekt** bestimmt, welche Datenbanktabellen und damit welche Felder grundsätzlich für die Matchcode-ID's erforderlich sind. Aus der Vielzahl dieser Felder werden für die Matchcode-ID's nur die gewünschten ausgesucht.

Die **Matchcode-ID** legt fest, welche Felder für den Matchcode gespeichert und ausgegeben werden.

1.1.3 Parameterpflege

1.1.3.1 Mitarbeiter und Berechtigungen

In der Finanzbuchhaltung des R/3-Systems besteht die Möglichkeit die diversen Mitarbeiter zu gruppieren und mit entsprechenden Berechtigungsprofilen auszustatten. Dies ist nützlich, da das Berechtigungsprofil eines leitenden Angestellten oder eines Prokuristen sich in den meisten Fällen von dem eines „gewöhnlichen" Sachbearbeiters unterscheiden wird.

Die Vergabe von Berechtigungen dient dazu, den betriebswirtschaftlichen Bereich, den die Mitarbeiter bearbeiten dürfen, zu bestimmen und die einzelnen Bearbeitungsfunktionen detailliert zu definieren.

Als **vordefinierte Objekte** werden im System die jeweiligen Masken bezeichnet, in die die entsprechenden Werte eingegeben werden müssen, um eine Berechtigung wirksam zu machen. Werden einem vordefinierten Objekt keine Werte zugeordnet, so erhält der Mitarbeiter eine globale Berechtigung innerhalb dieser Funktionseinheit.

Folgende Objekte sind im Modul FI vordefiniert:

- **Stammdaten**
- **Belege**
- **Bilanzen**
- **Kreditkontrolldaten**
- **Zahlungs- und Mahnläufe**

Mehrere Berechtigungen eines Mitarbeiters werden in einem **Berechtigungsprofil** zusammengefasst. Alle Berechtigungsprofile eines Bereiches werden wiederum einem **Benutzerstammsatz** zugeordnet:

Abb. 1.16 Berechtigungshierarchie

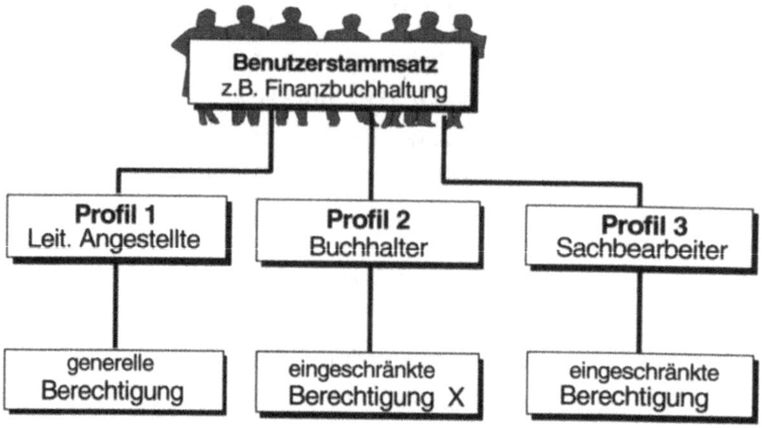

Besonders zu beachten ist die Tatsache, dass im System Berechtigungen auf einer oder mehreren voneinander unabhängigen Ebenen vergeben werden können. So kann z. B. der Zugriff auf Belege in Abhängigkeit von Buchungskreis, Geschäftsbereich, Belegart, Kontoart und Konto eingeschränkt werden.

Die Profile bestehen aus Berechtigungen, die für einen Arbeitsplatz zusammengefasst wurden. Beispielsweise kann ein Profil für den Debitorenbereich und ein Profil für den Kreditorenbereich definiert sein. Bei der Systemeinführung werden dann die benötigten Profile erstellt und den Mitarbeitern zugeordnet.

Profile können den jeweiligen Anforderungen laufend angepasst werden. Wurden Berechtigungen geändert, dann werden diese Änderungen für alle Profile wirksam, denen die Berechtigungen zugeordnet sind. Das beeinflusst wiederum das Tätigkeitsfeld der Mitarbeiter. Werden andererseits die Profile erweitert, greift man direkt auf den Arbeitsbereich aller Mitarbeiter zu, denen die Profile zugeordnet sind.

Die vertikale Ebene der Berechtigungsvergabe gliedert sich in drei Teile:

Ebenen der Berechtigungsvergabe

- Vergabe von **generellen** Berechtigungen, z. B. Belege buchen;
- Vergabe von **organisatorischen** Berechtigungen, z. B. Buchen nur im Buchungskreis X und im Geschäftsbereich Y;
- Vergabe von **funktionalen** Berechtigungen, z. B. Buchen nur in den Konten 100000 bis 300000.

Die generelle Berechtigung entspricht in FI der Ebene des vordefinierten Objekts Finanzbuchhaltung. Die organisatorische Berechtigung wird vergeben für Buchungskreise und Geschäftsbereiche und die funktionale Berechtigung wirkt sich auf Konten und Belege aus.

Beispiel

Wie diese Theorie im R/3 umgesetzt wird, soll ein Beispiel aus dem Bereich der funktionalen Ebene verdeutlichen:

Zunächst soll eine **funktionale Berechtigungsstruktur** (hier: eine **Toleranzgruppe**) geschaffen werden, der zunächst neu angelegte Mitarbeiter zuzuordnen sind.

Dazu wählt man folgende Menüfolge:

Finanzwesen ⇨ Debitoren und Kreditoren ⇨ Geschäftsvorfälle ⇨ Zahlungseingang ⇨ Zahlungseingang manuell ⇨ Toleranzgruppen für Mitarbeiter definieren

Man wählt entweder eine bereits vorhandene Toleranzgruppe aus und bearbeitet die entsprechenden Einträge oder man klickt auf die Schaltfläche *Neue Einträge.*

In der erschienenen Eingabemaske sind Gruppenname, Buchungskreis, eventuelle Obergrenzen für Buchungsvorgänge sowie zulässige Zahlungsdifferenzen zu definieren.

Nachdem die Eingaben gesichert worden sind, kann über das Menü Finanzwesen⇨ Debitoren und Kreditoren ⇨ Geschäftsvorfälle ⇨ Zahlungseingang ⇨ Zahlungseingang manuell ⇨ Benutzer Toleranzgruppe zuordnen die Zuordnung erfolgen. Bei neu anzulegenden Mitarbeitern sind Neue Einträge vorzunehmen, indem man die Namen mit den gewünschten Toleranzgruppen versieht. Nach erfolgter Sicherung dieser Daten erscheinen die betreffenden Mitarbeiter mit den zugeordneten Toleranzgruppen im Übersichtsmenü.

Somit haben die Stammsätze dieser Mitarbeiter auf funktionaler Ebene die definierten Toleranzbereiche erhalten. Bei Überschreitung eines solchen Toleranzbereiches im Rahmen einer vorgenommenen Buchung wird vom System von nun an eine Fehlermeldung ausgegeben.

1.1.3.2 Geschäftsjahr und Buchungsperioden

Sehr oft stimmt das Geschäftsjahr einer Firma nicht mit dem Kalenderjahr überein. Daher muss das System dem Benutzer eine variable Definition von Geschäftsjahr und Buchungsperioden erlauben. Auch die den Jahresabschluss betreffenden Sonderperioden müssen Beachtung finden.
Im Folgenden wird nun beschrieben, wie ein Geschäftsjahr zusammen mit den entsprechenden Buchungsperioden definiert und gepflegt wird.

Geschäftsjahr

Dazu wählt man im Einführungsleitfaden die Optionen *Finanzwesen ⇨ Grundeinstellungen des Finanzwesens ⇨ Geschäftsjahr ⇨ Geschäftsjahresvariante pflegen.* Es erscheint eine Übersicht über bereits angelegte Varianten. Um ein neues Geschäftsjahr hinzuzufügen, wählt man *Anlegen.* Nachdem der Name und die Kurzbeschreibung der Geschäftsjahresvariante eingegeben ist, wird abgefragt, ob das Geschäftsjahr dem *Kalenderjahr* entspricht oder *jahresabhängig* ist. In der Regel wird man aber jahresunabhängige Perioden definieren. Nach Eingabe der Anzahl Buchungs- und Sonderperioden klickt man auf die Schaltfläche *Perioden,* um nach der Eingabe des für die Variante gültigen Kalenderjahres schließlich die Maske der Periodendefinitionen zu erreichen. Bei jahresunabhängigen Varianten entfällt die Angabe des Kalenderjahres.

Jahresverschiebungs-Kennzahl

Um im Falle einer nicht **kalenderjahrabhängigen Variante** dem System effektiv mitteilen zu können, dass eine bestimmte Buchungsperiode in ein anderes Geschäftsjahr gehört, bedient man sich der sog. Jahresverschiebung.

Die **Jahresverschiebungs-Kennzahl** kann die Werte -1, 0 oder +1 erhalten. Soll bspw. ein Geschäftsjahr definiert werden, das den Zeitraum 16.04.2000 bis 15.04.2001 erfasst und quartalsgerechte Buchungsperioden einschließt, so müssen im Buchungsjahr 2000 folgende Perioden definiert werden:

1. **Periodenende am 15.07.00**
2. **Periodenende am 15.10.00**
3. **Periodenende am 31.12.00 (!)**
4. **Periodenende am 15.01.00 ⇨ Jahresverschiebung „-1"**
5. **Periodenende am 15.04.00 ⇨ Jahresverschiebung „-1"**

Zu beachten ist generell, dass auf jeden Fall am 31.12. ein Periodenende definiert ist, auch wenn dieses Datum nicht einem gewünschten Periodenende entsprechen sollte.

Zurückgreifende Buchungsperioden werden mit der Jahresverschiebung „-1" definiert, wogegen vorausgreifende Perioden die Kennzahl „+1" erhalten. Alle übrigen Perioden erhalten die Kennzahl 0.

Buchungen in Schaltjahren

Damit die Buchungen auch in einem Schaltjahr die gewünschte Periode erreichen, muss nur dann eingegriffen werden, wenn das Geschäftsjahr vom Kalenderjahr abweicht. In diesem Fall wird für den Februar das Periodenende 29 eingegeben, sofern das Geschäftsjahr sich nicht mit dem Kalenderjahr deckt und die Perioden den Kalendermonaten entsprechen. Ist als Periodenende der 28. festgesetzt, so schreibt das System die am 29. Februar gebuchten Verkehrszahlen bereits in die nächste Periode, falls diese bebuchbar ist. Falls nicht, wird eine Fehlermeldung ausgegeben.

Sonderperioden

Die Einrichtung von Sonderperioden, die die Jahresabschlussperiode untergliedern, hängt nicht von der Definition des jeweiligen Geschäftsjahres ab. Durch die Aufteilung der letzten Buchungsperiode in mehrere Abschlussperioden ist es möglich, mehrere Nachtragsbilanzen zu erstellen.

Maximal können insgesamt 16 Perioden definiert werden. Da das Geschäftsjahr in der Regel 12 Buchungsperioden besitzt, können die übrigen 4 Perioden als Sonderperioden behandelt werden. Die gewünschte Anzahl der Sonderperioden ist im Rahmen der Eigenschaften eines Geschäftsjahres unbedingt anzugeben. Das System wird dann die gewünschte Anzahl Sonderperioden aus der Anzahl Buchungsperioden für Abschlussarbeiten heraustrennen.

Eine Buchung in die Sonderperioden setzt voraus, dass das Buchungsdatum in der letzten regulären Periode liegt. Des Weiteren kann eine Buchung auf eine gewünschte Abschlussperiode nur erfolgen, wenn die Periodenkennziffer im Belegkopf im Feld *Periode* eingegeben wird.

Zuordnen der Geschäftsjahresvariante zum Buchungskreis

Um eine **Geschäftsjahresvariante** auch wirklich benutzen zu können, muss sie erst einem Buchungskreis zugeordnet werden. Hierzu wählt man aus dem Einführungsleitfaden heraus die Menüfolge: *Finanzwesen ⇨ Grundeinstellungen des Finanzwesens ⇨ Geschäftsjahr ⇨ Buchungskreis einer Geschäftsvariante zuordnen*.

Aus der Übersicht über die angelegten Buchungskreise wählt man den gewünschten Buchungskreis an und klickt auf die Schaltfläche *Detail*. Die Eigenschaften des Buchungskreises werden angezeigt. Nun gibt man im Feld *Geschäftsjahresvariante* der *Organisation der Buchhaltung* den Namen des geforderten Geschäftsjahres an und bestätigt bzw. sichert diese Änderung. Zur Überprüfung dient die Übersicht im Einstellungsmenü *Umfeld ⇨ Geschäftsjahr ⇨ Zuordn. ⇨ Bukrs/GJvar*. Hieraus ist zu ersehen, welcher Buchungskreis welches Geschäftsjahr umfasst.

Öffnen der Buchungsperioden

Um die entsprechenden Perioden freizugeben oder auch für den Belegverkehr zu sperren, legt man im Einstellungsmenü *Geschäftsvorfälle ⇨ Buchungsperioden* das gewünschte Periodenintervall fest. Hierbei sind für jeden Buchungskreis die bebuchbaren Perioden anzugeben. Da jeder Buchungskreis einen Allgemeineintrag erfordert, muss in der Spalte der Kontoart (K) ein „+" eingegeben werden. In der Spalte Satzart wird festgelegt, ob die Konten zum Buchen von Buchhaltungsdaten (Satzart 0) oder von Plandaten (Satzart 1) geschlossen oder geöffnet werden sollen.

Die Zuordnung der Geschäftsjahresvariante zu einem Buchungskreis sowie die Öffnung der bebuchbaren Perioden sind auf jeden Fall durchzuführen. Ohne diese Maßnahmen kann keine Buchung erfolgen.

1.1.3.3 Zahlungsbedingungen und Skonti

Die Ermittlung der Fälligkeit im Zahlungsverkehr ist unerlässlich. Im Folgenden werden die Möglichkeiten aufgezeigt, wie der Administrator im R/3 die gewünschten und erforderlichen Zahlungsbedingungen umsetzen kann, damit Fälligkeits- und Skontoberechnung ordnungsgemäß erfolgen können.

Basisdatum

Eine erste, wichtige Kenngröße ist hierbei das Basisdatum. Das Basisdatum ist, wie der Name vermuten lässt, der Grundbaustein der Fälligkeitsberechnung. Das System bedient sich prinzipiell folgender Formel:

Fälligkeit = Basisdatum + Zahlungsziel

Ist bspw. der 02.05. das ermittelte Basisdatum eines Postens und das betreffende Zahlungsziel 14 Tage mit 2 % Skonto, so wird das System die Buchung dieses Postens bis zum 16.05. mit Skontoabzug erlauben.

Das Basisdatum kann generell auf vier verschiedene Arten ermittelt werden:

Basisdatum ist

1. **Belegdatum** oder
2. **Buchungsdatum** oder
3. **Erfassungsdatum** oder
4. **ohne Vorschlag** (= manuelle Eingabe während der Belegerfassung)

Zuschlagsmonate und Fester Tag

Das ermittelte Basisdatum kann anhand der Größen „Zuschlagsmonate“ und „Fester Tag“ noch verschoben werden. Die Option *Fester Tag* legt unabhängig vom Vorschlagswert das Basisdatum auf eine unveränderliche Größe fest.

Ist bspw. das vorgeschlagene Basisdatum das Belegdatum mit dem 02.05., das Datum *Fester Tag* aber besitzt den Wert 20, so wird das Basisdatum auf den 20.05. gesetzt. Da diese Größe nur für den jeweiligen Monat gilt, der aus dem vorgeschlagenen Basisdatum hervorgeht, bedient man sich der *Zuschlagsmonate* um weiter entferntere Daten erreichen zu können. Ist das nun ermittelte Basisdatum also der 20.05., aber im Feld *Zuschlagsmonate* steht der Wert 2, so wird das Basisdatum auf den 20.07. gesetzt.

Taggrenze

Mit diesen Kennzahlen sind einfache Zahlungsbedingungen ohne Mühe implementierbar. Komplexere Strukturen mit verschachtelten Perioden verlangen eine weitere Größe: die Taggrenze.

Folgender **Sachverhalt** soll realisiert werden:

- Rechnungserstellung zwischen 1. und 15. eines Monats;
- Bezahlung bis zum 31. des gleichen Monats: 3 % Skonto
- oder Bezahlung bis zum 15. des Folgemonats: 2 % Skonto;

- sowie bei Rechnungserstellung zw. 15. und 31. des Monats;

- Bezahlung bis 15. des Folgemonats: 3 % Skonto
- oder Bezahlung bis 31. des Folgemonats: 2 % Skonto,
- sonst rein netto.

Im Grunde handelt es sich nur um eine einzige Zahlungsbedingung, die von zwei vorgegebenen Zeiträumen abhängt. Um bessere Übersicht zu gewährleisten, kann man sich der Definition per *Taggrenze* bedienen. Dabei muss die Zahlungsbedingung zweimal angelegt werden: einmal mit der Taggrenze 15 und einmal mit der Taggrenze 31.

Die Implementierung in R/3 erfolgt über die Menüfolge *Finanzwesen ⇨ Debitoren- und Kreditorenbuchhaltung ⇨ Geschäftsvorfälle ⇨ Rechnungseingang/Gutschrifteingang ⇨ Zahlungsbedingungen pflegen* des Einführungsleitfadens. Dort erscheint zunächst eine Übersicht über bereits angelegte Zahlungsbedingungen. In unserem Beispiel wären jetzt also zwei namensgleiche Strukturen der Zahlungsbedingung folgendermaßen einzugeben: die erste Definition erhält im Feld *Taggrenze* den Eintrag 15 sowie die Bedingungen:

- 3,0 % Fester Tag 31 Zuschlagsmonate 0
- 2,0 % Fester Tag 15 Zuschlagsmonate 1
- Fester Tag 31 Zuschlagsmonate 1

Die letzte Bedingung ist notwendig, um den Tatbestand der Nettofälligkeit zu definieren.

Die zweite Definition mit der Taggrenze 31 erhält die Einträge:

- 3,0 % Fester Tag 15 Zuschlagsmonate 1
- 2,0 % Fester Tag 31 Zuschlagsmonate 1
- Fester Tag 15 Zuschlagsmonate 2

Sperrschlüssel und Zahlweg

Ergänzend sei angemerkt, dass die Felder *Sperrschlüssel* und *Zahlweg* Kontrolleinrichtungen sind. Durch entsprechende Eingabe im *Sperrschlüssel* kann ein Posten, der mit dieser Zahlungsbedingung abgewickelt wird, ein Sperrkennzeichen (*Zur Zahlung frei - Zur Zahlung gesperrt - Rechnungsprüfung* oder *Konto übergeben*) erhalten. Ein Eintrag im Feld Zahlweg setzt vordefinierte Größen voraus. Im Allgemeinen wird es sich dabei im bargeldlosen Zahlungsverkehr um die verschiedenen Bankverbindungen einer Firma handeln. Wird kein Zahlweg explizit gewünscht, so wird der jeweilige Zahlweg aus den Stammdaten verwendet.

Skontobasis- und Steuerbetrag

Der Skontobasisbetrag ist die Summe der Belegposten, die als skontorelevant erfasst sind. Skontorelevant sind die Zeilen, die beim Buchen im Feld *ohne Skonto* keinen Eintrag erhalten. Für die Steuerbelegpositionen muss nun festgelegt werden, ob der Steuerbetrag skontorelevant ist oder nicht. Darum ist für jeden Buchungskreis ein entsprechender Eintrag im Feld *Skontobasis ist Nettowert* der *Globalen Parameter* im Einstellungsmenü notwendig. Bei Markierung dieser Option wird somit das System die Steuerzeilen nicht für die Ermittlung des Skontobasisbetrages heranziehen. Enthält ein Beleg mehrere Positionen für ein Kreditoren- oder Debitorenkonto, so ermittelt das System den anteiligen Basisbetrag pro Position. Die Positionen, in die der Basisbetrag bereits manuell eingegeben wurde, werden dabei nicht berücksichtigt.

1.1.3.4 Steuerkennzeichen

Länderspezifische Eigenheiten und Unterschiede erfordern in der Regel eine flexible, aber effektive Organisationsstruktur, auf die hier nicht näher eingegangen werden kann, die aber selbstverständlich in R/3 realisierbar ist.

Der folgende Abschnitt konzentriert sich daher auf das buchungstechnisch sehr wichtige Steuerkennzeichen. Dieses wird benutzt, um im Beleg den Umsatzsteuerbetrag zu prüfen, den Steuerbetrag auf Wunsch automatisch herauszurechnen, den nichtabzugsfähigen Vorsteueranteil zu errechnen, die Steuerart mit dem adressierten Steuerkonto abzustimmen und um das Steuerkonto selbst zu ermitteln.

Die Definition des Steuerkennzeichens erfordert hauptsächlich drei Angaben:

- **Steuerart**
- **Steuerprozentsatz**
- **Länderschlüssel**

Beispiel in R/3

Nachfolgend wird dargestellt, wie die Definition eines Steuerkennzeichens im System vor sich geht: vom Einführungsleitfaden ausgehend gelangt man über die Menüs *Finanzwesen* ⇨ *Grundeinstellungen Finanzwesen* ⇨ *Umsatzsteuer* ⇨ *Berechnung* ⇨ *Umsatzsteuerkennzeichen definieren* in die Umgebung der Steuerkennzeichen. Nach der Auswahl eines Länderschlüssels kann ein Steuerkennzeichen angewählt werden.

Ist das Steuerkennzeichen bereits vorhanden, so werden die jeweiligen Eigenschaften angezeigt. Andernfalls erscheint eine Eingabemaske, mit der die entsprechenden Eigenschaften definiert werden können. Hierbei ist die Angabe der gewünschten Steuerart (meist Vor- oder Ausgangssteuer) unerlässlich. Zusätzlich kann das Steuerkennzeichen in einer dafür vorhandenen Textzeile näher beschrieben werden.

Werden diese Voreinstellungen bestätigt bzw. gesichert, erscheint die Eigenschaftsübersicht. Nun können die Steuerkonten, die das Kennzeichen später heranziehen soll, näher bestimmt werden. Dazu klickt man auf die Schaltfläche *Steuerkonten* und wählt den gewünschten Kontenplan aus. Anhand der im Kontenplan vorgesehenen und ausgewiesenen Steuerkonten wird der erfasste oder errechnete Steuerbetrag dann auf die Steuerkonten gebucht, wobei die Größe *Steuerart* für die Auswahl des Kontos maßgebend ist. Eine Steuerart V (Vorsteuer) wird keine Buchung auf ein Ausgangssteuerkonto zulassen. Bei entsprechender Absicht wird eine Fehlermeldung ausgegeben.

Kalkulationsschema

Bei den Eigenschaften des Steuerkennzeichens erscheint auch ein Kalkulationsschema (Feld: *Schema*) der betreffenden Steuer. Hierbei handelt es sich um eine definierte Kenngröße, die folgende Informationen liefert:

- Was ist Basisbetrag?
- Welche Rechenregel wird zur Ermittlung des Basisbetrages angewendet (im Hundert, vom Hundert)?
- Welche Kontoseite muss bebucht werden?
- Soll ein möglicher Aufwand aus Steuern auf die Sachkonten- und Anlagenpositionen verteilt oder separat gebucht werden?

Die Steuertypen, die das System bei der Pflege der Steuerkennzeichen zur Auswahl stellt, ermittelt das System einzig und allein über den **Länderschlüssel**. Zu jedem Länderschlüssel ist das entsprechende Kalkulationsschema definiert, zu dem die Festlegungen zur Berechnung und Buchung der unterschiedlichen Steuertypen landesspezifisch getroffen wurden.

1.2 Debitoren- und Kreditorenstammdaten

Der Kreditorenstammsatz entspricht in seinem Aufbau im Wesentlichen dem Debitorenstammsatz, weshalb sich die Erläuterungen auf die Bearbeitung des Debitorenstammsatzes beschränken. Wichtige Unterschiede werden beim jeweiligen Thema erwähnt.

Funktion der Debitorenstammdaten

Debitorenstammdaten sind die Daten, die für die Geschäftsbeziehung mit dem Debitor benötigt werden. Sie steuern ferner den Buchungsvorgang (z. B. Zahlungsbedingungen) und die Verarbeitung der Buchungsdaten (z. B. Nummer des Abstimmkontos in der Hauptbuchhaltung).

Nutzung der Daten

Im Debitorenstammsatz sind alle kundenspezifischen Informationen enthalten. Für jeden Debitor wird ein Stammsatz angelegt, der sowohl von der Buchhaltung als auch vom Vertrieb genutzt wird. Der Kreditorenstammsatz wird entsprechend von der Buchhaltung und der Materialwirtschaft genutzt. Damit werden doppelte Datenbestände und folglich doppelter Arbeitsaufwand vermieden.

1.2.1 Organisation der Daten

Trotz des gemeinsamen Stammsatzes kann jeder Buchungskreis eigene Daten über Geschäftsbeziehungen zum Debitor speichern. Der Stammsatz wurde aufgeteilt in:

Abb. 1.17
Bereiche des Debitorenstammsatzes

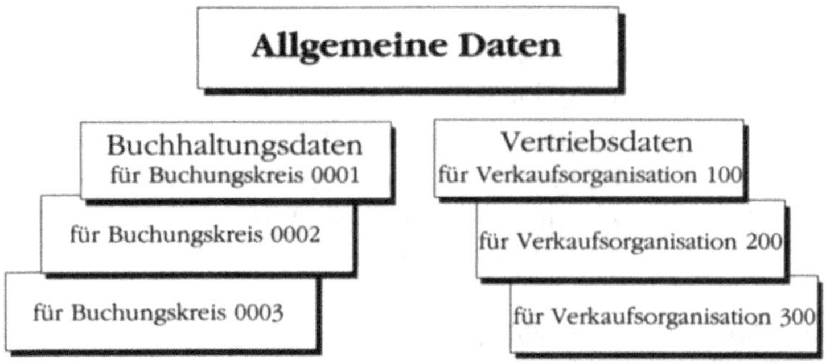

- **Allgemeine Daten**
  Daten, die für jeden Buchungskreis und jede Verkaufsorganisation innerhalb eines Unternehmens gelten, bspw. Name, Anschrift oder Sprache des Debitors.

- **Buchungskreisdaten**
  Daten, die für die einzelnen Buchungskreise relevant sind. Dazu gehören z. B. Kontonummer des Abstimmkontos oder Mahnverfahren.
- **Vertriebsbereichsdaten**
  Daten, die für die Verkaufsorganisation und Vertriebswege eines Unternehmens relevant sind. Daten zur Auftragsbearbeitung, Versanddaten und Rechnungsdaten werden beispielsweise in diesem Bereich gespeichert.

1.2.2 Daten des Stammsatzes

Der Debitorenstammsatz enthält folgende Daten:

Debitorenstammsatz

- Name, Adresse, Sprache, Telefon- und Faxnummer;
- Steuernummer;
- Bankverbindung für das Abbuchungsverfahren;
- Kontosteuerungsdaten (z. B. Nr. des Abstimmkontos);
- Vereinbarte Zahlwege und Zahlungsbedingungen;
- Mahndaten (z. B. Mahnart und Mahnstufe);
- Daten zur Auftragsbearbeitung, Versanddaten und Rechnungsdaten;
- Datumsangaben über den letzten Lauf des Mahn- und Verzinsungsprogramms.

Kreditorenstammsatz

- Name, Adresse, Sprache, Telefon- und Faxnummer;
- Steuernummer;
- Bankverbindung
- Kontosteuerungsdaten (z. B. Nr. des Abstimmkontos in der Hauptbuchhaltung);
- Vereinbarte Zahlwege und Zahlungsbedingungen;
- Einkaufsdaten, diese Daten werden benötigt, wenn das Modul MM eingesetzt ist

Besondere Felder des Debitorenstammsatzes

- **Suchbegriff**

  Falls die Nummer des gesuchten Debitorenkontos nicht bekannt ist, kann man über einen Suchbegriff die Kontonummer herausfinden. Meist wird hierfür der signifikante Teil des Namens benutzt.

- **Abweichender Mahnempfänger**

  Wenn Mahnungen nicht an den Debitor gesendet werden sollen gegen den die Forderung besteht, kann man hier die Kontonummer des abweichenden Mahnempfängers eintragen.

- **Abweichender Zahlungsregulierer**

  Im Debitorenstammsatz kann man die Kontonummer eines abweichenden Zahlungsregulierers eingeben. Die Bankeinzüge, Rücküberweisungen usw. werden dann über die Banken dieses Debitors abgewickelt.

- **Verrechnung zwischen Debitor und Kreditor**

  Wenn ein Geschäftspartner als Debitor und Kreditor geführt wird, kann man die offenen Posten durch das Zahlungs- und das Mahnprogramm miteinander verrechnen.

  Dazu muss folgendes beachtet werden:

  1. Es muss ein Debitoren- und Kreditorenstammsatz für den Kunden bzw. Lieferanten angelegt werden.
  2. Im Debitorenstammsatz muss die Kontonummer des Kreditors im Feld *Kreditor* eingegeben werden.
  3. Im Kreditorenstammsatz muss die Kontonummer des Debitors im Feld *Debitor* eingegeben werden.
  4. In beiden Stammsätzen muss das Feld *Verr.mit Kred.* bzw. *Verr.mit Debi.* angekreuzt werden.

- **Abstimmkonto**

  Um dem Grundsatz einer doppelten Buchführung zu genügen, muss hier die Nummer des Kontos im Hauptbuch angegeben werden (z. B. 140000 Forderungen im Inland). Somit ist gewährleistet, dass der Saldo der Sachkonten immer null ergibt. Dies ist eine Voraussetzung dafür, dass jederzeit eine Bilanz und die Gewinn- und Verlustrechnung erstellt werden können.

Nummerieren der Stammsätze

Jeder Stammsatz erhält eine eindeutige Nummer (Kontonummer), die zum Aufrufen des Stammsatzes und zum Buchen auf das Konto benutzt wird.

Folgende Möglichkeiten bestehen:

- **INTERNE Vergabe**: Nummernvergabe erfolgt durch das System. Beim Anlegen übergeht man die Eingabe der Kontonummer.

- **EXTERNE Vergabe**: Manuelle Eingabe der Kontonummer (es sind **alphanumerische Nummern** erlaubt).

Das System gewährleistet eine **eindeutige Nummernvergabe**. Ebenso wird das Konto in allen Buchungskreisen mit derselben Nummer geführt.

1.2.3 Anlegen eines Stammsatzes

Kreditoren-stammsatz

Kreditorenstammsätze werden von verschiedenen Abteilungen benutzt. Bevor ein Stammsatz angelegt wird sollte man prüfen, ob bereits ein Stammsatz existiert. Für die Suche nach einem Stammsatz kann man den Matchcode oder die Duplikatsprüfung verwenden.

Zum Anlegen eines Stammsatzes stehen folgende drei Möglichkeiten zur Verfügung:

1. **Stammsatz zentral anlegen**
2. **Stammsatz im Buchungskreis anlegen**
3. **Stammsatz mit Vorlage anlegen**

Stammsatz zentral anlegen

Einen Debitorenstammsatz zentral anlegen heißt, Daten, die von der Buchhaltung und vom Vertrieb benötigt werden, in einem Arbeitsschritt anzulegen. Dieses Verfahren ist nur möglich, wenn man die Vertriebsanwendung (SD) installiert und konfiguriert hat.

Kreditorenstammsatz zentral anlegen

Ist das Modul MM installiert, wird ein Kreditorenstammsatz wie folgt angelegt:

Stammdaten ⇨ Zentrale Pflege ⇨ Anlegen im Menü Kreditoren
Es erscheint das Einstiegsbild, um den Kreditor anzulegen. Wird mit interner Nummervergabe gearbeitet, wird bei der Sicherung des Stammsatzes die Nummer vom System vergeben. Bei der externen Nummernvergabe muss die Kontonummer selbst eingegeben werden.

Nachdem die Kontengruppe eingegeben ist, drückt man [Enter]. Es erscheint das erste Bildschirmbild zum Erfassen des Kreditorenstammsatzes.

Dann muss die Dateneingabe erfolgen und mit [Enter] gelangt man in das nächste Eingabebild. Am Ende der Eingabe sind die Stammdaten zu sichern.

In der oberen linken Ecke wird angezeigt, für welchen Bereich die Daten angelegt werden.

Debitorenstammsatz im Buchungskreis anlegen

Entsprechend legt man ein **Debitorenstammsatz** nur für die Buchhaltung an, indem man die entsprechende Funktion wählt. Anstatt *Zentrale Pflege ⇨ Anlegen* einfach nur *Anlegen.*

Neu angelegte Stammsätze können auf andere Buchungskreise verteilt werden, hierzu müssen die Buchungskreise miteinander abgeglichen werden. Man wählt im Debitorenmenü:

Stammdaten ⇨ Abgleichen ⇨ Buchungskreise ⇨ senden.

Kreditorenstammsatz im Buchungskreis anlegen

Werden nur für die Buchhaltung Stammdaten angelegt, geht man wie folgt vor:

Stammdaten ⇨ Anlegen im Menü Kreditoren

Das Einstiegsbild erscheint. Nachdem Buchungskreis und Kontengruppe eingegeben sind, drückt man [Enter]. Es erscheint das erste Bildschirmbild, um die Stammdaten zu erfassen. Nachdem die Kreditorendaten eingegeben wurden, sind diese zu sichern.

Stammsatz mit Vorlage anlegen

Zum Anlegen eines Stammsatzes kann auch ein vorhandener Stammsatz als Vorlage verwendet werden. Das System kopiert die Stammdaten aus der Vorlage. Es werden jedoch nicht alle Daten übernommen. Die Übernahme ist von mehreren Faktoren abhängig:

- Das System übernimmt nur Daten, die nicht **debitorenspezifisch** sind, also z. B. keine Adresse oder Sperrkennzeichen.
- Für die Übernahme der Vorlagedaten ist ferner entscheidend, welche Daten man bereits für einen Debitor erfasst hat. Grundsätzlich gilt: wenn bereits Daten gepflegt wurden, werden sie nicht durch Vorlagedaten überschrieben.
- Der User kann selbst bestimmen, welche Daten übernommen werden. Als Vorlage kann ein Kreditorenstammsatz aus einem Buchungskreis benutzt werden.

Daten aus der Vorlage sind **nur Vorschlagswerte**, die vor der Übernahme genau überprüft werden sollten !

Vorgehensweise beim Anlegen eines Stammsatzes

Exemplarisch wird im Folgenden die Vorgehensweise zum **Anlegen eines Stammsatzes** im Buchungskreis angezeigt:

1. Wahl von *Stammdaten ⇨ Anlegen*.
   Das Einstiegsbild zum Anlegen des Debitors wird angezeigt.
2. Eingabe der Kontonummer bei externer Vergabe. Wenn mit interner Vergabe gearbeitet wird, muss die Eingabe übersprungen werden. Die Nummer wird vom System vergeben, sobald die Stammdaten gesichert sind.
3. Eingabe des Buchungskreises und der Kontengruppe mit [Enter] bestätigen.
   Das erste Bildschirmbild zum Erfassen der Stammdaten erscheint.
4. Eingabe der Debitorendaten in die aufeinanderfolgenden Masken. Mit [Enter] gelangt man jeweils in das nächste Eingabebild.
5. Sicherung der Stammdaten, indem man *Debitor ⇨ Sichern* wählt.

Konten pro Diverse (CpD)

Für Debitoren, mit denen nur einmal oder selten Geschäfte gemacht werden, kann ein besonderer Stammsatz angelegt werden. Mit Hilfe sogenannter **CpD-Konten** kann man **kundenspezifische Daten**, wie z. B.:

- Name, Adresse und Telefonnummer
- Bankverbindung

bei der Rechnungserfassung eingeben.

Auf diese Weise spart man Platz im Plattenlaufwerk, da man nicht für jeden Kunden, der nur ein einmaliges Geschäft tätigt, einen vollständigen Debitorenstammsatz anlegen muss.

„Kreditor anlegen.scm"

Einen Kreditor legt man im System folgendermaßen an:

Felder, die mit einem Fragezeichen versehen sind, sind Mussfelder. Bei Feldern, die mit [↓] gekennzeichnet sind, besteht die Möglichkeit aus einer Liste auszuwählen.

Rechnungswesen ⇨ Finanzwesen ⇨ Kreditoren ⇨ Stammdaten ⇨ Anlegen

Einstieg Buchhaltung

Man gelangt auf *Einstieg Buchhaltung*; auf diesem Bild gibt man den Kreditor, den Buchungskreis und die Kontengruppe ein. Hier besteht die Auswahlmöglichkeit, einen Kreditor als Vorlage zu verwenden.

Anschrift

Nachdem die Daten mit [Enter] gesichert wurden, gelangt man in die Bildschirmmaske „Anschrift", hier müssen die Anschriftsdaten erfasst werden. In dieser Maske werden Anrede, Name, Suchbegriff (Kurzbezeichnung), Straße, Ort, Postleitzahl, Land, Sprache, Telefon-1 und Telefax eingegeben. Bei Beendigung der Bildschirmmaske [Enter] drücken, es erscheint das nächste Bild.

Steuerung

In der Maske „Steuerung" kann angegeben werden, ob der Kreditor gleichzeitig Debitor ist. Durch Eingabe der Debitorennummer kann zwischen beiden verrechnet werden. Wird das Feld leer gelassen, ist er nur Kreditor. Da der Kreditor umsatzsteuerpflichtig ist, muss das Feld Umsatzsteuer markiert werden. Die Ust-IdNr und die Branche können angegeben werden. Beendigung der Maske mit [Enter].

Zahlungsverkehr

In der Maske „Zahlungsverkehr" wird bei *Land* der Länderschlüssel, bei *Bankschlüssel* die *Bankleitzahl* und bei *Bankkonto* die Bankkontonummer des Lieferanten erfasst. Durch [Enter] wird die Bankverbindung im Stammsatz vorgemerkt, ein erneutes [Enter] führt in die nächste Bildschirmmaske.

Kontoführung Buchhaltung

In der Maske „Kontoführung Buchhaltung" werden das Abstimmkonto, der *SortSchlüssel*, die *Finanzdispogr.* und das *Zinskennzeichen* erfasst. Der *SortSchlüssel* steuert die Sortierfolge der Einzelposten des Kreditors. Beendigung der Maske mit [Enter].

Zahlungsverkehr Buchhaltung

In der Maske „Zahlungsverkehr Buchhaltung" werden die Zahlungsbedingungen eingegeben. Bei *Zahlungsbeding* wird der Schlüssel für die Skontoprozentsätze und die Zahlungsfristen eingegeben. Die Toleranzgruppe legt die Behandlung bei Zahlungsdifferenzen fest. *Zahlwege* bietet eine Auswahlmöglichkeit an, ob z. B. mit Scheck oder Überweisung bezahlt werden kann. Bei Hausbank wird die entsprechende Bank eingetragen. Beendigung mit [Enter].

Bei *Sachb.Buchh.* können die Lieferanten einem bestimmten Sachbearbeiter zugeteilt werden.

Alle weiteren Felder und Masken sind optional zu belegen. Sämtliche Eingaben müssen nun gesichert werden. Die Sicherung nimmt man durch Anklicken des Buttons **„Ja"** oder durch Anklicken des Buttons  vor. Zurück in das Kreditorenmenü gelangt man durch [↑].

1.2.4 Anzeigen eines Stammsatzes

Der Debitorenstammsatz wird sowohl von der Buchhaltung als auch vom Vertrieb benutzt. Man kann sich entweder die allgemeinen und die Buchungskreisdaten (Buchhaltungsdaten) oder aber den gesamten Debitorenstammsatz anzeigen lassen. Das Anzeigen eines Stammsatzes funktioniert folgendermaßen:

Vorgehensweise beim Anzeigen eines Stammsatzes

1. *Stammdaten (- Zentrale Pflege) ⇨ Anzeigen*
2. Eingabe der Kontonummer, des Buchungskreises und der Verkaufsorganisation.
3. Auf dem Einstiegsbild kann man direkt die Bilder ankreuzen, die man sehen will.
4. Mit [Enter] lässt man sich den Debitorenstammsatz anzeigen.
5. Verlassen der Anzeige mit *Debitor ⇨ Beenden.*

Zum Anlegen und Pflegen der Stammdaten stehen die folgenden Funktionen zur Verfügung:

Zusätzliche Funktionen in der Stammdatenpflege

- **Wechsel der Funktion**: Man kann, z. B. über *Debitor ⇨ Anzeigen* bzw. *Ändern*, aus der Anzeige- in die Änderungsfunktion wechseln.
- **Springen auf andere Bildschirmbilder**: Man kann auf das vorherige, auf das nächste oder gezielt auf ein bestimmtes Datenbild springen *(Springen).*
- **Verwaltungsdaten, Sperrdaten und Löschvormerkungen:** Beim Kreditorenstammsatz können über den Menüleisteneintrag *Zusätze* verschiedene Funktionen angewählt werden.
  - *Verwaltungsdaten-Anzeige* zeigt an, von welchem Benutzer die Daten angelegt wurden.
  - *Sperrdaten-Anzeige* zeigt an, ob das Konto gesperrt ist. Hier besteht zudem die Möglichkeit, Kennzeichen zum Sperren zu setzen oder zurückzunehmen. Um diese Funktion einzusetzen, muss der Stammsatz jedoch zum Ändern aufgerufen sein.
  - *Löschvormerkungen-Anzeige* von Vormerkungen, um den Datensatz zu löschen. Außerdem können Kennzeichen zum Löschen gesetzt oder zurückgenommen werden. Um diese Funktion einzusetzen, muss der Stammsatz jedoch zum Ändern aufgerufen sein.
- **Springen in andere relevante Daten**: Man kann sich z. B. das Kreditlimit oder die Bankverbindung ansehen *(Umfeld).*

- **Zahlwege und Mahnbereich:** Bei der Erfassung eines Debitorenstammsatzes kann man über *Zusätze* die möglichen Zahlwege für den Buchungskreis abfragen und aus der Anzeige auswählen.
- **Sichern des Stammsatzes:** Beim Kreditorenstammsatz besteht in jedem Bild die Möglichkeit, die Daten zu sichern und auf das Einstiegsbild zurückzukehren.
- **Texte:** Über den Menüleisteneintrag *Zusätze* besteht die Möglichkeit, Texte zum Stammsatz zu erfassen.
- **Dokumente:** Über den Menüleisteneintrag *Zusätze* kann die Funktion Dokumente aufgerufen werden. Hier besteht die Möglichkeit, im System verfügbare Dokumente dem Datensatz zuzuordnen.
- **Adressversionen:** Verwaltung von Adressen in mehreren Schriften, vor allem in Ländern mit einer anderen Schrift.
- **Einkaufsdaten:** Über *Springen ⇨ Einkaufsorg. Daten* können die Einkaufsdaten und die Partnerrollen des Kreditors abgefragt werden.
- **Anzeige der Feld- und Kontoänderungen:** Über den Menüleisteneintrag *Umfeld* können Änderungen im Kreditorenstammsatz angezeigt werden.
- **Referiertes Konto:** Über den Menüleisteneintrag *Umfeld* kann die Funktion aufgerufen werden. Man hat die Möglichkeit, sich den Stammsatz zu einem Konto anzusehen, das im Kreditorenstammsatz angegeben ist. Ist Kreditor gleichzeitig Debitor kann man in den Debitorenstammsatz springen.
- **Bankverbindung:** Über den Menüleisteneintrag *Umfeld* hat man die Möglichkeit, sich die Stammdaten der Banken anzeigen zu lassen.

1.2.5 Ändern eines Stammsatzes

Mit Ausnahme von Kontonummer und Kontengruppe können alle Daten eines Debitorenstammsatzes geändert werden. Die Änderung eines Stammsatzes kann auch an Berechtigungen geknüpft sein. Daher werden möglicherweise einige Felder nicht zum Ändern angeboten.

Wie beim Anlegen kann man die **Daten**:

1. **zentral ändern** (allgemeine, Buchungskreis- und Vertriebs-/ Einkaufsdaten);
2. **aus Sicht der Buchhaltung ändern**;
3. Debitorenstammsatz: **aus Sicht des Vertriebs ändern** (Auftragsbearbeitungs-, Versand- und Rechnungsdaten).
4. Kreditorenstammsatz: **aus Sicht des Einkaufs ändern**.

Die zur Verfügung stehenden Funktionen hängen von den Berechtigungen ab.

Ändern eines Debitorenstammsatzes

Wie man einen Stammsatz im Menü *Debitoren* ändert, wird in den folgenden Punkten beschrieben:

1. *Stammdaten (- Zentrale Pflege)* ⇨ *Ändern*
2. Eingabe der Kontonummer, des Buchungskreises und der Verkaufsorganisation.
3. Ankreuzen der Daten, die man ändern will.
4. Mit [Enter] gelangt man auf das nächste Bildschirmbild.
5. Änderungen vornehmen.
6. Sichern der Änderungen mit *Debitor* ⇨ *Sichern*.

Ändern eines Kreditorenstammsatzes

Wie man einen Stammsatz im Menü *Kreditoren* ändert, wird nachfolgend beschrieben:

1. *Stammdaten (- Zentrale Pflege)* ⇨ *Ändern*. Man gelangt in das Einstiegsbild.
2. Eingabe der Kontonummer und des Buchungskreises.
3. Markieren von Namen der Bilder des Kreditorenstammsatzes, der aufgerufen werden soll.
4. Mit [Enter] gelangt man in den nächsten Bildschirm. Die Stammdaten werden angezeigt.
5. Jetzt können die Daten überschrieben oder ergänzt werden.

Das System protokolliert jede Änderung, die man in den Debitor-/Kreditorenstammdaten vornimmt und erzeugt Änderungsbelege. Es speichert für jedes Feld den Zeitpunkt der Änderung, den Namen des Benutzers und den vorherigen Feldinhalt.

Über die Änderungsbelege kann man sich ansehen, welche Änderungen in einem Vorgang vorgenommen wurden.

Änderungen anzeigen

Die Änderungen kann man sich im Menü *Debitoren* wie folgt anzeigen lassen:

1. *Stammdaten ⇨ Änderungen anzeigen.*
2. Eingabe der Kontonummer und des Buchungskreises.
3. Mit [Enter] wird eine Liste mit den Arten der geänderten Felder angezeigt.
4. Wählen der Änderungen, die man sehen will.
5. Verlassen der Anzeige mit *Kontoänderung ⇨ Beenden.*

1.2.6 Sperren eines Debitorenkontos

In der Debitorenbuchhaltung kann man ein Debitorenkonto sperren, um zu verhindern, dass darauf gebucht wird. Dies ist zum Beispiel erforderlich, bevor man einen Debitorenstammsatz zum Löschen vormerkt.

Folgende Sperren kann man vergeben, wenn man über die Vertriebsanwendung (SD) verfügt:

Debitor-Sperre

- **Buchungssperre**
- **Auftragssperre**
- **Liefersperre**
- **Fakturasperre**

Kreditor-Sperre

- **Buchungssperre**
- **Einkaufssperre**

Sperren eines Kontos

Für eine **Liefersperre** müsste man z. B. die folgenden Schritte durchführen:

1. *Stammdaten ⇨ Zentrale Pflege ⇨ Sperren/Entsperren*
2. Eingabe der Kontonummer.
3. Ankreuzen der Buchungskreise für die Sperre.
4. Grund und Ziel der Sperrung (z. B. weil das Kreditlimit überzogen wurde, wird eine Liefersperre veranlasst.)
5. Sichern der Eingaben mit *Debitor ⇨ Sichern.*

ACHTUNG !

Eine Kontosperrung sollte nur vorgenommen werden, wenn keine offenen Posten bestehen, damit der Saldo aller Konten null bleibt !

1.2.7 Kontoanalyse (Debitoren)

Das R/3-System bietet eine komfortable Methode bestimmte Debitoren nach ihren Umsatzzahlen, offenen Posten und deren Zahlungsverhalten zu analysieren und danach zu beurteilen. Dies ist dann interessant, wenn z. B. ein Großauftrag ansteht und dieser Kunde schnell und einfach nach den o. g. Kriterien eingestuft werden soll.

„Konto_analyse.scm“

Die Vorgehensweise dazu wird im Folgenden beschrieben:

1. *Rechnungswesen ⇨ Finanzbuchhaltung ⇨ Debitoren*
2. *Konto ⇨ Analyse*
3. Buchungskreis und Geschäftsjahr eingeben.
4. Nun kann man sich Einzelposten, Umsätze und durch
5. *Springen ⇨ Zahlungsverhalten* die gewünschten Daten anzeigen lassen.

1.2.8 Kundenbeurteilung

„Beurteilung.scm“

Für die Kundenbeurteilung sind folgende Schritte notwendig:

1. *Debitoren ⇨ Period.Arbeiten ⇨ Infosystem ⇨ Berichtsauswahl.*
2. *Debitoren ⇨ Infosystem ⇨ Konteninformationen ⇨ Zahlungsverhalten mit Prognose* oder *Überfälligkeitsanalyse*
3. Eingabe der Kriterien.
4. System wertet Debitor aus.

Bei der Prognose von Debitoren geht das System nach betriebswirtschaftlichen Kriterien vor, z. B. Zahlungsverhalten usw.

1.2.9 Kreditoren-Saldenlisten erstellen

Um eine Disposition von Ausgangszahlungen zu erstellen oder ein Kontoverzeichnis von sämtlichen Kreditoren mit Anschrift und Bankdaten beispielsweise, ist es sinnvoll, sich eine Salden- bzw. Kreditorenliste zu erstellen.

„Saldenliste.scm“

Um Saldenlisten zu erzeugen, sind folgende Schritte notwendig:

1. *Rechnungswesen ⇨ Finanzwesen ⇨ Hauptbuch*
2. *Period. Arbeiten ⇨ Infosystem ⇨ Berichtsauswahl*
3. Pulldownmenü: *Infosystem ⇨ Konteninformationen ⇨ Saldenlisten.*
4. Dann ist der Sachkontenbereich einzugeben und der Buchungskreis.
5. Nach *Ausführen* erhält man eine aussagekräftige Tabelle, aus der z. B. Währung, Sollvortrag, Vortragsperioden und Berichtsperioden einzusehen sind.

„Kontoverzeichnis.scm“

Nachfolgend wird erklärt, wie ein Kontenverzeichnis angelegt werden kann:

1. *Rechnungswesen ⇨ Finanzwesen ⇨ Kreditoren*
2. *Period. Arbeiten ⇨ Infosystem ⇨ Berichtsauswahl*
3. *Kreditor ⇨ Ordnungsmässigkeit ⇨ Stammdaten*
4. *Verzeichnis*
5. Nach der Eingabe des Kreditorenkontenbereichs und des Buchungskreises sind weitere Abgrenzungen möglich: Verzinsung, Quellensteuer, Bankdaten, um nur einige zu nennen.
6. Auf der nun erscheinenden Tabelle folgt eine sehr übersichtliche Darstellung der ausgewählten Daten.

1.2.10 Reportinglisten erstellen

Um eine Übersicht über die vielen Reports zu erhalten, ist es möglich sog. Reportinglisten zu erstellen. Diese Listen lassen sich nach unterschiedlichen Kriterien aufbauen. So ist es möglich, z. B. alle Reports aus dem Bereich ***RF*** aufzulisten, einen auszuwählen und diesen ausführen zu lassen.

Durch folgende Schritte ist eine solche Liste einfach zu erstellen:

„Reportinglisten.scm“

1. *System ⇨ Dienste ⇨ Reporting*
2. Bei *Programm* ist der Reportname einzutragen.
3. Ist dieser nicht bekannt, kann durch das Betätigen der Pulldown-Taste eine weitere Selektionsmaske aufgerufen werden.

4. In dieser Maske muss nun der Begriff, in unserem Beispiel „RF", eingetragen und der grüne Selektionsbutton gedrückt werden.

5. Es erscheint eine nach „RF" selektierte Liste von Reports.

Im Internet (siehe WEB-Adresse im Vorwort) finden Sie dazu einen Video (Screencam) unter dem links angegebenen Namen.

1.3 Debitoren-/ Kreditorenbuchhaltung

1.3.1 Abbildung von Geschäftsvorfällen

Im Modul „FI" wird jeder Geschäftsvorfall in Form eines Beleges abgespeichert. Jeder Beleg wird auf einem Massenspeicher-Medium (z. B. Festplatte) abgelegt und stellt somit das physische Äquivalent zu einem realen Ereignis dar. Ein Beleg muss demnach alle Daten enthalten, die einen operativen Vorgang genau beschreiben. Dies erfordert eine umfangreiche und flexible Belegstruktur, um alle Daten exakt festzuhalten.

Belegkennzeichen

Darüber hinaus muss sich jeder Beleg eindeutig von anderen Belegen unterscheiden, und er muss bestimmte Kennzeichen aufweisen, die ihn schnell wieder auffindbar machen. Um all diese Kriterien zu erfüllen, bietet das System zum einen den standardisierten Belegaufbau mit durchgängigen Buchungs- und Eingaberegeln und zum anderen eine Vielzahl individueller Parameter für eine zweckgerechte Belegerfassung.

1.3.1.1 Belegstruktur

Ein Beleg besteht grundlegend aus zwei Komponenten, aus dem **Belegkopf** und aus den **Belegpositionen**. Der Belegkopf beinhaltet die Daten, die den Beleg eindeutig beschreiben und für alle Belegpositionen gültig sind. Die wichtigsten sind:

Belegkopffelder

- **Belegnummer;** sie dient zur eindeutigen Identifikation des Beleges und wird entweder manuell oder vom System vergeben.
- **Belegart;** gibt die Art des Geschäftsvorfalls an und wird zur Belegablage verwendet.
- **Belegdatum und Periode;** ordnet den Beleg bzw. den operativen Vorgang einer Rechnungsperiode zu, auch Rückbuchen in Vorperioden ist möglich sowie das Zuordnen zu Sonderperioden bei abweichendem Geschäftsjahr.

Wichtige Felder der Belegpositionen

Die Belegpositionen beschreiben den erfassten Vorgang mit den dazugehörenden Kontierungen. Die wichtigsten Daten bzw. Parameter innerhalb einer Belegposition sind folgende:

- **Buchungsschlüssel;** steuert zum einen die Art des erfassten Vorgangs, vergleichbar mit der Belegart und zum anderen die Vorgehensweise für das System beim Kontieren der Belegposition.
- **Konto;** das Konto, das mit der Belegposition bebucht werden soll: Debitoren-/Kreditorenkonten, Sachkonten oder Anlagenkonten.
- **Betrag;** der auf das jeweilige Konto gebucht werden soll.
- **Zahlungsbedingung;** spezifiziert die weitere Verarbeitungsweise der Belegposition für das System, Stichwort Fälligkeitsrechnung.

1.3.1.2 Abstimmkonten

Nebenbuch- und Hauptbuchkonten

Wird ein Beleg auf ein Nebenbuchkonto (z. B. Debitoren- bzw. Kreditorenkonto) gebucht, so werden die Beträge simultan auf sogenannten Abstimmkonten mitgebucht. Abstimmkonten sind Hauptbuchkonten, die als Saldo immer die Summe der Salden aus den Nebenbuchkonten aufweisen müssen.

Beispiele aus der Debitorenbuchhaltung

Beispiele für Abstimmkonten aus der Debitorenbuchhaltung sind:

- Inlandsforderungen
- Auslandsforderungen
- Forderungen an verbundene Unternehmen

Beispiele aus der Kreditorenbuchhaltung

Analog dazu Beispiele aus der Kreditorenbuchhaltung:

- Inlandsverbindlichkeiten
- Auslandsverbindlichkeiten
- Verbindlichkeiten an verbundene Unternehmen

Integration

Abstimmkonten sorgen somit für die Integration der Nebenbuchhaltungen (Debitoren-/Kreditorenbuchhaltung) mit der Hauptbuchhaltung. Das Hauptbuch wird stetig und automatisch fortgeschrieben. Somit ist gewährleistet, dass jederzeit eine Bilanz erstellt werden kann.

1.3.1.3 Mögliche Belege

Die häufigsten Belege, die in der **Debitorenbuchhaltung** vorkommen, sind:

- Rechnungen an Kunden
- Gutschriften an Kunden
- Zahlungen von Kunden

Analog dazu in der **Kreditorenbuchhaltung**:

- Rechnungen von Lieferanten
- Gutschriften von Lieferanten
- Zahlungen an Lieferanten

Sonderhauptbuchvorgänge

Die genannten operativen Vorgänge, die jeweils das Erzeugen eines Belegs verursachen, werden **gewöhnliche Geschäftsvorfälle** oder gewöhnliche Vorgänge genannt. Das System bietet darüber hinaus die Möglichkeit sog. Sonderhauptbuchvorgänge zu erfassen. Die wichtigsten Sonderhauptbuchvorgänge sind: Erhalten von Anzahlungen, Leisten von Anzahlungen, Besitzwechsel und Schuldwechsel. Für jeden dieser Geschäftsvorfälle ist im System eine Belegart hinterlegt. Außerdem können zusätzliche Belegarten bzw. Geschäftsvorfälle definiert werden.

1.3.2 Erfassung von Geschäftsvorfällen

Im Hauptmenü der Debitoren- bzw. Kreditorenbuchhaltung findet man unter dem Menüpunkt *Buchung* alle Funktionen, um die gewöhnlichen Vorgänge bzw. Sonderhauptbuchvorgänge zu erfassen. Um in dieses Hauptmenü zu gelangen, wählt man vom Basismenü des Systems folgende Menüpunkte aus: *Rechnungswesen* ⇨ *Finanzwesen* ⇨ *Debitoren* bzw. ⇨ *Kreditoren.*

1.3.2.1 Vorgehensweise der Erfassung

Die **wichtigsten Schritte**, die man bei der Eingabe und Buchung eines Belegs vornehmen muss, sind folgende:

1. Man gibt den Belegkopf ein.
2. Man gibt die Belegpositionen ein (z. B. eine Debitoren- bzw. Kreditorenposition und eine Sachkontenposition). Wenn bspw. eine Debitorenrechnung gebucht werden soll, muss eine Sollbuchung für ein Debitorkonto und eine Habenbuchung für ein Umsatzkonto eingegeben werden, wobei hier einer Soll- bzw. Habenbuchung jeweils eine Belegposition entspricht.

3. Man korrigiert gegebenenfalls die erfassten Belegpositionen.
4. Man kann den Beleg buchen, falls die Soll-Summe der Belegpositionen mit der Haben-Summe der Belegpositionen übereinstimmt, d. h. wenn der Saldo der Belegpositionen gleich Null ist.

Die beschriebene Vorgehensweise beim Erzeugen eines Belegs gilt für die Debitorenbuchhaltung wie auch für die Kreditorenbuchhaltung, man hat nur je nachdem Debitorenpositionen oder Kreditorenpositionen zu erfassen. Wichtig ist, dass jeder Beleg aus mindestens zwei Belegpositionen besteht, einer Debitoren-/ bzw. Kreditorenposition und einer Sachkontenposition.

1.3.2.1.1 Erfassen des Belegkopfs

Der Belegkopf enthält Daten, die den gesamten Beleg betreffen. Wenn das System in die Felder des Belegkopfs keine Daten automatisch vorgibt, müssen folgende Felder ausgefüllt werden:

- **Belegdatum und Periode**: Anhand des Datums wird ein Geschäftsvorfall einer Rechnungsperiode zugeordnet. Die Zuordnung zu einer Rechnungsperiode kann aber auch geändert werden, indem man im Feld Periode die vom Belegdatum abweichende Rechnungsperiode angibt.
- **Buchungsdatum**: Hier wird üblicherweise vom System das Systemdatum eingesetzt. Rück- sowie Vordatierung ist aber durchaus möglich.
- **Belegart**: Die Belegart dient zur Unterscheidung der Belege in einem Journal. Mit Hilfe der Belegart lassen sich die erfassten Belege, z. B. nach Debitorenrechnungen oder Debitorengutschriften, sortieren. Die Belegart steuert darüber hinaus die Kontoarten, die beim Erfassen des Belegs bebucht werden dürfen. Erlaubte Kontoarten bei der Erfassung einer Debitorenrechnung sind z. B. nur Debitorkonten und Sachkonten (Umsatzkonten). Falls man die Nummer des Beleges manuell und nicht maschinell festlegen will, wird in der Belegart das erlaubte Belegnummernintervall definiert. In diesem Belegnummernintervall muss eine manuell eingegebene Belegnummer liegen.
- **Belegnummer**: Die Vergabe der Belegnummer erfolgt, je nach Belegart, entweder intern durch das System oder extern durch den Benutzer. Bei interner, also maschineller Vergabe der Belegnummer, sollte man sich diese Nummer merken, um später schnell wieder auf diesen Beleg zugreifen zu können.

- **Buchungskreis**: Ordnet den Beleg einem Buchungskreis zu.
- **Währung des Belegs**: Hier erfolgt die Währungsangabe, die für den Beleg gelten soll. Das System übernimmt den Währungskurs, der am Buchungsdatum gültig war; im Feld Umrechnungsdatum kann auch ein abweichendes Datum angegeben werden.
- **Verrechnungsgeschäftsbereich**: Hier ordnet man den Beleg einem Geschäftsbereich zu. Die Angabe, die man hier macht, gilt automatisch auch für die darauffolgenden Belegpositionen. Abweichende Geschäftsbereiche lassen sich innerhalb der Belegpositionen trotzdem noch angeben. Die Zuordnung zu Geschäftsbereichen dient zur buchungskreisunabhängigen Erstellung von Geschäftsbereichsbilanzen.

Abb. 1.18 Belegkopf-Erfassungsbild

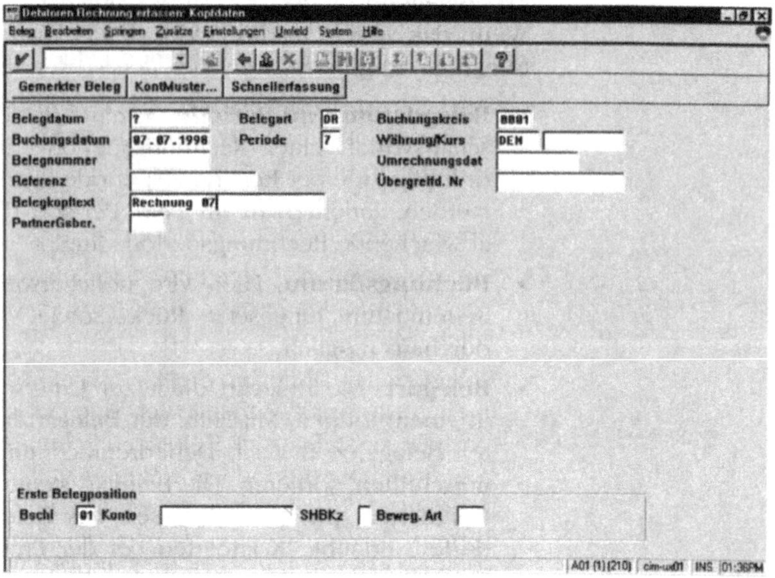

1.3.2.1.2 Erfassen der Belegpositionen

Nachdem der Belegkopf eingegeben ist, müssen die zugehörigen Belegpositionen erfasst werden. In einem Beleg der Debitoren-/Kreditorenbuchhaltung sind drei Arten von Belegpositionen erlaubt:

Positionsarten

1. Debitoren- bzw. Kreditorenpositionen
2. Sachkontenpositionen
3. Anlagenpositionen (besitzen eine eher untergeordnete Rolle)

Spezifizierende Felder

Die letzte Zeile der Belegkopfmaske enthält die Felder, die die Art der ersten Belegposition bestimmen..In der letzten Zeile des Bildschirmbildes für die erste Belegposition befinden sich die Felder, die die Art der zweiten Belegposition bestimmen usw. Zunächst müssen also die Belegpositionen der Reihe nach erfasst werden und zwar beginnend mit der ersten Belegposition.

Die wichtigsten Felder, die jeweils am Ende eines Bildschirmbildes zu finden sind und die die Art der nächsten Belegposition festlegen, sind folgende:

- **Buchungsschlüssel**
- **Konto**

Zusätzlich können, je nach Art des Benutzerstammsatzes und Konfiguration des Systems, folgende Felder auftreten:

Konfigurationsabhängige Felder

- **SHB-Kennzeichen** (Sonderhauptbuchkennzeichen bzw. Umsatzkennzeichen)
- **Neuer Buchungskreis** (für buchungskreisübergreifende Buchungen)
- **Bewegungsart** (für Bewegungen der Anlagenverwaltung)

Buchungsschlüssel

Im Feld **Buchungsschlüssel** ist ein zweistelliger Schlüssel einzugeben. Mit diesem Schlüssel wird festgelegt, wie die Belegposition vom System gebucht werden soll. Der Buchungsschlüssel steuert zusammen mit der Kontonummer, die im Feld Konto angegeben werden muss, die Verbuchung auf Belegpositionsebene. Im Einzelnen steuert der Buchungsschlüssel folgendes:

- **Erlaubte Kontoart** (z. B. Debitorenkonto, Kreditorenkonto, Sachkonto); die erlaubte Kontoart muss mit einer der erlaubten Kontoarten, die in der Belegart definiert worden sind, übereinstimmen. Bspw. erlaubt die Belegart „DR" (Debitorenrechnung) nur ein Buchen auf Debitor- und Sachkonten. Mit dem einzugebenden Buchungsschlüssel kann man damit nur auf eine dieser beiden Kontoarten buchen.
- **Soll- oder Habenbuchung**; legt fest, wie der Betrag in der Belegposition auf das im Feld Konto anzugebende Konto verbucht werden soll.
- **Umsatzkennzeichen** (U, N, SHB-Vorgang)
- **Belegartenkreis**
- **Bildauswahl** (Erfassungsvorschrift beim Buchen)

Buchungsschlüssel für Debitoren-positionen

Die wichtigsten Buchungsschlüssel für Debitorenpositionen sind:

- **„01"** Debitorenrechnung (erzeugt eine Soll-Buchung im Abstimmkonto, Zugang Forderungen)
- **„11"** Gutschrift an Debitor
- **„15"** Zahlung von Debitor (Zahlungseingang)

Buchungsschlüssel für Kreditoren-positionen

Die wichtigsten Buchungsschlüssel für Kreditorenpositionen sind:

- **„31"** Kreditorenrechnung (erzeugt eine Haben-Buchung im Abstimmkonto, Zugang Verbindlichkeiten)
- **„21"** Gutschrift von Kreditor
- **„25"** Zahlung an Kreditor (Zahlungsausgang)

Buchungsschlüssel für Sachkonten-positionen

Die wichtigsten Buchungsschlüssel für Sachkontenpositionen sind:

- **„40"** Soll-Buchung (erzeugt eine Soll-Buchung im angegebenen Sachkonto)
- **„50"** Haben-Buchung (erzeugt eine Haben-Buchung im angegebenen Sachkonto)

Gültigkeit der Schlüssel

Die angegebenen Buchungsschlüssel gelten nur für die jeweiligen Debitor-/Kreditorkonten bzw. Sachkonten. Es kann also nicht ein Buchungsschlüssel für Sachkonten angegeben werden und damit ein Debitor-/ bzw. Kreditorkonto bebucht werden.

Es empfiehlt sich die Belegpositionen für Debitoren bzw. für Kreditoren immer zuerst einzugeben. Auf diese Weise wird das Steuerkennzeichen automatisch von der Belegposition für Debitoren bzw. Kreditoren in die Sachkontenposition übertragen.

Konto

Nachdem der Buchungsschlüssel für die Belegposition eingegeben wurde, muss im Feld „*Konto*" das Konto angegeben werden, auf das die Belegposition gebucht werden soll. Falls zuerst mit den Debitoren- bzw. Kreditorenpositionen begonnen wird, muss hier die Kontonummer des Debitoren bzw. die Kontonummer des Kreditoren angegeben werden.

Wird daraufhin die Sachkontenposition erfasst, muss die Sachkontonummer (z. B. 800000 für das Konto „Umsatzerlöse Inland/GKR") angegeben werden. Falls die gewünschte Kontonummer nicht bekannt ist, kann das betreffende Konto durch „Matchcode-Suche" ausfindig gemacht werden.

SHB-Kennzeichen

Mit den **Sonderhauptbuchkennzeichen** werden die Sonderhauptbuchvorgänge gebucht. Sonderhauptbuchvorgänge werden auf abweichende Abstimmkonten gebucht und in einer Bilanz separat ausgewiesen.

Bestätigen der Positionsspezifikation

Nachdem Buchungsschlüssel, Kontonummer und ggf. ein SHB-Vorgang angegeben wurde, kann mit [Enter] bestätigt werden. Daraufhin erscheint das Eingabe-Bildschirmbild für die Datenerfassung der gewünschten Belegposition. Welche Felder auf diesem Bildschirmbild für Positionsdaten angezeigt werden, hängt vom Buchungsschlüssel und dem Abstimmkonto des Debitors bzw. Kreditors ab.

1.3.2.2 Erfassen der Daten einer Debitorenposition

Für die Daten einer Debitorenposition sind nur Buchungsschlüssel, Konto und Betrag zwingend erforderlich. Darüber hinaus bietet das Datenerfassungsbild (siehe Abb. 1.20) weitere Felder an:

Felder des Datenerfassungsbildes

1. Felder für die **Umsatzsteuerbehandlung**: Sofern das Feld *„SteuerKZ"* angezeigt wird, muss das Umsatzsteuerkennzeichen für die Debitorenposition eingegeben werden. Enthält der Beleg jedoch Positionen mit unterschiedlichen Steuersätzen, so gibt man in das Feld *„SteuerKZ"* lediglich „**" ein (wird beim Maskeneinstieg vom System schon vorgeschlagen), die jeweiligen Teilbeträge werden dann in mehreren Schritten mit verschiedenen Steuersätzen bzw. Steuerkennzeichen in den Sachkontenpositionen erfasst. Das System bucht daraufhin die anfallende Umsatzsteuer automatisch auf die jeweiligen Umsatzsteuerkonten.
2. Eine eventuell im Debitorenstammsatz angegebene **Zahlungsbedingung** wird vom System automatisch in die entsprechenden Felder der Debitorenposition übernommen. Diese Vorgaben können selbstverständlich geändert werden. Grundsätzlich können zwei Skontofristen und eine Nettofälligkeit angegeben werden. Ein im Feld Skontobasis eingegebener Betrag sorgt dafür, dass der gewährte Skontoabschlag nicht vom Rechnungsbetrag ermittelt wird, sondern von dieser Skontobasis.

   Durch Ankreuzen des Feldes *„Ohne Skonto"* lassen sich einzelne Positionen von der Skontierung ausschließen. In das Feld *Skontobetrag* kann der absolute Skonto direkt eingegeben werden, die automatische Skontoerrechnung wird somit aufgehoben. Das Buchungsdatum wird als Basisdatum der Fälligkeitsberechnung herangezogen.

3. Felder für **Mahn- bzw. Zahlungskontrolldaten**

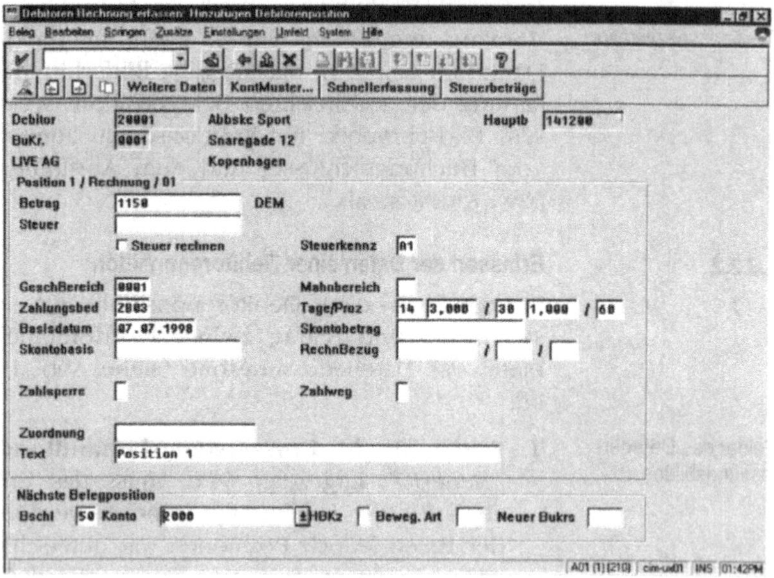

Abb. 1.19 Erfassungsbildschirm Debitorenposition

1.3.2.3 Erfassen der Daten einer Kreditorenposition

Für die Daten einer Kreditorenposition sind nur Buchungsschlüssel, Konto und Betrag zwingend erforderlich. Die weiteren wichtigen Felder, die angezeigt werden, sind identisch mit denen aus der Erfassung einer Debitorenposition. Zu beachten ist nur, dass im Feld *SteuerKZ* (falls angezeigt) nun keine Steuerkennzeichen für Umsatzsteuersätze anzugeben sind, sondern Steuerkennzeichen für Vorsteuersätze.

1.3.2.4 Erfassen der Daten einer Sachkontenposition

Welche Felder beim Erfassen einer Sachkontenposition angezeigt werden, hängt vom angegebenen Buchungsschlüssel und der Definition der Feldstatusgruppe im Sachkontenstamm des angegebenen Sachkontos ab. Für das Erfassen einer Sachkontenposition sind meist nur Eingaben in den Feldern *Buchungsschlüssel*, *Konto*, *Betrag* und *Steuerkennzeichen* erforderlich. Der Betrag kann entweder brutto (Umsatzsteuer inklusive) oder netto (ohne Umsatzsteuer) eingegeben werden.

Die Verarbeitung des Betragsfeldes hängt vom Umsatzsteuerbetrag und dem Umsatzsteuerkennzeichen ab. Da in der Debitoren-/Kreditorenbuchhaltung als Sachkonto meist ein Ertrags- bzw. Aufwandskonto als Sachkonto angegeben wird, sind die Sachkontenpositionen in den meisten Fällen umsatzsteuerpflichtig.

Steuerkennzeichen

Beispiele für Steuerkennzeichen, die in der Debitorenbuchhaltung sehr häufig zur Anwendung kommen, sind:

- **„A1" Ausgangssteuer 16% (Umsatzsteuersatz 16%)**
- **„A7" Ausgangssteuer 7% (Umsatzsteuersatz 7%)**

Analog dazu, nachfolgend die jeweiligen Vorsteuerkennzeichen in der Kreditorenbuchhaltung:

- **„V1" Vorsteuer 16%**
- **„V7" Vorsteuer 7%**

Automatische Umsatzsteuerberechnung

Wenn das System automatisch den Umsatzsteuerbetrag berechnen soll, muss folgendermaßen vorgegangen werden:

- in das *Betragsfeld* den Bruttobetrag eingeben;
- in das Feld *Steuerbetrag* das Markierungszeichen „*" eingeben;
- in das Feld *SteuerKZ* das jeweilige Steuerkennzeichen eingeben.

Danach müssen die Sachkontenposition mit [Enter] bestätigt werden. Daraufhin errechnet das System automatisch anhand des Steuerkennzeichens den Steuerbetrag und im Feld *Betrag* wird der Nettobetrag eingesetzt.

Manuelle Umsatzsteuer

Soll der **Steuerbetrag** selbst angegeben werden, muss folgendermaßen vorgegangen werden:

- in das *Betragsfeld* den Nettobetrag eingeben;
- den Steuerbetrag in das gleichnamige Feld eingeben;
- in das Feld *SteuerKZ* das zugehörige Steuerkennzeichen eingeben.

Das System erlaubt die Erfassung von mehreren Sachkontenpositionen mit unterschiedlichen Steuersätzen. Um die Datenerfassung bei Sachkontenpositionen zu beschleunigen, kann man in eine Schnellerfassungsmaske springen (*Springen ⇨ Schnellerf. SachkPos*); dort können die zentralen Daten mehrerer Sachkontenpositionen tabellarisch eingegeben werden.

1.3.2.5 Belegübersicht und Korrektur

Nach Eingabe aller Debitor-/Kreditor- bzw. Sachkontenpositionen, bietet das System die Möglichkeit in einer Belegübersicht Korrekturen am Belegkopf bzw. an den Belegpositionen vorzunehmen.

Belegübersicht

Dafür wählt man im Menü *Springen* den Menüpunkt *Belegübersicht* aus. In der Belegübersicht werden der Belegkopf und alle eingegebenen Belegpositionen auf einem Bildschirmbild zusammengestellt. Darüber hinaus wird die Soll-Summe und die Haben-Summe aller Belegpositionen angezeigt, die einzelnen Haben-Beträge werden mit einen Minuszeichen angegeben, die einzelnen Soll-Beträge werden ohne Vorzeichen geführt. Dadurch ist erkennbar, ob der Beleg verbucht werden kann; denn dafür müssen die Soll- und Haben-Summen gleich groß sein.

Änderungen an Belegkopf und Belegpositionen

Änderungen am ***Belegkopf*** werden durch Setzen des Cursors in das betreffende Belegkopffeld vorgenommen. Um eine Belegposition zu korrigieren, muss der Cursor auf die gewünschte Position gesetzt und im Menü *Springen* der Menüpunkt *Ausgew. Position* gewählt werden. Alternativ kann die Position *Ausgew. Position* zweimal kurz angeklickt werden, daraufhin verzweigt das System wieder in das Bildschirmbild für Positionsdatenerfassung. Nun können Korrekturen vorgenommen werden, wobei die Felder *Buchungsschlüssel Konto, SHBKz* und *NeuerBukr* nicht änderbar sind. Eine Belegposition kann gelöscht werden, indem im Betragsfeld Null eingetragen wird. Die Belegposition erscheint zwar weiterhin in der Belegübersicht, wird beim Buchen des Belegs aber nicht berücksichtigt.

Abb. 1.20
Belegübersicht

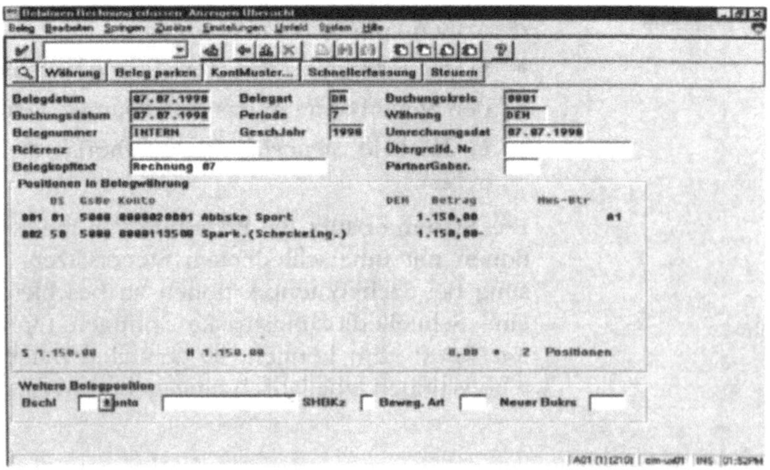

1.3.2.6 Buchung von Belegen

Wenn der Saldo aus Soll- und Haben-Summe der Belegpositionen gleich Null ist, kann das System den Beleg verbuchen. Dazu muss aus dem Menü *Beleg* der Menüpunkt *Buchen* ausgewählt werden. Beim Verbuchen eines Belegs werden die Debitoren-/ Kreditorenkonten, deren Abstimmkonten und die angegebenen Sachkonten fortgeschrieben. Wenn der Saldo der Belegpositionen ungleich Null ist, müssen entweder Belegpositionen geändert, gelöscht oder hinzugefügt werden.

Merken unvollständiger Belege

Ein unvollständiger Beleg kann aber auch vom System vermerkt werden und zu einem späteren Zeitpunkt vervollständigt und verbucht werden. Hierfür muss aus dem Menü *Beleg* der Punkt *Merken* ausgewählt werden. Gemerkte Belege lassen sich mit der entsprechenden Funktion aus dem Menü *Bearbeiten* im Hauptmenü der Debitoren- bzw. Kreditorenbuchhaltung nachbearbeiten und vervollständigen bzw. mit der Funktion aus dem Menü *Buchung* (⇨ *Sonstige* ⇨ *Gemerkter Beleg*) buchen.

1.3.2.6.1 Fallbeispiel: Kreditoren-Eingangsrechnung buchen

Im folgenden soll zusammenfassend an einem konkreten Geschäftsvorfall aus der Kreditorenbuchhaltung die Vorgehensweise beim Belegerfassen und –verbuchen beschrieben werden.

Am 22.05 des laufenden Geschäftsjahres sei der folgende Geschäftsvorfall zu erfassen:

Eingangsrechnung in Höhe von 16.000,- DM (inkl. MwSt) über eine Schulungsmaßnahme die bei der Firma Teachsoft durchgeführt wurde. Es handelt sich dabei um die Einarbeitung in die Software „QuarkXPress“. Die Zahlung soll innerhalb von 10 Tagen ohne Abzug erfolgen.

Zunächst muss aus dem Menü *Buchung* in der Kreditorenbuchhaltung der Menüpunkt *Rechnung* ausgewählt werden. Daraufhin erscheint das Bildschirmbild für die Erfassung des Belegkopfes. Folgende Belegkopffelder sind auszufüllen oder werden vom System schon vorgegeben:

Belegkopffelder

1. **Belegdatum**: Eingabe des Belegdatums 02.06.2000.
2. **Belegart**: Da es sich in unserem Beispiel um eine Kreditorenrechnung handelt, wird vom System „KR“ als Belegart eingetragen.
3. **Buchungskreis**: Angabe des vom Geschäftsvorfall betroffenen Buchungskreises.

4. **Buchungsdatum**: Hier wird vom System das aktuelle PC-Datum eingetragen, in unserem Beispiel musste das der 02.06.2000 sein.
5. **Belegnummer**: Soll die Vergabe der Belegnummer des zu erzeugenden Beleges vom System übernommen werden, wird in diesem Feld nichts eingetragen.
6. **Periode**: Jedes Geschäftsjahr wird in 16 Perioden unterteilt. In unserem Beispiel ist es die 06-te Periode
7. **Währung**: Da die Rechnung DM-Beträge aufweist, tragen wir hier „DEM" ein.

Am unteren Rand des Bildschirmbildes sind die relevanten Felder, die die erste Belegposition des Beleges bestimmen, aufgeführt. Es ist folgendes in die Felder einzutragen (wenn das System nicht schon Vorgaben eingetragen hat):

1. **Bschl**: Buchungsschlüssel für die erste Belegposition. Da es sich um eine Kreditorenrechnung handelt, tragen wir den Bschl „31" ein.
2. **Konto**: falls der Kreditor im System gespeichert ist so wird dessen Kreditorennummer eingetragen (8300), ansonsten muss der Kreditor zuerst erfasst werden.

Abb. 1.21
Rechnung erfassen

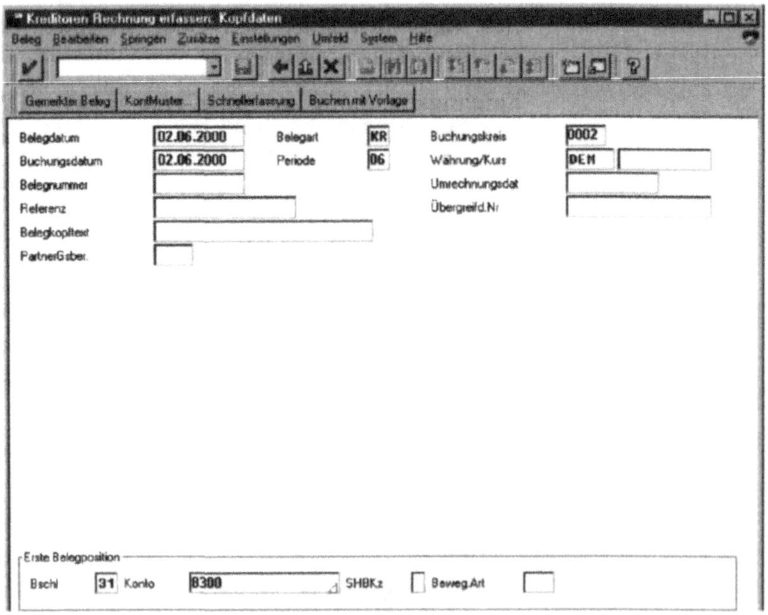

Bestätigung mit . Es erscheint die nächste Eingabemaske mit folgenden Felder, die auszufüllen sind:

1. **Betrag**: Angabe des Rechnungs-Bruttobetrages, in unserem Beispiel 16.000,- DM.
2. **Steuer rechnen**: Wenn man dieses Feld „☑ Steuer rechnen" markiert so wird die Steuer automatisch beim Buchen vom System errechnet.
3. **Geschäftsbereich**: es wird der Geschäftsbereich eingetragen für den die Schulung durchgeführt wurde. In unserem Fall ist es der Bereich 2000.
4. **Zahlungsbedingung**: Aus dem Auswahlfenster übernehmen wir den Schlüssel „SE10".
5. **Basisdatum**: das Datum der Rechnungserfassung wird hier angegeben um die Frist für die Fälligkeit der Zahlung errechnen zu können.
6. **Text**: Um die Rechnung leichter zu identifizieren wird folgender Text eingetragen: „Schulungsmaßnahme Fa. Teachsoft".

Buchungsschlüssel

Am unteren Rand des Datenerfassungs-Bildschirms der ersten Belegposition befinden sich die relevanten Felder, die die zweite Belegposition des Beleges bestimmen. In unserem Fall der Buchungsschlüssel für eine Sachkontenbuchung. Dazu ist folgendes in die Felder einzutragen:

1. **Bschl**: Buchungsschlüssel für die zweite Belegposition (erste Sachkontenposition). In unserem Fall „80" für eine Sachkonten-Sollbuchung.
2. **Konto**: Kontonummer des Sachkontos „Aufwendungen für Schulungsmaßnahmen", in Zahlen: 448006.

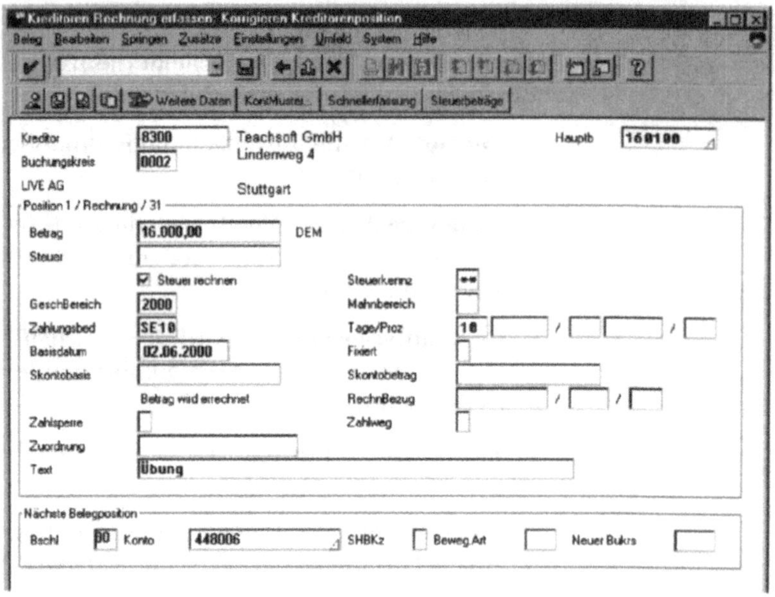

Abb. 1.22
Kontieren Kreditoren

Sachkonten

Bestätigung mit . Es erscheint der Datenerfassungsbildschirm der zweiten Belegposition (hier erste Sachkontenposition). Es sind folgende Felder auszufüllen:

1. **Betrag**: Durch die Eingabe eines „*" übernimmt das System den Betrag der oberen Position.
2. **SteuerKZ**: Aus der Auswahlliste das Vorsteuerkennzeichen „V4" wählen.
3. **Geschäftsbereich**: Aus der obigen Position übernehmen wir den Geschäftsbereich 2000.
4. **Kostenstelle**: Hier wird die Stelle eingetragen, die mit Kosten belastet werden soll, Kostenstelle 500000.
5. **Text**: Ebenfalls wird der Text mit Eingabe eines „+"-Zeichens aus der obigen Position übernommen.

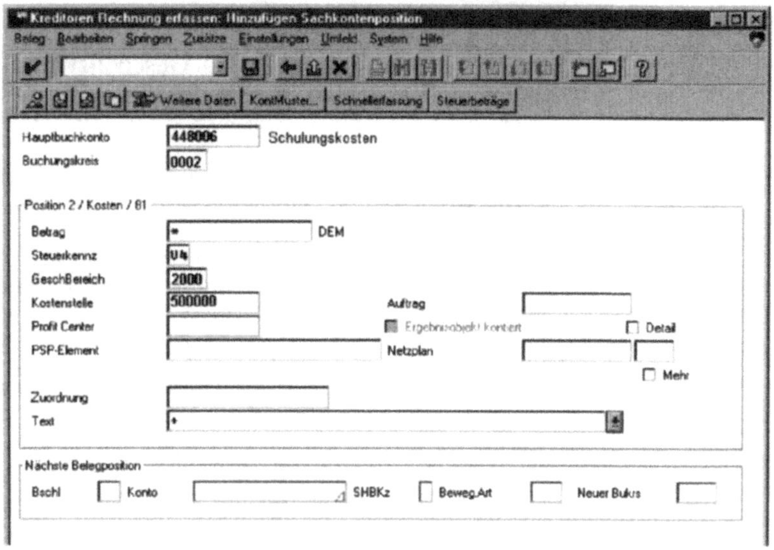

Abb. 1.23
Sachkontenposition erfassen

Durch die erneute Bestätigung mit ✔ wird der Betrag und der Buchungstext vom System eingefügt.

Zur Kontrolle der eingegebenen Positionen und deren Soll- bzw. Haben-Beträge kann man sich einen Beleg simulieren lassen. Dazu wählt man im Menu *Beleg ⇨ Simulieren.* Daraufhin erscheint folgendes Bild:

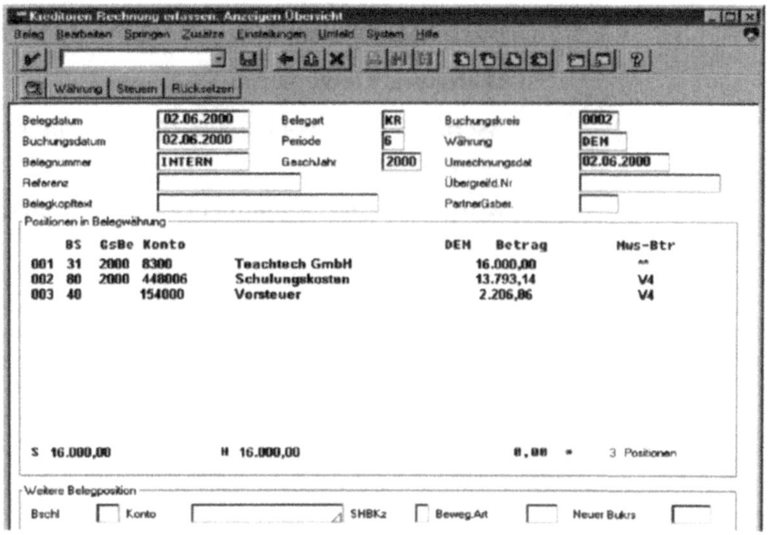

Abb. 1.24
Rechnungsübersicht

Durch Klicken auf das 💾 Symbol wird die Rechnung gebucht.

1.3.2.6.2 Fallbeispiel: Ausgangsrechnung buchen

Im Folgenden soll an einem Geschäftsvorfall zusammenfassend die Vorgehensweise des Erfassens einer Debitorenrechnung gezeigt werden.

Am 12.06.2000 des laufenden Geschäftsjahres sei der folgende Geschäftsvorfall zu erfassen:

Kunde Schnabel GmbH hat uns einen Auftrag über 3000,- DM erteilt. Mit der Warenlieferung erhält er die Rechnung über 3000,- DM, die sofort und ohne Abzug zu zahlen ist.

Pfadbeschreibung: *Rechnungswesen* ⇨ *Finanzwesen* ⇨ *Debitorenbuchung* ⇨ *Rechnung*.

Daraufhin erscheint das Bildschirmbild für die Erfassung des Belegkopfes. Folgende Belegkopffelder sind auszufüllen oder werden vom System schon vorgegeben:

Vorgehensweise bei der Erfassung der Kopfdaten

1. **Belegdatum**: Ausstellungsdatum des Originalbelegs, in unserem Fall der 12.06.2000.
2. **Belegart**: Automatische Vorgabe vom System; Schlüssel für eine Debitorenrechnung.
3. **Buchungskreis**: Geschäftsvorfall des betroffenen Buchungskreises: 0001.
4. **Buchungsdatum**: Systemdatum wird übernommen: 12.06.00.
5. **Währung**: Gewünschte Währung: DEM.
6. **Bschl**: Buchungsschlüssel für Rechnung wird vom System vorgegeben: 01.
7. **Konto**: Debitorennummer unseres Kunden: 11005.

Abb. 1.25
Rechnung erfassen: Kopfdaten

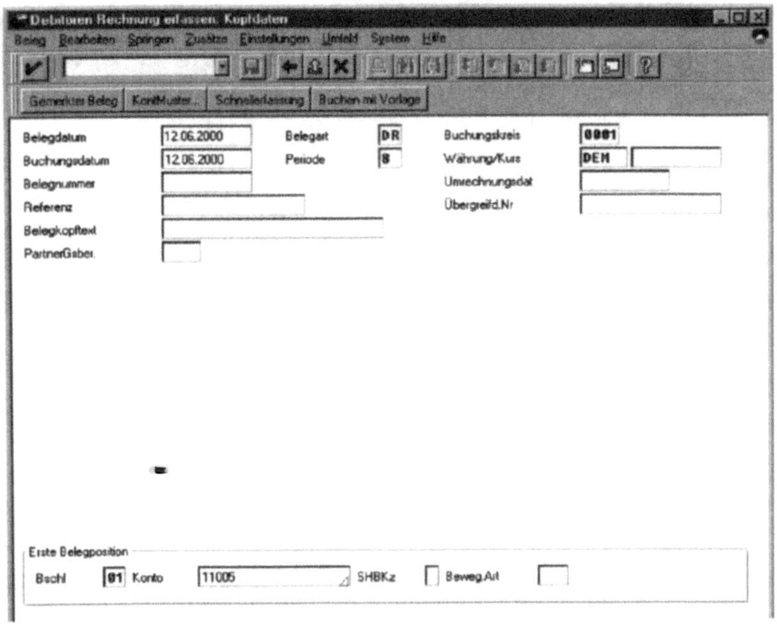

Bestätigung mit . Es erscheint die nächste Eingabemaske mit folgenden Feldern die auszufüllen sind:

Debitorenpositionen

1. **Betrag**: Rechnungsbetrag: 3000,00.
2. **Steuer rechnen:** Mit  kann die Umsatzsteuer automatisch vom System berechnet werden.
3. **Steuerkennz:** Das Kennzeichen repräsentiert die Informationen zur Berechnung und zum Ausweis der Umsatzsteuer.
4. **Zahlungsbed:** Auswahl des Zahlungsschlüssels: ZB 00.
5. **Geschäftsbereich:** Gewünschter Geschäftsbereich: 1000.
6. **Bschl:** Hier wird der Buchungsschlüssel für eine Habenbuchung auf einem Sachkonto ausgewählt: 50.
7. **Konto:** Entsprechendes Erlöskonto: 800100.

Abb. 1.26
Rechnung erfassen: Hinzufügen Debitorenposition

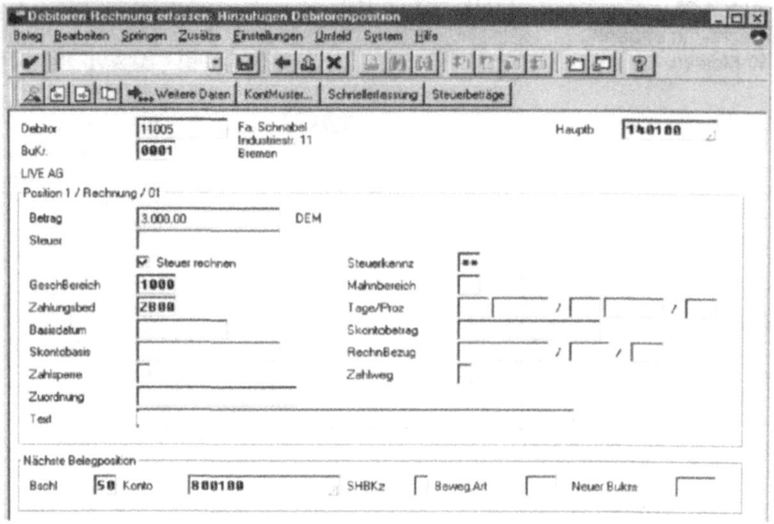

Bestätigung mit . Es erscheint die nächste Eingabemaske mit folgenden Feldern, die auszufüllen sind:

Sachkontenpositionen

1. **Betrag:** Durch Eingabe von (*) wird die vorige Position übernommen.
2. **Steuerkennzeichen:** Wird automatisch vorbelegt.
3. **Detail:** Mit  wird die Kontierung für die Ergebnisrechnung vorgenommen.

Abb. 1.27
Rechnung erfassen: Hinzufügen Sachkontenposition

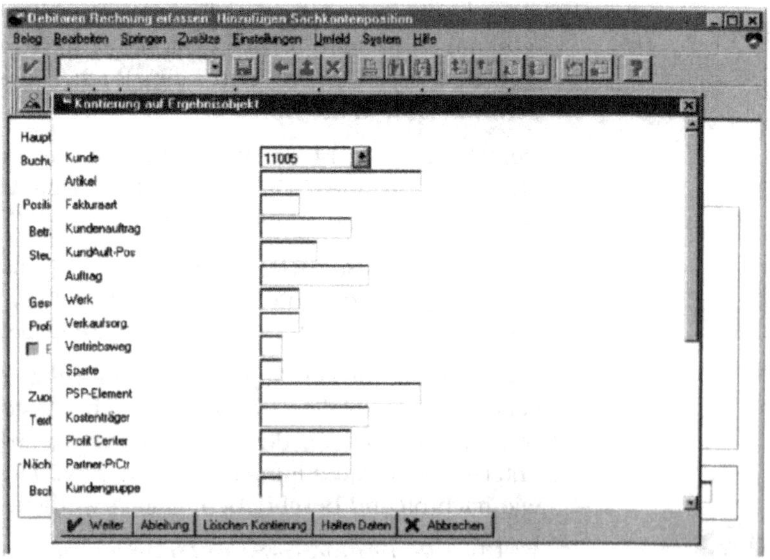

Bestätigung mit . Es erscheint die nächste Eingabemaske mit folgendem Feld, das auszufüllen ist:

Kunde: Kundennummer: 11005

Die Rechnung fließt somit in die Ergebnisrechnung mit ein.

Abb. 1.28
Kontierung auf Ergebnisprojekt

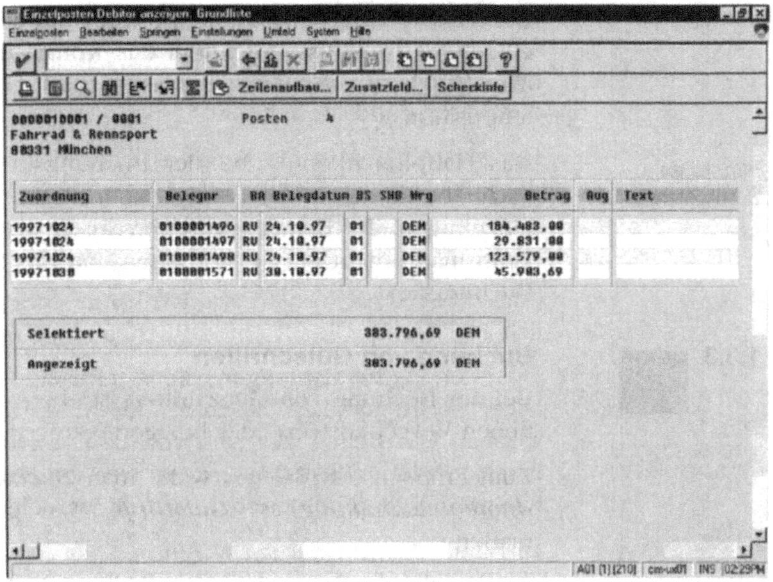

1.3.2.7 Hilfsmittel zur effizienten Datenerfassung

Die Erfassung von Belegen wird durch vielfältige Funktionen komfortabler und effizienter gestaltet:

- Setzen von Vorschlagswerten aus dem Debitor-/Kreditorstammsatz;
- Halten der Feldinhalte (Daten) über mehrere Erfassungsvorgänge;
- Schnellerfassung von Sachkontenpositionen;
- Matchcodes zur Kontenermittlung;
- Merken und Bearbeiten von unvollständigen Belegen;
- Dauerbuchungen bzw. maschinelle Buchungen (Datenträgeraustauschverfahren);
- Buchungskreisübergreifende Vorgänge, bei denen mehrere Buchungskreise automatisch bebucht werden.

Die genannten Funktionen sind entweder per Auswahl in der Menüleiste oder per Klick auf den entsprechenden Button in der Funktionsleiste (unterhalb der Menüleiste) aufzurufen.

1.3.2.8 Belege für Einmalkunden bzw. -lieferanten

CpD-Konten (Conto pro diverse) sollten für Kunden oder Lieferanten eingerichtet werden, von denen man selten oder nur einmal beliefert wird bzw. die man nur selten oder einmal beliefern muss. Es wird kein Debitoren-/Kreditorenstammsatz angelegt, stattdessen erfasst man beim Buchen des jeweiligen Belegs den Namen und die Adresse.

Der Musterbeleg ist ein Referenzbeleg, der bestimmte Daten für die Erfassung vorschlägt. Es werden keine Verkehrszahlen fortgeschrieben, er dient nur als Datenquelle.

Durch den Musterbeleg werden im Gegensatz zum Buchhaltungsbeleg keine Verkehrszahlen fortgeschrieben. Er dient lediglich als Datenquelle für einen Buchhaltungsbeleg.

Die Buchung für Zahlungen, die regelmäßig, aber in unterschiedlicher Höhe anfallen, können durch Musterbelege erleichtert werden. Der Betrag, der sich von den vorhergehenden Belegen unterscheidet, muss immer erfasst werden. Ein Musterbeleg kann, wie nachfolgend beschrieben, erstellt werden:

„Musterbelege erstellen.scm“

1. Über *Rechnungswesen ⇨ Finanzwesen ⇨ Hauptbuch* gelangt man in das Hauptbuch. Von hier erreicht man über
2. *Buchung ⇨ Referenzbelege ⇨ Musterbeleg*
3. das Menü, um Musterbelege zu erstellen. „Buchen mit Referenzbelegen“ ruft man durch
4. *Buchung ⇨ Sachkontenbuchung ⇨ Beleg ⇨ Buchen mit Vorlage* auf.

Kopfdaten

Für die Erstellung eines Musterbelegs startet man in der Maske *Kopfdaten*. Hier werden das Belegdatum, der Buchungskreis, das Buchungsdatum, die Periode, das Steuerkennz, Steuer rechnen, Gesch.ber. und Text eingegeben oder durchgeführt. Das Buchungsdatum ist vom System vorgegeben, kann jedoch geändert werden. Das Umsatzsteuerkennzeichen wird benötigt, um den Steuerbetrag zu berechnen. Wird das Feld *Steuer rechnen* angeklickt, berechnet das System automatisch die Steuer. Bei „*Text*“ sollte ein schlüssiger Buchungstext eingegeben werden. Es besteht jedoch auch die Möglichkeit, ein „+“ einzutragen; in diesem

Falle wird der Text vom vorhergehenden Bildschirmbild übernommen. Durch [Enter] werden die Eingaben gesichert und im Feld erscheint der Buchungstext.

Bei Verbuchung einer Habenposition muss im Feld *Bschl.* „50" eingetragen werden. Nachdem das Konto erfasst wurde, drückt man [Enter]; es erscheint die Maske zur Erfassung der Sachkontenposition.

Hinzufügen Sachkontenposition

Das Hauptbuchkonto und der Buchungskreis werden automatisch übernommen. Im Betrag hat man die Möglichkeit, ein „*" einzutragen, der Betrag wird dann automatisch ermittelt. Im Text kann man erneut ein „+" eintragen und das System ermittelt den Buchungstext.

1.3.3 Buchung von Gutschriften

Bei der Buchung von Gutschriften ist ebenso nach der beschriebenen Vorgehensweise der Belegerfassung zu verfahren.

Zum Erfassen des Beleges wählt man *Buchung (Debitoren-/Kreditorenbuchhaltung)* ⇨ *Gutschrift*. Man geht nun folgendermaßen vor:

1. Belegkopf erfassen (wie bei Rechnung, nur mit Belegart Gutschrift);
2. Buchungsschlüssel für Gutschrift angeben (für Debitoren- bzw. Kreditorenkonten);
3. Erfassen der Debitoren- bzw. Kreditorenpositionen;
4. Erfassen der Sachkontenpositionen (bei Debitoren Erlöskonto im Haben, bei Kreditoren Verbindlichkeiten im Soll);
5. Beleg buchen, wenn Saldo Soll-Haben gleich Null.

1.3.4 Offene Posten und deren Ausgleich

Offene Posten entstehen in der Debitorenbuchhaltung bspw. durch das Buchen einer Verkaufsrechnung, in der Kreditorenbuchhaltung entsprechend durch Buchen einer Einkaufsrechnung. Offene Posten werden durch Verbuchen eines Zahlungseingangs bzw. eines Zahlungsausgangs ausgeglichen.

Zur Anzeige von offenen Posten wählt man in der jeweiligen Buchhaltung das Menü *Konto* und den Menüpunkt *Posten anzeigen* aus. Nach Eingabe der Kontonummer des Debitoren bzw. des Kreditoren und des Buchungskreises erhält man die gewünschte Information, die sich nun beliebig aufbereiten lässt.

So ist bspw. die Anzeige aller offener Posten eines Konzerns nach den verschiedenen Debitor-/Kreditorkonten möglich:

Abb. 1.29
Liste der offenen Posten

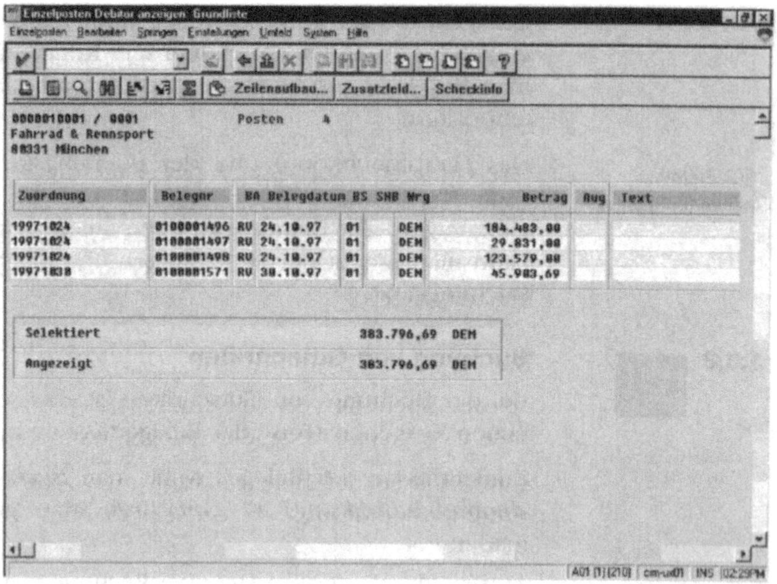

Ausgleichsvorgänge

Offene Posten bleiben solange als offen gekennzeichnet bis sie vom System als ausgeglichen markiert werden. Das System bietet eine Reihe von Geschäftsvorfällen, die einen offenen Posten als ausgeglichen kennzeichnen. Diese Geschäftsvorfälle werden als Ausgleichsvorgänge bezeichnet.

Folgende Ausgleichsvorgänge sind in der Debitoren-/Kreditorenbuchhaltung als Standard definiert:

- Zahlungseingang
- Zahlungsausgang
- Gut- oder Lastschrift
- Umbuchung

Ausgleichsvorgänge erfassen

Um Ausgleichsvorgänge zu erfassen, wählt man zunächst folgende Menüpunkte an: *Buchung* ⇨ *sonstiges* ⇨ *Interne Umbuchung* ⇨ *mit Ausgleich*, dann Wahl einer der genannten Ausgleichsvorgänge und Bestätigung mit [Enter].

Abb. 1.30
Belegkopf Zahlungseingang anlegen

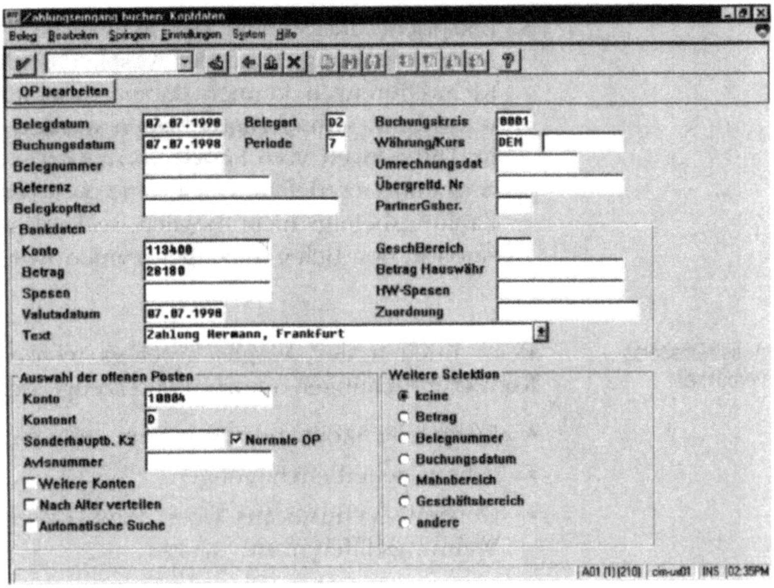

Ausgleichsbeleg erstellen

Folgende Schritte sind von nun an zur **Generierung des Ausgleichsbelegs** notwendig:

1. Eingabe des Belegkopfs.
2. Danach sind die Belegpositionen zu erfassen, wobei zunächst die Sachkontenposition eingegeben wird, d. h. hier erfolgt die Eingabe des Sachkontos, das den Ausgleichsvorgang auslöste. Geht z. B. von einem Debitor eine Zahlung auf das Bankkonto ein, so muss in der Sachkontenposition die Kontonummer des Bankkontos angegeben werden.
   Daraufhin ist der Ausgleichsbetrag einzugeben, bspw. der überwiesene Betrag auf dieses Bankkonto. Debitoren- bzw. Kreditorenpositionen sind nicht zu erfassen, es sind jetzt lediglich die offenen Posten des Debitoren bzw. Kreditoren auszuwählen, die mit dem angegebenen Betrag ausgeglichen werden sollen. Dazu muss der Menüpunkt *Offene Posten ausw.* aus dem Menü *Bearbeiten* ausgewählt werden. Es wird ein Selektionsprogramm für die Wahl der offenen Posten gestartet, wobei nach nahezu sämtlichen Feldern des Belegkopfs oder der Belegpositionen selektiert werden kann. Dann können die ausgewählten offenen Posten bearbeitet werden, d. h. bestimmte Posten aktiviert, deaktiviert, Skonto aktiviert, deaktiviert oder Teilzahlungen bzw. Restposten eingegeben werden.

3. Entspricht die Summe der aktivierten offenen Posten dem Ausgleichsbetrag, kann der Ausgleichsbeleg gebucht werden. Kleindifferenzen können dabei automatisch dem Skontoaufwand bzw. -ertrag zugeschlagen werden. Bis zu welcher Höhe Differenzen vom System akzeptiert werden, ist im Benutzerstammsatz definiert. Ist eine komplette Zuordnung des Zahlungsbetrags nicht möglich, so kann auch eine Akontoposition in den Beleg mitaufgenommen werden.

Ausgleichsbeleg verbuchen

Beim Buchen des Ausgleichsbelegs werden vom System evtl. Korrekturbuchungen automatisch erzeugt; dazu gehören:

- Eventuelle Skontoaufwände bzw. -erträge
- Umsatzsteuerberichtigungen
- Gewinne/Verluste aus Über- bzw. Unterzahlungen oder aus Währungsdifferenzen

Abb. 1.31
Debitorenzahlung zuordnen

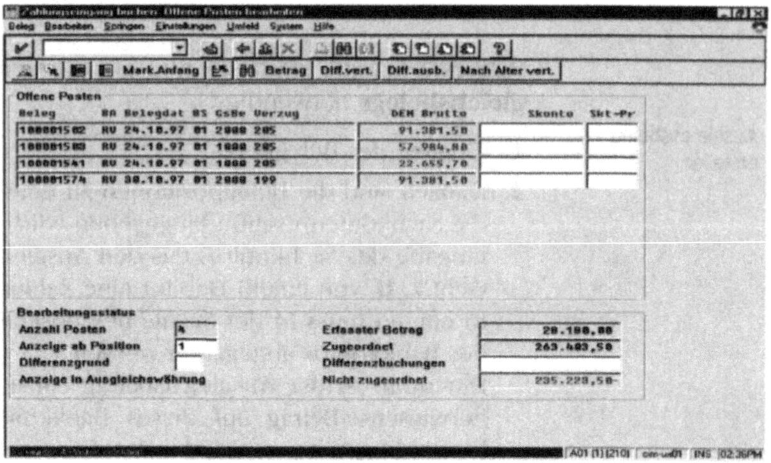

Es besteht die Möglichkeit sich die genannten Korrekturbuchungen vor dem Buchen des Beleges ausweisen zu lassen. Dazu wählt man in der Belegübersicht aus dem Menü *Buchung* den Menüpunkt *Simulieren* (siehe Abb. 1.32). Es werden nun alle zusätzlichen Belegpositionen (bzw. Korrekturbuchungen), die vom System beim Buchen des Beleges gebucht werden würden, in die Belegübersicht aufgenommen.

Abb. 1.32
Beleg simulieren

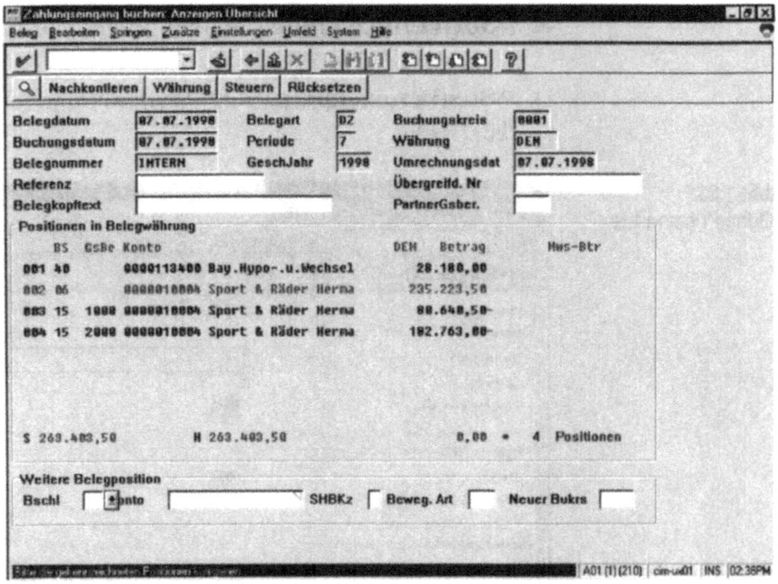

1.3.4.1 Fallbeispiel: Offene Posten ausgleichen

Im Folgenden soll zusammenfassend an einem konkreten Geschäftsvorfall aus der Kreditorenbuchhaltung die Vorgehensweise beim Ausgleichen der offenen Posten beschrieben werden.

Die im vorigen Beispiel gebuchte Eingangsrechnung soll nun ausgeglichen (bezahlt) werden.

Berichtsauswahl

Zunächst muss aus dem Menü *Period.Arbeiten* aus der Kreditorenbuchhaltung die Menüpunkte *Infosystem* ⇨ *Berichtsauswahl* ausgewählt werden. Daraufhin erscheint das Bildschirmbild für die Eingabe der Daten des Kreditors, dessen offene Posten aufgelistet werden sollen.

1. **Kreditorenkonto**: die Kreditorennummer des Kreditors mit der Nummer 8300 wird hier eingetragen. Sollte die Nummer nicht mehr zur Verfügung stehen, so kann man sie sich über die Matchcode-Auswahl holen.
2. **Buchungskreis**: wir wählen den Buchungskreis (hier Buchkr. 0002), in dem die offenen Posten gebucht wurden.
3. **Offene Posten zum Stichtag**: mit dieser Eingabe werden alle offenen Posten, die bis zu dem angegebenen Datum gebucht wurden, angezeigt. Vom System wird das Tagesdatum vorgeschlagen, das man jedoch nach Bedarf ändern kann.

4. **S-Sortkennzeichen**: als S-Sortierkennzeichen geben wir hier die 1 ein.
5. **P-Sortkennzeichen**: als P-Sortierkennzeichen geben wir hier die 1 ein.

Abb. 1.33
Offene Posten-Liste

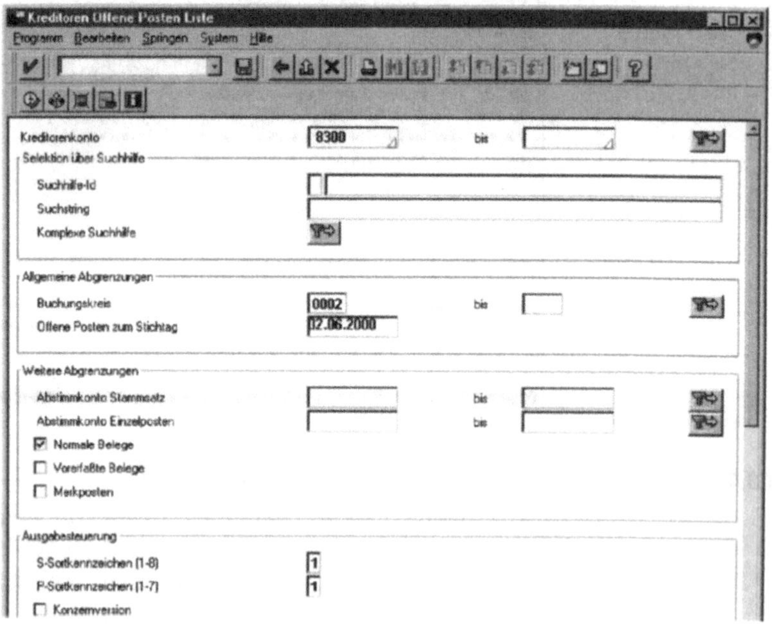

Bestätigung mit . Es erscheint die offene Posten-Liste.

Als nächster Schritt wollen wir nun die Rechnung mit Hilfe der Funktion „automatisches Zahlen“ begleichen.

Periodische Arbeiten

Aus dem Menü *Period.Arbeiten* in der Kreditorenbuchhaltung wählen wir den Menüpunkt *Zahlen*.

Für den maschinellen Zahlungsverkehr muss der Status festgelegt werden:

1. **Tag der Ausführung**: der Tag, an dem die Zahlung erfolgen soll wird hier eingetragen.
2. **Identifikation**: Um die Zahlung zu identifizieren, geben wir „Schulung“ ein.
3. Im nächsten Schritt tragen wir die Parameter ein, die für den maschinellen Zahlungsverkehr notwendig sind.

4. **Buchungsdatum**: das Datum (02.06.2000), an dem die Zahlung erfolgt, wird eingetragen.
5. **Belege erfasst bis**: hier ist ebenfalls das Datum 02.06.2000 einzutragen, da nur bis zu diesem Zeitpunkt evtl. Buchungen berücksichtigt werden.
6. **Buchungskreise**: Buchungskreis 0002 muss hier eingetragen werden.
7. **Zahlwege**: der mit dem Geschäftspartner vereinbarte Zahlweg ist hier einzutragen.
8. **Nächstes Buchungsdatum**: das Datum, an dem der nächste offene Posten bezahlt wird, muss hier eingetragen werden. Wir wählen folgendes Datum: 20.07.2000.
9. **Kreditor**: die Kreditornummer 8300 wird eingetragen.

Abb. 1.34
Zahlungsparameter

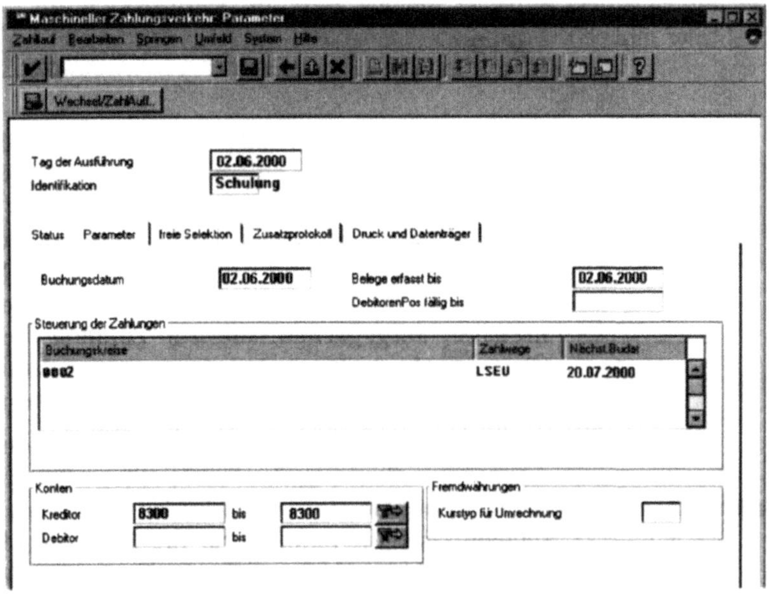

Beim Klicken der  -Taste werden die Daten gespeichert.

Zahlungsprozess

Um den Zahlungsprozess einzuplanen, wählt man aus dem Menü *Bearbeiten* in der Kreditorenbuchhaltung die Menüpunkte *Zahlung* ⇨ *Einplanen* aus. Folgende Felder müssen hier ausgefüllt werden:

1. **Startdatum**: das aktuelle Datum wird vom System vorgeschlagen (hier: 02.06.2000).
2. **Start sofort**: wird das Kästchen „Start sofort" markiert, so erfolgt die Zahlung unmittelbar nach dem Bestätigen der Daten.
3. **Startzeit**: als Startzeit tragen wir folgende Uhrzeit ein: 09:30:00.

Abb. 1.35
Zahlung planen

Beim Klicken des -Buttons erscheint auf dem Bildschirm der Status des Zahlungsprogramms. Es erscheint der Status „Zahlungslauf ist startbereit". Beim Betätigen der Status-Taste wird der Status aktualisiert bis der Status erscheint: „Zahlungslauf wurde ausgeführt" und „Buchungsaufträge: X erzeugt, X erledigt". Das Zahlungsprogramm hat somit die offenen Posten des Kreditors ausgeglichen, die zur Zahlung freigegeben wurden. Über das Menü *Konto ⇨ Posten anzeigen* kann man sich alle offenen und ausgeglichenen Posten des Kreditors anzeigen lassen.

Zahlungsausgang

Es ist aber auch möglich die Zahlung manuell zu buchen. Aus dem Menü *Buchung* in der Kreditorenbuchhaltung wählt man die Menüpunkte *Zahlungsausgang ⇨ Buchen* aus. Daraufhin erscheint das Bildschirmbild für die Erfassung der Kopfdaten. Folgende Felder sind auszufüllen oder werden vom System vorgegeben:

1. **Belegdatum**: hier geben wir das aktuelle Tagesdatum ein: 02.06.2000.
2. **Belegart**: Da es sich hier um eine Kreditorenzahlung handelt, wird die Abkürzung „KZ" eingetragen.
3. **Buchungskreis**: Buchungskreis 0002.
4. **Buchungsdatum**: auch hier wird das aktuelle Tagesdatum eingetragen: 02.06.2000.

5. **Periode**: wird vom System in Abhängigkeit des eingetragenen Buchungsdatums abgeleitet.
6. **Währung/Kurs**: DM
7. **Konto**: hier muss die Sachkontonr. des Unterkontos für Ausgangszahlungen der entsprechenden Bank eingetragen werden.
8. **Geschäftsbereich**: Geschber. 2000.
9. **Valutadatum**: Tag der Wertstellung auf dem Konto, hier: 02.06.2000.
10. **Text**: als Text tragen wir „Schulung" ein.
11. **Konto**: Kontonummer des Kreditors (8300).
12. **Kontoart**: Die Kontoart „Kreditoren" wird automatisch vom System festgelegt.
13. **Belegnummer**: Im Feld *Weitere Selektion* kennzeichnen wir das Kästchen *Belegnummer*. Nach diesem Kriterium wird jetzt die Selektion der offenen Posten vorgenommen.

Abb. 1.36
Kopfdaten Zahlungsausgang

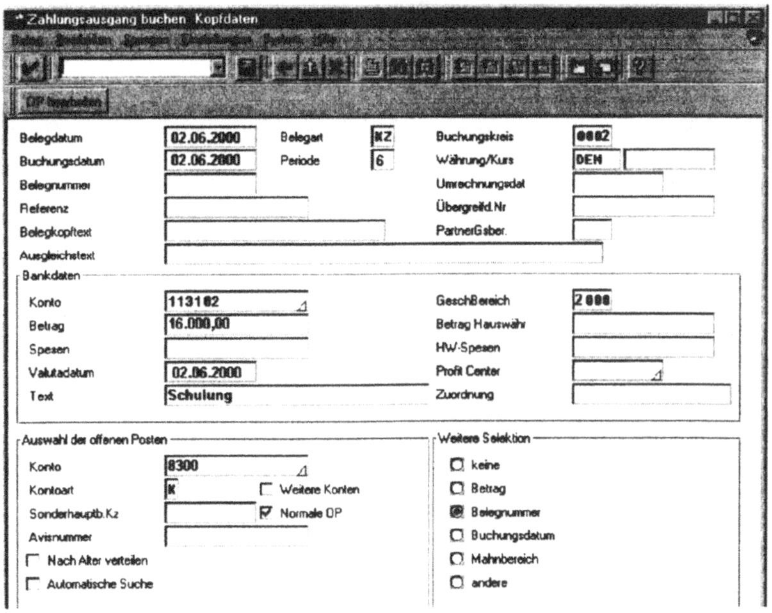

Beim Klicken des OP bearbeiten-Buttons wird die Selektionsmaske der offenen Posten angezeigt.

Belegnummer von: die Rechnungsnummer 123456 ist hier einzugeben.

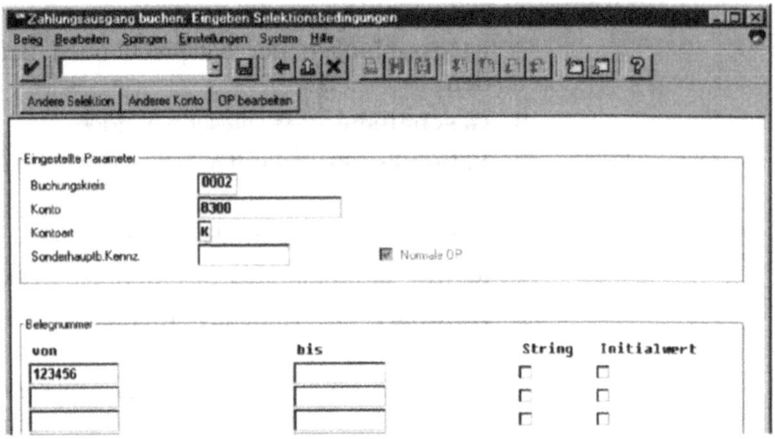

Abb. 1.37 Selektionsbedingungen

Der Button OP bearbeiten muss wieder angeklickt werden, um in die Maske der ausgewählten offenen Positionen zu gelangen.

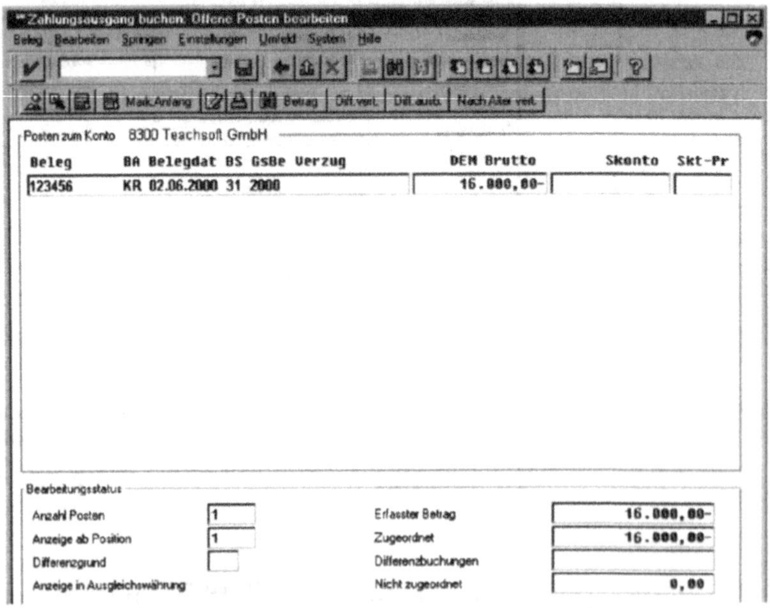

Abb. 1.38 Offene Posten bearbeiten

In der Maske besteht die Möglichkeit sich mit folgender Auswahl einen Beleg simulieren zu lassen: *Beleg ⇨ Simulieren.*

Eine Belegübersicht über die bebuchten Konten wird angezeigt:

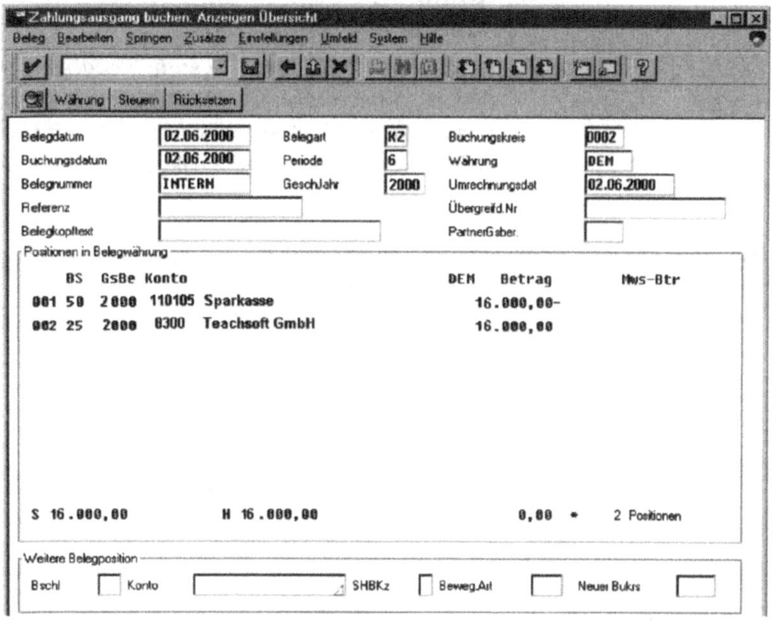

Abb. 1.39
Übersicht Zahlungsausgang

Mit  sichert man die Eingaben und die Buchung wird abgeschlossen.

1.3.4.2 Fallbeispiel: Zahlungseingang buchen

Im Folgenden soll zusammenfassend an unserem Kunden Schnabel GmbH gezeigt werden, wie der Zahlungseingang zu buchen ist.

Unser Kunde Schnabel GmbH zahlt die geforderten 3000,- DM per Überweisung.

Pfadbeschreibung: *Rechnungswesen ⇨ Finanzwesen ⇨ Debitorenbuchung ⇨ Zahlungseingang.*

Erfassung der Kopfdaten

1. **Belegdatum:** Buchungsdatum des Zahlungseingangs: 12.06.2000.
2. **Belegart:** Definition der Art des Zahlungseingangs: DZ.
3. **Konto:** (Bankdaten): Sachkonto-Nr. der Bank, auf der die Zahlung eingegangen ist: 222020

4. **Betrag:** Betrag des tatsächlichen Zahlungseingangs: 3.000,00.
5. **Valutadatum:** Tag der Wertstellung auf dem Bankkonto: 12.06.2000.
6. **Konto:** (Auswahl der offenen Posten): Hier ist die Debitorennummer einzugeben: 11005.
7. **Kontoart:** Wird vom System vorgegeben, ist bei Bedarf änderbar. Man wählt die Kontoart für Debitoren: D, durch die festgelegt wird, dass neben der Hauptbuchung zusätzlich eine Buchung auf dem Kontokorrentkonto unseres Debitors erfolgt.

Abb. 1.40 Zahlungseingang Kopfdaten

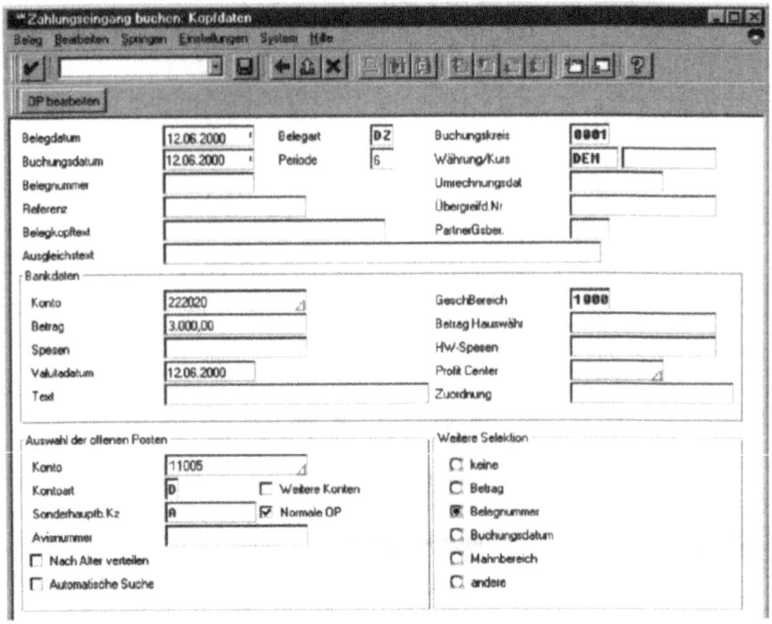

Selektionsbedingungen

Weiter mit 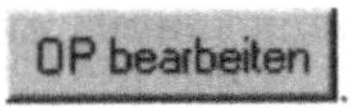

.

Eingabe der Belegnummern der offenen Posten, denen der Zahlungseingang zugeordnet werden soll: 1200000009.

Abb. 1.41
Zahlungseingang Selektionsbedingungen

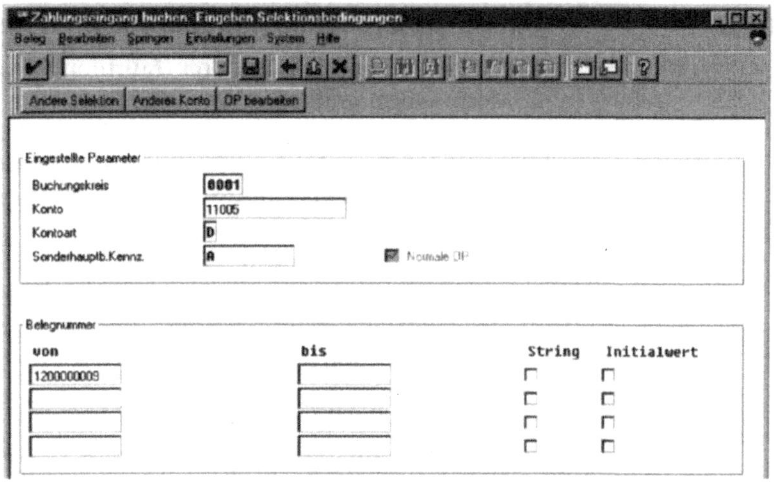

Man wählt erneut 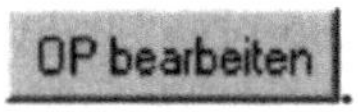.

Zahlungseingangskontrolle

Sollte unter „nicht zugeordnet" ein Betrag erscheinen, der Kunde zieht z. B. unberechtigt Skonto ab, muss er manuell gebucht werden .

Abb. 1.42
Zahlungseingang Übersicht

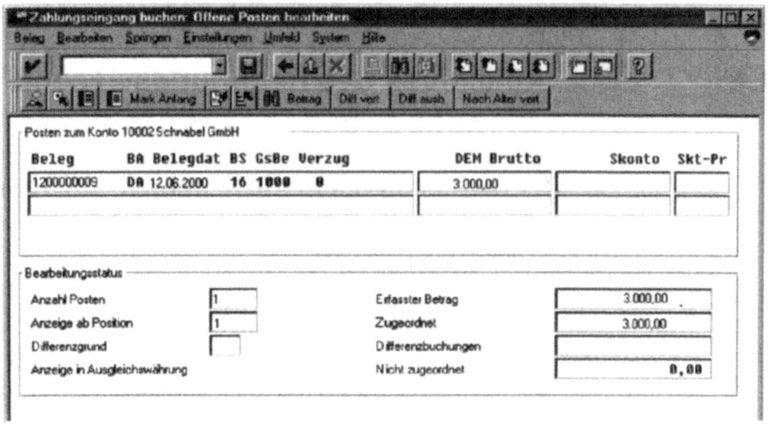

1.3.5 Anzeige, Bearbeitung und Storno von Belegen

Gebuchte Belege können durch Aufrufen der Funktion *Anzeigen* im Menü *Beleg* angezeigt werden. Dazu muss man, um den jeweiligen Beleg eindeutig zu spezifizieren, die Belegnummer, den Buchungskreis und das Geschäftsjahr angeben. Um einen gebuchten Beleg zu ändern, wird ähnlich vorgegangen: dazu muss lediglich der Punkt *Ändern* aus dem Menü *Beleg* ausgewählt werden. Welche Felder im Belegkopf bzw. in den Belegpositionen geändert werden dürfen, hängt davon ab, welche Änderungsregeln der Systemverwalter definiert hat und welche anderen SAP-Anwendungen installiert sind.

Wird eine **fehlerhafte Buchung** bzw. ein fehlerhafter Beleg eingegeben, kann dieser folgendermaßen **storniert** werden:

1. Auswahl des Punktes *Stornieren* im Menü *Beleg* der Debitoren-/Kreditorenbuchhaltung.
2. Eingabe der Belegnummer und Buchungskreises des zu stornierenden Belegs.
3. Buchen des Belegs.

Das System generiert daraufhin einen Stornobeleg, bei dem die Soll- und Haben-Beträge des Originalbelegs in den berührten Konten gegengebucht werden.

1.4 Abschluss des Rechnungswesens

Die Abschlussarbeiten werden im Hauptbuch durchgeführt. Das SAP-System unterscheidet Abschlussarbeiten zeitlich. Sie sind unterteilt in **Tagesabschluss**, **Monatsabschluss** und **Jahresabschluss**. Bevor ein Abschluss erstellt werden kann, sind noch einige Abschlussarbeiten durchzuführen:

- Periodengerechte Abgrenzung der Aufwendungen und Erträge
- Bestandsaufnahme und Bewertung der Forderungen und Verbindlichkeiten
- Erstellung von Bilanz und Gewinn- und Verlustrechnung
- Dokumentation des Buchungsstoffes

1.4.1 Tagesabschluss

Der Tagesabschluss lässt sich ohne weitere Buchungsaktivitäten und ohne buchhalterischen Abschluss erstellen. Folgende Arbeiten lassen sich durchführen:

- Ausgabe der taggenauen Kontoendstände nach Einzelposten und Verkehrszahlen:
- Drucken des chronologisch oder individuell sortierten Belegjournals;
- Erstellung der Korrespondenz mit den Geschäftspartnern.

Damit die Verbuchung der Daten in der Datenbank kontrolliert werden kann, muss eine Liste der abgebrochenen Buchungen erzeugt werden.

1.4.2 Erstellung des Monatsabschlusses

Am Ende jeden Monats oder jeder Buchungsperiode werden die erlaubten Buchungsperioden gepflegt. Auf diese Art können die Buchungen der vergangenen Periode(n) abgeschlossen und künftige Perioden (es können auch mehrere sein) für neue Buchungen frei gegeben werden.

Belege, die für die weitere Onlinearbeit nicht mehr benötigt werden, können je nach Größe des Aufkommens in der Datenbank archiviert werden.

Je nach Anforderung können außerdem noch folgende Reports erzeugt werden:

- Externe Berichte wie:
  - Bilanz
  - GuV
  - Voranmeldung der Umsatzsteuer
  - Bericht gemäss der Außenwirtschaftsordnung
- Abstimmung und Dokumentation des Buchungsstoffes:
  - Grundbuch
  - Beschreibung der Konten
  - Grosse Umsatzprobe
  - Liste der Salden
  - Liste der offenen Posten
- Interne Auswertungen

1.4.3 Jahresabschluss

Die Berichte, die im Jahresabschluss erstellt werden, entsprechen denen des Monatsabschlusses. Grundsätzlich lässt sich der Jahresabschluss in zwei zeitliche Abschnitte aufteilen:

Am Anfang des neuen Geschäftsjahres werden die Buchungsperioden für das neue Geschäftsjahr geöffnet und die Saldenvorträge ausgeführt.

Zu einem späteren Zeitpunkt werden dann die Vorbereitungen für die Bilanz getroffen. Danach werden die Bilanz und die Gewinn- und Verlustrechnung erstellt. Außerdem werden, wie schon beim Monatsabschluss, die Geschäftsvorfälle mit der Kontenschreibung dokumentiert und die nicht mehr benötigten Belege archiviert.

Ist die entsprechende Buchungsperiode geöffnet, kann das neue Geschäftsjahr mit der ersten Buchung gestartet werden. Das Vortragen der Salden wird durch entsprechende Reports ausgeführt. Die Vorträge der GuV erfolgen auf das Ergebnisvortragskonto oder auf mehrere Ergebnisvortragskonten. Die Bestandskonten werden auf sich selbst vorgetragen. Dabei kommt das System ohne gesonderte Eröffnungsbilanz aus. Deshalb muss weder das alte Geschäftsjahr geschlossen sein, noch müssen die Buchungen des Abschlusses durchgeführt worden sein. Das neue Geschäftsjahr kann auch so eröffnet werden.

Zusätzlich können im Rahmen der Abschlussarbeiten die offenen Obligowerte aus Mittelbindung, Bestellung und der Anforderung von Bestellungen in die erste Periode des neuen Geschäftsjahres übernommen werden. Dabei kann nach den Kontierungsobjekten, wie Kostenstellen, Aufträgen und Projekten, selektiert werden. Der Vortrag der Obligowerte wird jeweils für einen Kostenrechnungskreis vorgenommen.

1.4.4 Dokumentation des Buchungsstoffes

Die Hauptaufgabe der Buchhaltung ist es, alle Geschäftsvorfälle zeitlich und sachlich geordnet darzustellen (vgl. GOB). Dies ist auch wegen der gesetzlichen Nachweispflicht gegenüber dem Finanzamt und dem Wirtschaftsprüfer notwendig. Damit die notwendigen Dokumentationen erstellt werden können, stellt das R/3 System entsprechende Reports bereit.

Folgende Auswertungen sind möglich:

- Nicht verbuchte Belege;
- Grundbuch;
- Beschreibung der Konten, mit denen das Hauptbuch und die Nebenbücher erstellt sind;
- Wechselkopierbuch.

1.4.5 Buchungsperiode und Geschäftsjahr

Das Geschäftsjahr gliedert sich in Buchungsperioden, die durch ein Anfangs- und Enddatum definiert sind. Bevor Belege gebucht werden können, müssen die Buchungsperioden und durch diese das Geschäftsjahr im System definiert werden. Zusätzlich zu den Buchungsperioden kann man auch Sonderperioden für den Jahresabschluss festlegen. Für jede Buchungsperiode werden im Hauptbuch die Verkehrszahlen durch das System gespeichert.

1.4.6 Bilanz und GuV

Die Bilanz und die GuV können individuell gestaltet werden. Beispielsweise ist es möglich Bilanz und GuV für den Konzern, den Buchungskreis und den Geschäftsbereich zu erstellen. Entsprechend können diese beiden Berichte in unterschiedlichen Sprachen, Währungen und Detaillierungsgraden erstellt werden. Für die Buchhaltung werden z. B. die einzelnen Konten mit Salden aufgelistet, für die Geschäftsleitung wird eine auf Gruppensalden verdichtete Form erstellt. Es können auch mehre Bilanzen nach unterschiedlichen Gliederungsarten erstellt werden. Beispiele hierfür sind die Handelsbilanz oder die Steuerbilanz. Bevor die Bilanz und die GuV erstellt werden können, müssen erst Vorbereitungen in anderen SAP-Modulen getroffen werden.

So müssen in der Materialwirtschaft die Inventur und Bewertung des Materials (SAP unterstützt die verschiedenen Arten der Bewertung wie LIFO oder FIFO) durchgeführt werden.

In der Anlagenbuchhaltung müssen die relevanten Abschreibungen gebucht werden. Je nach gesetzlicher Vorgabe erstellt die Anlagenbuchhaltung das Anlagengitter.

Löhne und Gehälter der letzten Buchungsperiode müssen in der Personalwirtschaft gebucht worden sein. Die Daten sind in die Finanzbuchhaltung zu übertragen.

Im Vertrieb sollte die Faktura und zu allen Lieferscheinen der Warenausgang gebucht sein. Bonusabrechnungen und die entsprechenden Gutschriften müssen erstellt sein. Vorab erstellte Fakturen sollten abgegrenzt werden.

Weitere Vorbereitungen sind:

- Bewertung in Fremdwährung
- Bewertung der offenen Posten in Fremdwährung
- Pauschale Wertberichtigung von uneinbringlichen Forderungen
- Abgrenzungsbuchungen
- Umgliederung der Forderungen und Verbindlichkeiten
- Pflege der WE/RE Verrechnungskonten
- Nachbelastung der GuV
- Periodische Berichte

Der Jahresüberschuss oder Jahresfehlbetrag und der Gewinnvortrag bzw. Verlustvortrag wird im R/3-System auf besondere Weise ermittelt. Daher kann hier eine manuelle Buchung entfallen.

Weil die Ermittlung des Jahresüberschusses oder Fehlbetrages durch den Report erfolgt, muss bei der Definition der Struktur von Bilanz und GuV genau festgelegt sein, welche Positionen die Aktiva, Passiva und die nicht zuordenbaren Konten darstellen. Jahresüberschuss bzw. Jahresfehlbetrag ergeben sich aus den Salden der Konten, die diesen Positionen zugeordnet werden. Alle anderen Konten werden vom System als Konten der GuV interpretiert. Auch das Ergebnis der GuV wird durch den Report festgestellt. Daher müssen die Erfolgskonten nicht über ein Betriebsergebniskonto abgeschlossen werden.

Der Gewinn- oder Verlustvortrag wird dem Ergebniskonto entnommen, sofern das Konto in der Struktur von Bilanz und GuV dieser Position der Bilanz zugewiesen wurde. Auf das Ergebniskonto wird der Saldo der Erfolgskonten vorgetragen. Dies geschieht, ohne dass dabei ein Beleg erstellt wird. Es kann auch mehrere Ergebniskonten geben.

1.5 Konsolidierung (FI-LC)

Der Begriff der Konsolidierung beinhaltet die Zusammenführung der Einzelabschlüsse der einbezogenen Gesellschaften zum Konzernabschluss unter dem Gesichtspunkt der Einheitstheorie.

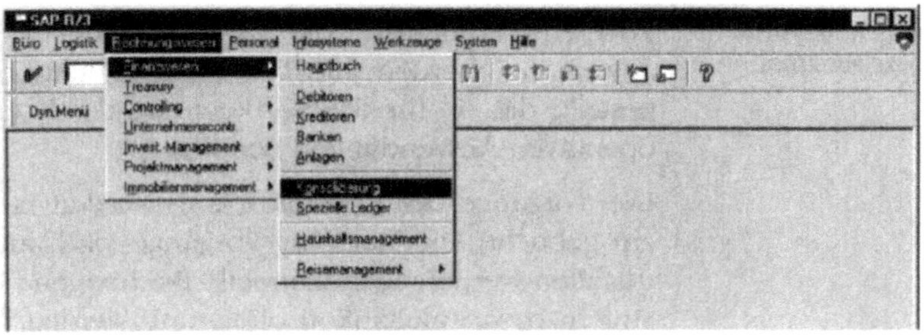

Abb. 1.43 Konsolidierung

1.5.1 Funktionen der R/3-Konsolidierung

Die R/3-Konsolidierung stellt alle Funktionen für eine vollständige Konzernkonsolidierung zur Verfügung. Die unterschiedlichsten Konzernstrukturen und Beteiligungsverhältnisse, die nationalen und internationalen gesetzlichen Regelungen werden von der Software abgebildet. Auch die Konsolidierungsvorbereitung in den operativen Anwendungen der Konzerntöchter sowie die Datenbereitstellung der Tochterunternehmen für die Konsolidierung sind im R/2 und R/3 realisiert.

Verteilung und Szenarien

Mit der Annahme, dass nicht alle Tochterunternehmen ihre operativen Rechnungswesenanwendungen in einem SAP-System führen, kann der Einsatz der R/3 Konsolidierung in vier verschiedenen Szenarien realisiert werden.

Alle Daten der Tochterunternehmen stehen auf einem einzigen R/3-System zur Verfügung. Im ganzen Konzern wird R/3 eingesetzt, jedoch auf unterschiedlichen Systemen. Die Systeme werden zum Austausch von Daten zu bestimmten Zeiten miteinander verbunden. Hierbei werden Daten von Tochterunternehmen übernommen, die ein R/2-System oder eine Non-SAP-Anwendung einsetzen.

Der Datenaustausch kann anwendungsspezifisch oder standardmäßig über eine PC-Schnittstelle realisiert werden.

Die Daten der Teilkonzerne werden ausgetauscht, wobei besonders auf die Datenharmonisierung sowie auf die Reihenfolge der Überleitungen zu achten ist.

Grunddaten

Die Grunddaten bestehen insbesondere aus den Stammdaten zur Beschreibung der Tochterunternehmen und der Konzernstruktur. Konsolidiert wird nicht direkt auf Ebene der Konten, sondern es werden Konsolidierungspositionen eingerichtet. Die Daten der unterschiedlichen Einzelabschlüsse werden somit harmonisiert.

Vorbereitungen im Einzelabschluss

Tochterunternehmen, die das R/2- oder R/3-Rechnungswesen anwenden, werden alle benötigten Funktionen zur Verfügung gestellt, die sie für die Vorbereitung der Konsolidierung in den operativen Anwendungen benötigen.

Die Vorgänge der Konsolidierung werden nach dem Belegprinzip gebucht. Die Buchungsvorgänge sind automatisiert. In Sonderfällen werden auch manuelle Buchungen benötigt.
Stufen- bzw Simultankonsolidierung werden bei der Kapitalkonsolidierung eingesetzt.

Informationssystem

Im Berichtsbaum werden Auswertungen für Stamm- und Bewegungsdaten, die durch das Informationssystem zur Verfügung gestellt werden, dargestellt. Individuelle Auswertungen können durch den Report-Painter bzw. Report-Writer dargestellt werden.

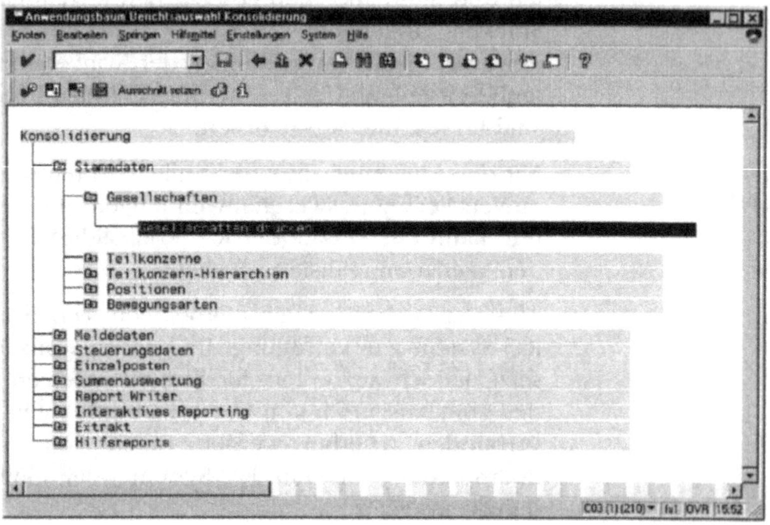

Abb. 1.44 Anwendungsbaum Berichtsauswahl Konsolidierung

Organisationsstrukturen

Der Übergang zwischen den operativen Rechnungswesenanwendungen der Konzernunternehmen zur Konsolidierung ist die Gesellschaft. Den Buchungskreisen wird eine Gesellschaftsnummer zugeordnet:

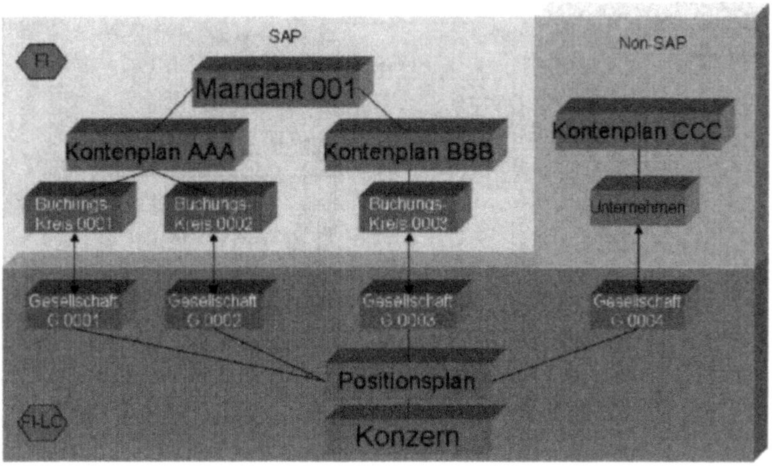

Abb. 1.45 Organisationsstrukturen SAP AG©

1.5.2 Grunddaten der Konsolidierung

Zu den Grunddaten gehören Stamm-, Steuerungs- und Meldedaten. **Stammdaten** stellen die Unterschiede der operativen Rechnungswesensysteme der Einzelunternehmen einheitlich dar.

Steuerungsdaten beinhalten Versionen, Währungsumrechung, Eliminierung und Konsolidierung.

Die **Grunddaten** setzen sich aus besonderen Stammdaten, Meldedaten und Steuerungsdaten zusammen.

Stammdaten

Stammdaten sind so konzipiert, dass sie die Unterschiede in den operativen Rechnungswesensystemen der Einzelunternehmen in einer einheitlichen Weise darstellen können.

Gesellschaft

Eine Einzelunternehmung wird über die Gesellschaftsnummer mit einem speziellen Stammsatz geführt, nicht unter ihrer operativen Buchungsnummer. Stammdaten enthalten zeitabhängige bzw. versionsabhängige Informationen.

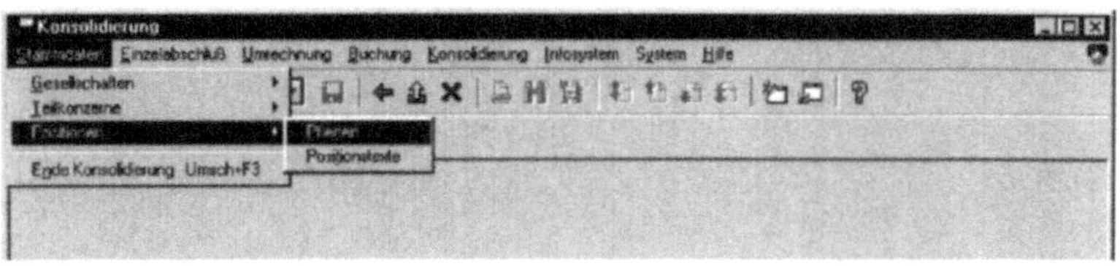

Abb. 1.46 Stammdaten pflegen

Abb. 1.47
Gesellschaft anzeigen

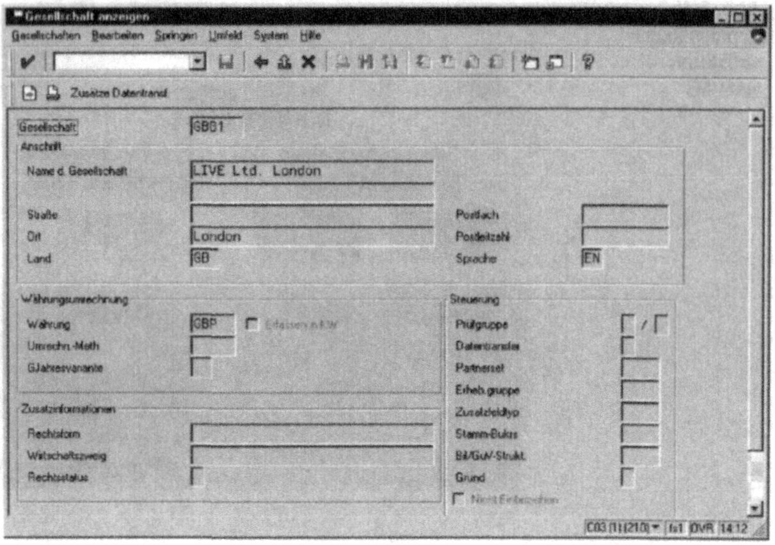

Teilkonzerne

Teilkonzerne können in unterschiedlichen Währungen geführt und nach unterschiedlichen Konsolidierungsverfahren behandelt werden. Anhand des Reporting werden spezielle Analysen für Vergleichsberichte zur Verfügung gestellt.

Positionskatalog

Alle Einzelschritte der Konsolidierung erfolgen über Positionen als zentralen Kontierungsbegriff. Die Konsolidierung arbeitet auf Konsolidierungspositionen anstelle von Konten. Ist der Positionenkatalog mit dem Kontenplan identisch, kann auf Kontenebene konsolidiert werden. Hierbei besteht der Vorteil, dass die Kontenpläne der Einzelunternehmen selbständig geführt werden können.

Jedes Konto wird für die Konsolidierung seiner Konsolidierungsposition zugeordnet:

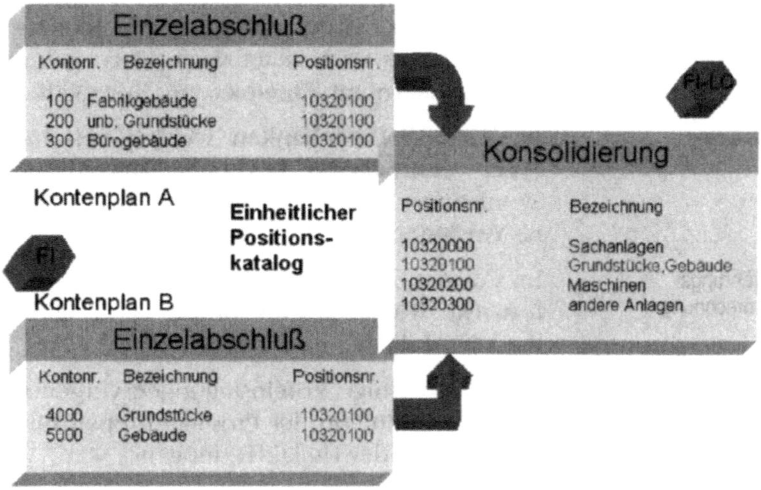

Abb. 1.48
Positionen
Katalog
SAP AG©

Zur Erstellung des Positionskatalogs wird normalerweise der standardmäßig von SAP ausgelieferte Katalog verwendet, unter Anpassung der individuellen Anforderungen. Ferner wird der Positionenkatalog aus entsprechenden R/2-Tabellen oder einem Kontenplan übernommen.

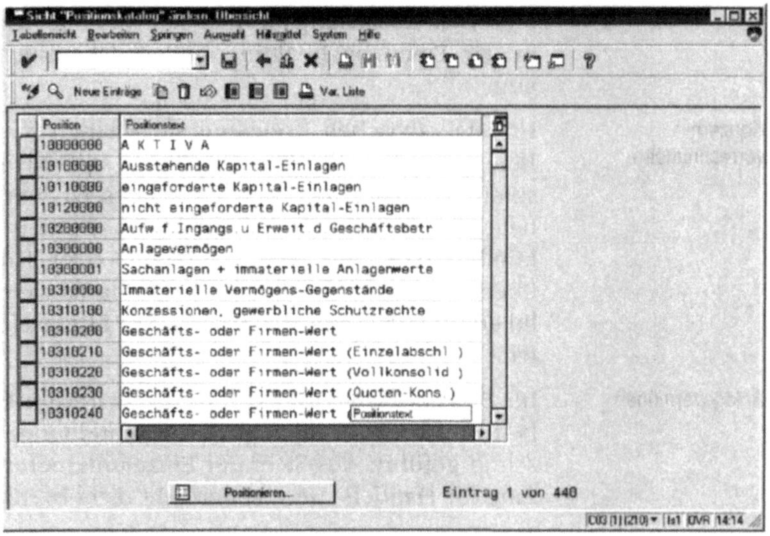

Abb. 1.49
„Positionenkatalog“
ändern, Übersicht

Steuerungsdaten

Steuerungsdaten beinhalten Voreinstellungen im Customizing, mit denen die Anwendung auf die spezifischen Anforderungen des Konzerns vorbereitet wird. Dazu gehören Versionen, Währungsumrechnung, Eliminierung, Konsolidierung.

Versionen

In den SAP-Datenbanken werden verschiedene Abschlüsse in Form verschiedener Konsolidierungsversionen geführt. Für die Simulations- und Planungsrechnungen verwendet ebenfalls eigene Versionen.

Währungsumrechnung

Im Customizing wird je Teilkonzern das Rechenverfahren festgelegt. Die Währungsumrechnung kann mit unterschiedlichen Methoden erfolgen.

Eliminierung

Es werden einige Voreinstellungen vorgenommen, dazu gehören z. B. die Definition der Produktgruppen für die Zwischenerfolgseliminierung der Umlaufvermögens.

Konsolidierung

Festgelegt wird hier u. a. das Datum für die Erstkonsolidierung und das Konsolidierungsverfahren, z. B. Quotenkonsolidierung.

Meldedaten

Zur Beschreibung der Konzernverhältnisse werden Meldedaten benötigt. Der SAP-Standard stellt die Listen und Auswertungen zur Verfügung wie z. B. die Kapitalentwicklung, stille Reserven und ihre Abschreibung.

Einzelabschluss vorbereiten

Die Einzelunternehmen bereiten sich mit ihren Abschlussarbeiten auf die Konsolidierung vor. Standardmäßig stehen diese buchhalterischen Zusatzaufgaben in R/2 oder R/3 im Rechnungswesen in der Finanzbuchhaltung und Anlagenbuchhaltung zur Verfügung.

Konzernverrechnungen

Umsätze zwischen Konzerngesellschaften werden bereits bei der Belegerfassung in den jeweiligen operativen Anwendungen - sofern R/2 bzw. R/3-Systeme eingesetzt wurden - gekennzeichnet. Die beteiligten Unternehmen werden zusätzlich manuell kontiert bzw. aus den Debitoren- oder Kreditorenstammdaten übernommen. Anhand dieses Verfahrens werden Schuldenkonsolidierung sowie die Aufwands- und Ertragseliminierung vorbereitet.

Anlagevermögen

Im Bewertungsplan des Konzerns wird ein eigener Bewertungsbereich für die Ermittlung der Abschreibungen nach Konzernvorschrift geführt. Aus Sicht der Einzelunternehmen wird die Bewertung für Handels- und Steuerrecht nicht berührt.

Der Bewertungsbereich kann gleich oder auch nachträglich in der Konzernwährung geführt werden.

1.5.3 Datenbereitstellung

Wie die Datenbereitstellung für die Konsolidierung erfolgt, hängt von der jeweiligen betriebswirtschaftlichen Rechnungswesenanwendung des einzelnen Unternehmens ab:

- Einzelunternehmen verwendet eigenes R/2-, R/3-System;
- fremde Anwendung wird eingesetzt;
- manuelle Erfassung auf Erhebungsbögen;
- dezentrale Erfassung über DBASE oder ACCESS.

Zur Datenbereitstellung stehen verschiedene Varianten zur Verfügung.

integrierte Konsolidierung

Bei integrierter Konsolidierung sind dies:

- **Direktes Durchbuchen**
  Relevante Bewegungen werden vorgangsbezogen an die R/3-Konsolidierung weitergegeben. Alles wird mit einem Mandanten realisiert. Sämtliche Buchungskreise verwenden zusätzlich zum eigenen Kontenplan einen Konzernkontenplan.
- **Periodischer Extrakt**
  Es ist freigestellt, ob die Konsolidierung in der gleichen R/3-Anwendung realisiert wird. Die gesamten benötigten Daten werden in einem Extrakt selektiert. Die Konsolidierungsvorbereitung findet pro operativer Rechnungswesenanwendung in verschiedenen SAP-Systemen statt.
- **Roll-Up**
  Dieses Verfahren dient zur Bereitstellung von Daten aus anderen Ledgern.

Werden in Tochterunternehmen keine SAP-Anwendungen betrieben, können PC-basierende Anwendungen (DBASE, ACCESS) die Datenbereitstellung realisieren. Stamm- und Strukturdaten können automatisch vorbelegt werden. Plausibilitätsprüfungen können bereits vor Übergabe der Daten an die R/3-Konsolidierung durchgeführt werden.

Bei der manuellen Erfassung werden zuerst die Daten auf Erhebungsbögen schriftlich festgehalten. Die Erfassung erfolgt durch Online-Funktionen, welche Plausibilitätsprüfungen abfragen.

1.5.4 Konsolidierungsablauf

Die Konsolidierung erfolgt in Einzelschritten und kann mit unterschiedlicher Ausprägung für mehrere Versionen durchgeführt werden. Als Ausgangspunkt aller Schritte werden die Einzelabschlüsse der Einzelunternehmung herangezogen.

Buchungstechnik

Eigene Belege bestehend aus Belegkopf und Belegposition werden für die Buchungen eingesetzt. Die Bewegungen werden in einer eigenen Einzelpostendatei verbucht. Es gilt das Saldo-Null-Prinzip. Verwaltungsdaten dokumentieren die Buchung im Detail. Plausibilitätsprüfungen werden vor bzw. während der Verbuchung durchgeführt (Belegkopf, Belegposition). Die standardmäßig voreingestellten Plausibilitätsprüfungen können auf individuelle Bedürfnisse angepasst werden.

Anpassungsbuchungen

Am Anfang stehen die zentralen Anpassungsbuchungen. Mit den unterschiedlichen Belegarten werden automatisch die Buchungen sowie die Belegverarbeitung gesteuert.

Die Funktionen der manuellen Erfassung stellen sicher:

- dass Buchungen in allen Teilkonzernen der bebuchten Gesellschaft gültig sind;
- dass Buchungen innerhalb eines Teilkonzerns auch nur in diesem Teilkonzern gültig sind.

Währungsumrechnung und Differenzen

Alle gängigen Währungsumrechnungen werden vom SAP-Standard unterstützt. Die verschiedenen Methoden können im Customizing bzw. in den Stammdaten eingestellt werden. Unterschiedliche Ebenen und Methoden können je Gesellschaft, Version und Budgetperiode definiert werden.

Umrechnungsdifferenzen werden automatisch gebucht, erfolgsneutral oder erfolgswirksam; Transaktionsdifferenzen werden separat ausgewiesen. Währungsumrechnungen werden mit besonderen Berichten analysiert.

Schuldenkonsolidierung

Konzernrelevante Bewegungen werden bei der Erfassung in der operativen R/3-Finanzbuchhaltung gekennzeichnet und sind somit für die Schuldenkonsolidierung bzw. für die Aufwands- und Ertragskonsolidierung vorbereitet. Ein Konsolidierungsprozess untersucht alle möglichen Paare von Gesellschaften zwischen denen Eliminierungen möglich sind. Eliminierungsbuchungen werden paarweise vorgenommen.

Zwischenerfolgs-eliminierung im Umlaufvermögen

Auf der Beschaffungsseite meldet das Tochterunternehmen Buchwerte, Wertberichtigungen und Nebenkosten der Vorratspositionen. Diese Daten sind nach Produktgruppen und Konzernlieferanten gegliedert.

Auf der Kundenseite werden die Umsatzerlöse, Herstellungskosten oder Zwischenerfolgsprozentsätze nach Produktgruppen und Konzernkunde geliefert.

In der Anwendung des Tochterunternehmens wurde die Bewertung dieser Positionen bereits durchgeführt. Die Veränderung des Zwischenergebnisses wird erfolgswirksam gebucht.

Zwischenerfolgs-eliminierung im Anlagevermögen

Das Tochterunternehmen meldet u. a. Anschaffungskosten, kumulierte Abschreibungen sowie Abschreibungsverfahren, Zugangsbeträge sowie Informationen zu den Abschreibungsverfahren bei der Partnergesellschaft.

Das Zwischenergebnis, welches sich aus der Differenz zwischen Erlösen und Restbuchwerden errechnet, wird eliminiert. Die Abschreibungen bei den Partnergesellschaften werden entsprechend korrigiert.

Kapitalkonsolidierung

Die Kapitalverflechtungen werden durch die Kapitalkonsolidierung eliminiert. Mit unterschiedlichen Methoden, z. B. der Vollkonsolidierung, werden die Beteiligungen des Mutterunternehmens am Tochterunternehmen mit dem anteiligen Eigenkapital des jeweiligen Tochterunternehmens verrechnet.
Bei den Konsolidierungsarten werden die vielfältigsten Konsolidierungsaufgaben unterstützt.

Die Buchungsvorgänge werden manuell erfasst bzw. durch eine gewisse Automatisierung vereinfacht. Automatisierte Vorgänge sind:

- **Erstkonsolidierung**
- **Minderheitenberechnung**
- **Kapitalerhöhung, -minderung**
- **Abschreibungen**
- **Fusionen**

In ausführlichen Protokollen werden die Ergebnisse der Kapitalkonsolidierung dokumentiert. Die Konzernhierarchie kann z. B. nach der Konsolidierungsart analysiert werden.

Die schrittweise Durchführung der Kapitalkonsolidierung ist auf zwei Vorgehensweisen möglich:

Stufenkonsolidierung

- Im Rahmen der „Stufenkonsolidierung“ ist für jede Hierarchiestufe ein Teilkonzern vorgesehen. Als erstes erfolgt die Konsolidierung der Teilkonzerne, beginnend auf der untersten Hierarchie des Konzerns. Die Abschlüsse gehen anschließend in die Konsolidierung der übergeordneten Hierarchiestufe ein.

Simultan-konsolidierung

- Bei der sog. „Simultankonsolidierung“ werden alle Buchungen in der gesamten Konzernhierarchie sofort wirksam. Der Unterschied der beiden Vorgehensweisen liegt im Informationsgrad der Auswertungen.

Auch eine dritte Vorgehensweise, die **stufenweise Simultankonsolidierung**, ist möglich.

1.5.5 Informationssystem

Das Informationssystem stellt für die allgemeinen Fragestellungen Auswertungen anhand des Berichtsbaumes zur Verfügung. Der Berichtsbaum kann den individuellen Wünschen angepasst werden.

Abb. 1.50
Informationssystem Berichtsauswahl

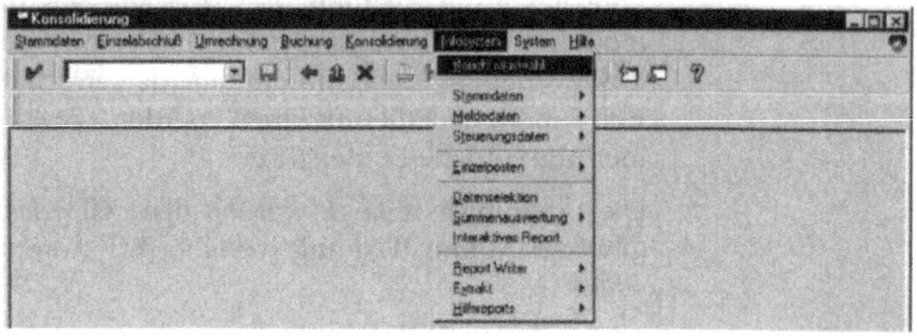

Für die unterschiedlichen Fragestellungen stehen entsprechend differenzierte Auswertungen zur Verfügung. Es ist möglich für die Berichte eigene Kopf und Fußzeilen zu definieren sowie den Zeilen- und Spaltenaufbau frei zu gestalten. Diese Einstellungen können für alle Anwender im Customizing voreingestellt werden.

Abb. 1.51 Informationssystem Berichtsauswahl Konsolidierung

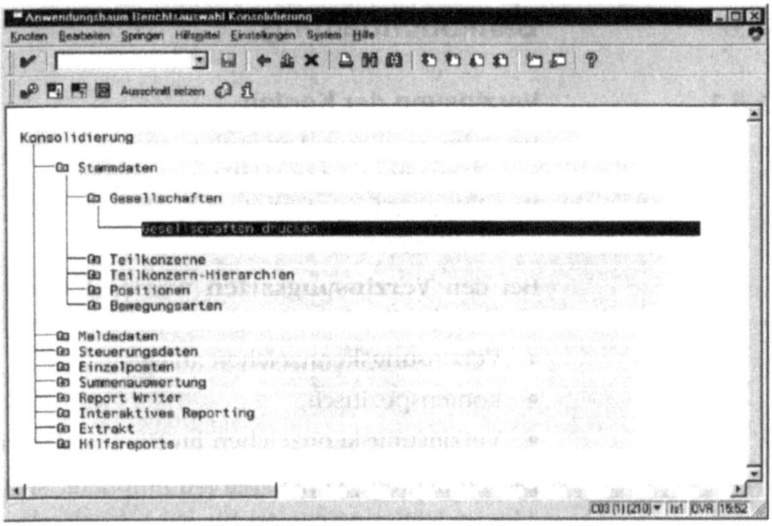

Summen- und Einzelpostenberichte

Bei den Summenberichten müssen, zur Erleichterung der Navigation innerhalb der Konzernhierarchie, spezielle Grundeinstellungen im Customizing durchgeführt werden. Summenberichte können für die Teilkonzerne separat aufgebaut werden.

Bei den Einzelpostenberichten gibt es die Grund-, Summen- und Übersichtslisten.

EXCEL

Die PC-Anwendung greift direkt auf die R/3-Stammdaten und auf Steuerungstabellen zu, deshalb spricht man vom „aktiven EXCEL". Mit diesem Verfahren können die R/3-Berichte in EXCEL-Kalkulationsblättern weiterverarbeitet werden. Über den **RFC** (Remote Function Call) wird dies technisch realisiert. Eine Berechtigungsprüfung ist fester Bestandteil dieser Schnittstelle.

Interaktives Reporting

Das interaktive Reporting ermöglicht das Springen/Wechseln zwischen Berichten, ohne den einmal selektierten Datenbestand zu verlassen. Der Wechsel zwischen Bilanz, GuV sowie den Kennzahlenanalysen ist vorgesehen.

Individuelle Auswertungen

Für diese Auswertungen steht der Report-Writer oder der Report-Painter zur Verfügung. Der Report-Writer stellt ein umfassendes Werkzeug dar, wenn es darum geht Auswertungen zu erstellen. Zur vereinfachten Anwendung wird jedoch der Report-Painter angewendet. Dieser generiert letztendlich Report-Writer-Auswertungen.

Als Basis der Eigenentwicklung werden standardmäßig einige Report-Painter-/Writer-Auswertungen zur Verfügung gestellt.

1.6 Bankbuchhaltung

1.6.1 Verzinsung der Konten

Im Rahmen dieser Anwendungskomponente können verschiedene Verzinsungsarten definiert, allgemeine und zeitabhängige Konditionen festgelegt und Einfluss auf die Referenzzinsen genommen werden.

Bei den **Verzinsungsarten** werden folgende Einstellungen bezüglich der Zinskonditionen vorgenommen:

- Verzinsungskennzeichen anlegen,
- kontenspezifisch,
- Verzinsungskennzeichen im Stammsatz eintragen.

Die Einrichtung von Variablen empfiehlt sich für die kontenspezifische Hinterlegung, da für jedes Konto die Konditionen hinterlegt werden müssen.

Es kann festgelegt werden, wie sich die Verzinsungsart zusammensetzt. Man kann zwischen der Überfälligkeitsverzinsung (postenweise) für das Zinskennzeichen und der Saldenverzinsung (Zinsstaffel) wählen.

Allgemeine Konditionen

Unter „Allgemeine Konditionen" werden die allgemeinen Konditionen für jedes Verzinsungskennzeichen festgelegt.

Sollte das Konto an der automatischen Verzinsung teilnehmen, muss hierfür explizit die **Kalenderart**, der **Abrechnungstag** für die Saldenverzinsung und der **Verzinsungsrhythmus** festgelegt werden. Der Verzinsungsrhythmus kann auch im Stammsatz kontenspezifisch festgelegt werden.

Weiterhin kann der Grenzbetrag bestimmt werden, ab dem eine Zinsabrechnung stattfinden soll und verschiedene Merkmale des Verzinsungskennzeichens eingestellt werden.

Zeitabhängige Konditionen

Unter „zeitabhängigen Konditionen" werden die Schlüsselfelder *Zinskennzeichen*, *Währung* und *Betrag ab* mit Zinssätzen oder Zinsreferenzen gefüllt. Diese Belegung ist betragsabhängig möglich. Ein Zinssatz kann auch unabhängig von einem Referenzzinssatz angegeben werden. Alle Einträge, die zeitlich vorher eingegeben worden sind, werden ab sofort als nicht mehr aktuell angesehen!

Referenzzinsen

Als Referenzzins kann man „*LIBOR*“ oder „*FIBOR*“ nehmen. Unter dem Menüpunkt ***Buchungsschema für Verzinsung pflegen*** legt man die Buchungsregeln für die Sachkonten fest.

Neben der Einflussgröße „Geschäftsvorfall“ gibt es die Möglichkeit, die Einflussgrößen „Buchungskreis“, „Zinskennzeichen“ und „Geschäftsbereich“ für abweichende Buchungsschemata zu definieren.

1.6.2 Bankkonten

Um eine Bankverbindung anzugeben, benötigt man im R/3-System eine Bank-ID und eine Konto-ID. Diese Angaben werden ebenfalls beim automatischen Zahlungsverkehr verwendet, um eine Bankverbindung für eine Zahlung zu ermitteln.

Definition von Hausbanken

Für alle inländischen Banken trägt man in das Feld „*Bankenschlüssel*“ die zugehörige BLZ ein. Für die ausländischen Banken dagegen sollte der „SWIFT-Code“ verwendet werden. Bei den belgischen Banken müssen die ersten drei Positionen numerisch sein. Weiterhin sollte für jedes Bankkonto ein Sachkonto in der jeweiligen Landeswährung der Bank geführt werden.

Lockbox-Konten

In R/3 gibt es die Möglichkeit Lockbox-Konten anzulegen und zu verwalten. Dieses System wird momentan **nur von amerikanischen Banken unterstützt**. Die Zahlung auf Lockbox-Konten optimiert den Zahlungsverkehr.

1.6.3 Bankwege

Für das Ermitteln von Bankwegen ist es unentbehrlich einige Szenarien zu definieren.

Ein Szenario bestimmt die Reihenfolge und Arbeitsweise für die Bankwegfindung. In diesem Zusammenhang stehen folgende Möglichkeiten offen:

- allgemein, d. h. unabhängig von bestimmten Partnerbankverbindungen;
- vom Geschäftspartner abhängig;
- mit welchen Feldern und in welcher Reihenfolge die Bankwegfindung erfolgen soll.

Bankwege aktivieren

Als nächstes müssen die Bankwege aktiviert werden, damit sie für eine mögliche Zahlung bereitstehen. Entweder man entscheidet sich für ein vordefiniertes Szenario von SAP oder für eine Neudefinition eines Szenarios: dieses Szenario gibt man hier ein.

Allgemeine Bankwege einrichten

An dieser Stelle sollten die allgemeine Bankwege hinterlegt werden; dies hat zum Vorteil, dass ab sofort Zahlungen unabhängig von der Bankverbindung eines Geschäftspartners über einen allgemeinen Bankweg abgewickelt werden.

Dabei können folgende Kriterien in Betracht gezogen werden:

- Währung
- Senderbankland
- Senderbankschlüssel
- Empfängerbankland
- Empfängerbankschlüssel
- Zahlwegzusatz

1.6.4 Geschäftsvorfälle

1.6.4.1 Bankvorgänge

Wertstellungsregeln müssen für spezielle bankbezogene Vorgänge, wie z. B. Wechseleinreichung oder Scheckeingang, pro Hausbank und Konto definiert werden.

Es wird unterschieden nach:

- **Bezugsdatum für die Valutabestimmung**
  Dieses Bezugsdatum basiert auf einer vereinbarten Regelung mit der Bank, wann die Wertstellung stattfinden soll.
- **Regeln für die Ermittlung des genauen Wertstellungsdatums**
  Diese Ermittlung geht wie folgt:
  Aus einer bestimmten Anzahl von Tagen ermittelt das System das Wertstellungsdatum, ausgehend vom Bezugsdatum.

  Weiterhin hat man die Möglichkeit in den Kalender einzugreifen; dies geht über die Kalender-Identifikation (K1). Damit können nur die Werktage angerechnet werden. Wenn keine Kalender-Identifikation angegeben werden, können alle sieben Tage der Woche berücksichtigt werden; das Gleiche gilt für die Feiertage.

  Das somit ermittelte Datum wird nun vom System mit Hilfe eines zweiten Kalender-Identifikationsschlüssels auf einen Arbeits- oder Feiertag geprüft. Die Gründe dafür können sein:

  - bei der Ermittlung des Datums wurde keine Kalender-Identifikation festgelegt;

- ein bestimmter Tag (z. B. Maria Himmelfahrt) gilt in manchen Bundesländern (z. B. Baden-Württemberg) als Werktag und in anderen Bundesländern (z. B. Bayern) als Feiertag.

Wenn es sich um einen Wochenend- oder Feiertag handelt, so bewegt sich das System gemäß der zweiten Kalender-Id, welche auf spezielle Anforderungen anpassbar sind. Damit hat das System das endgültige Wertstellungsdatum festgelegt.

Zahlweg Bankvorgang zuordnen

Bei der Zuordnung des Zahlweges handelt es sich um die Zuordnung von hausbankbezogenen Vorgängen an einen Zahlweg. Diesen Zahlweg sollte man in den Stammdaten der Debitoren und Kreditoren hinterlegen. Damit liegt fest, mit welchem Verfahren die Zahlungen geleistet werden sollten.

Pro Hausbank und Konto werden folgende Informationen definiert:

- Zahlweg;
- Vorgangsart (Wechsel zum Diskont o. Wechsel zum Inkasso);
- Bankengruppe des Geschäftspartners;
  Diese Eingabe ist notwendig, da sich die Vorgangsart aus der Hausbank und der Bankengruppe des Geschäftspartners zusammensetzt. Man hat auch die Möglichkeit, einen Dummy-Eintrag (Blank) einzugeben.
- hausbankbezogener Vorgang und Vorgangsbezeichnung.

Buchungsregeln für Scheckeinreichung

Eine Buchungsregel umfasst u. a. folgende Buchungsvorgänge:

- Scheckeingang an Scheckverrechnung;
- Scheckverrechnung an Debitor;
- Bank an Scheckeingang.

Weiterhin werden die Buchungsregeln für die Haupt- und Nebenbuchhaltung festgelegt. Hier werden alle Einstellungen, die für die Wechseleinreichung benötigt werden, getroffen:

Wechseleinreichung

- Kontenfindung pflegen;
  an dieser Stelle sind zu jeder Hausbank und zu jedem Vorgang die Gebührenarten zu pflegen. Wenn die Gebühren gebucht werden, muss dafür ein Gebührenkonto angegeben werden. Mit dem Steuerkennzeichen wird der Steuersatz für die Gebühren angegeben.

- Allgemeine Gebühren pflegen;
  die allgemeinen Gebühren sind länderabhängig.
- Angaben zur Hausbank pflegen;
  die Angaben an dieser Stelle sind buchungskreis- und bankabhängig. Es können hier weitere Angaben über die Fälligkeit des Wechsels gemacht werden. Man kann sich aber auch dafür entscheiden, ob die Beträge bei Inkasso oder Diskont zuerst auf ein Unterkonto oder gleich auf ein Hauptkonto gebucht werden.
- Wechselarten pflegen;
  unterschiedliche Wechselarten gibt es in Spanien und Frankreich.
- Formulare pflegen;
- Absenderangaben pflegen.

1.6.4.2 Zahlungsverkehr

Zu Beginn sollten hier die Nummernkreise für die Zahlungsanordnungen festgelegt werden. Hierzu verwendet man den Schlüssel „01" und ein Schlüsselintervall, aus dem die Schlüsselnummer der Zahlungsanordnung entnommen werden kann.

Die Art der Nummernvergabe (intern) und die Schlüsselnummern von Zahlungsanordnungen haben keine betriebswirtschaftliche Bedeutung!

Bei der Zahlungssperre werden Buchhaltungsbelege, welche mit korrespondierenden Zahlungsanordnungen versehen werden, bestimmt. Standardmäßig wurde der Zahlungssperrgrund **„P"** für Zahlungsanordnungen eingerichtet.

Zahlungssperre

Eine Zahlungssperre sollte folgende Eigenschaften beinhalten:

- nicht änderbar im Zahlungsvorschlag;
- Sperre für manuelle Zahlung;
- nicht änderbar.

Zahlungsabwicklung

Unter dem Menüpunkt *Zahlungsprogramm* legt man für Zahlungsanordnungen fest, für welche Kontotypen welche Regulierungen durchgeführt werden sollen.

Das Zahlungsprogramm wird eingesetzt zur Regulierung von Zahlungsanordnungen betreffend der Kreditoren, Debitoren und Bankkonten (auch Sachkonten).

Als Voreinstellung wird der Zahlungsverkehr mit Debitoren und zwischen Bankkonten ausgeliefert.

2 Anlagenbuchhaltung

2.1 Einführung

Funktionsumfang der Anlagenbuchhaltung

Die Applikation AM übernimmt innerhalb der Standardsoftware R/3 die Verwaltung und Kontrolle des Anlagevermögens. Der Umfang der Anlagenbuchhaltung besteht aus den Teilkomponenten:

- klassische Anlagenbuchhaltung (AA)
- Bewertung
- Leasingabwicklung
- Konsolidierungsvorbereitung
- Informationssystem

Die Aufgabe der Komponente Anlagenbuchhaltung besteht darin, dass sie eine Anlage von der Bestellung ab oder dem ersten Zugang oder einer sich im Bau befindlichen Anlage bis zum Abgang führt. Dabei werden in dieser Zeit verschiedene Werte für die Abschreibung, Zinsen, Versicherungen etc. errechnet und in vielfältiger Form, z. B. Online, auf Papier oder auf Datenträger geschrieben. Auf diese Daten kann man beliebig oft und zu jeder Zeit zurückgreifen (siehe Abb. 2.1). Für multinationale Konzerne bietet R/3 die Möglichkeit der parallelen Wertführung in verschiedenen Währungen und Bewertungsmodalitäten.

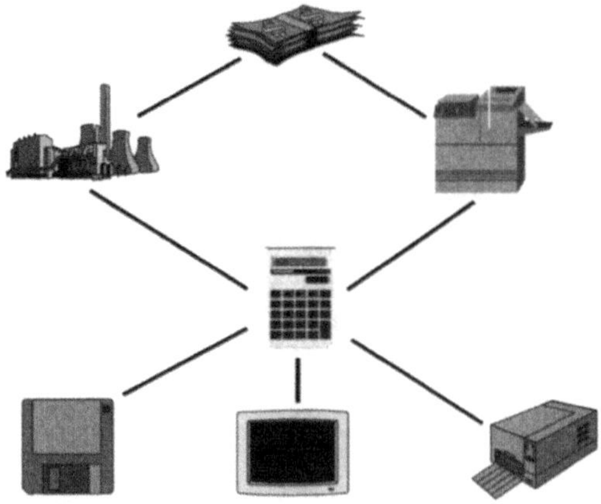

Abb. 2.1 Zentrale Datenhaltung

2.1.1 Integrationsbeziehungen

Im System R/3 steht die Anlagenbuchhaltung in vielfachen Integrationsbeziehungen zu anderen R/3-Komponenten. Die Integration mit dem System FI ermöglicht folgende Kontierungsvorgänge:

- Anlagenzugänge und Abgänge in der Anlagenbuchhaltung integriert mit der Kreditoren- bzw. Debitorenbuchhaltung buchen.
- Anzahlungen bei der Buchung im System FI auf die betroffene Anlage kontieren.
- Die Abschreibungen der Anlagenbuchhaltung auf die betroffenen Hauptbuchkonten buchen.

Integration erspart eine Doppelerfassung und Schnittstellenprogramme:

Abb. 2.2
Integration der Anlagenbuchhaltung

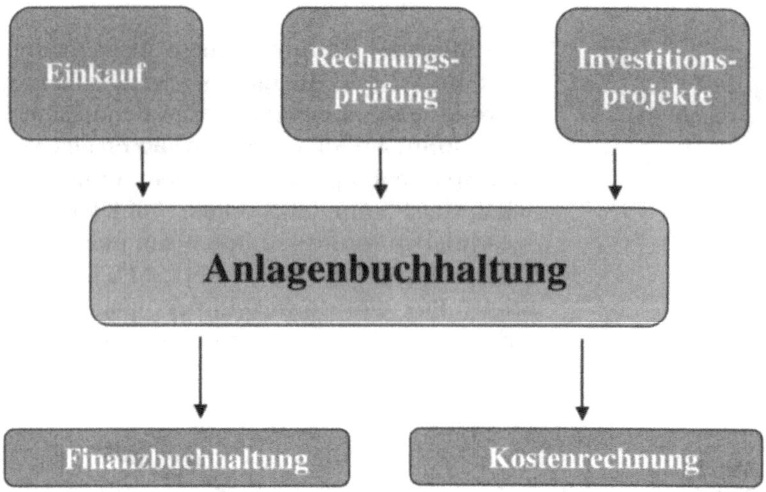

2.1.1.1 Integration mit MM

Ein Beispiel, wie sich die Integration bei der Anlagenbuchhaltung und im Material-Management (MM) auswirkt, zeigt folgendes Schaubild:

Abb. 2.3
MM-Integration

In diesem Beispiel muss der Anlagenbuchhalter nach Genehmigung der Bestellung einen Anlagenstammsatz anlegen. Erst wenn dieser angelegt ist, kann der Einkauf tätig werden und die Ware bestellen. Wird die Ware im Wareneingang angeliefert, kann, je nach Festlegung im Customizing der Materialwirtschaft, die Ware bewertet oder unbewertet gebucht werden. Unter bewertet versteht man, dass die Anlage direkt aktiviert wird. Unbewertet heißt, dass ein Verrechnungskonto zwischengeschaltet ist. Beim Rechnungseingang kann das System so eingerichtet werden, dass beim Wareneingang nichts gebucht wird und erst beim Rechnungseingang der Gesamtbetrag auf der Anlage aktiviert wird.

2.1.1.2 Integration mit FI

Das nachfolgende Beispiel zeigt einen Zugang aus Kauf mit Kreditor:

Abb. 2.4
FI-Integration

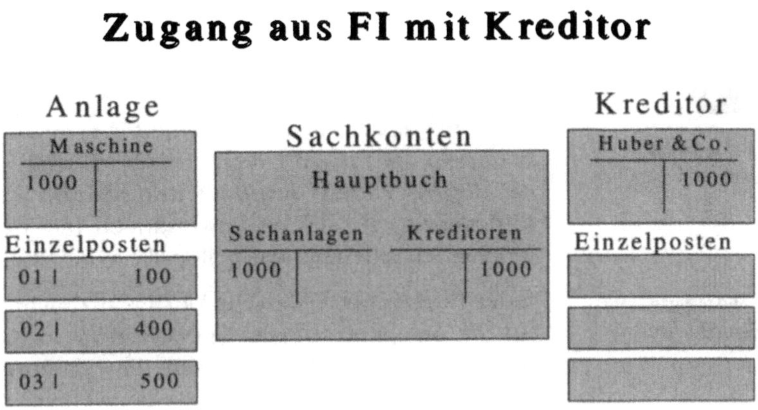

Die eingehende Rechnung wird als Investitionsrechnung erkannt und dem Anlagenbuchhalter weitergegeben. Dieser prüft, ob dafür ein Stammsatz existiert, andernfalls eröffnet er einen neuen Stammsatz und stattet diesen mit entsprechenden Bewertungsschlüsseln und den dazugehörigen Bilanzkonten aus. Die Anlagennummer wird auf der Rechnung vermerkt. Danach wird die Rechnung der Kreditorenbuchhaltung zugeführt, die die Rechnung eingibt und verbucht.

2.1.2 Bewertungsmöglichkeiten

Die Bewertung einer Anlage ist vom Zweck abhängig. Eine Anlage kann auf verschiedenste Weise bewertet werden, unterliegt jedoch bestimmten gesetzlichen Vorschriften für die Bewertung, z. B. denen der Handels- oder Steuerbilanz. Es gibt nicht nur externe Bewertungsvorschriften, sondern auch interne Vorschriften, z. B. in der Konzern- oder der einfachen internen Bilanz.

Im System FI-AA können beliebig viele solcher Bewertungsbereiche auf einer Anlage geführt werden (technisch bis zu 99).

2.1.3 Landes- und unternehmensspezifische Ausprägung

Das R/3-System FI-AA ist für den internationalen Einsatz konzipiert und branchenunabhängig ausgelegt.

Das heißt, dass gewisse landesspezifische Voreinstellungen mitgeliefert werden, um den Customizingaufwand zu minimieren. Die individuelle landes- u. firmenspezifische Ausprägung des Systems wird jedoch erst beim Customizing vorgenommen.

2.2 Organisationsstrukturen

2.2.1 Bewertungsplan

„Bewertungsplan.scm“

Für die Verwaltung der Bewertungsvorschriften stehen sogenannte Bewertungspläne zur Verfügung. Diese sind völlig unabhängig von den anderen organisatorischen Einheiten definierbar. Der Bewertungsplan umfasst in einem Verzeichnis alle Bewertungsbereiche, die für ein Unternehmen in Frage kommen. Man kann die Eigenschaften der Bewertungsbereiche je Bewertungsplan festlegen (z. B. welche Bewertungen muss ich machen, welche möchte ich machen, was sollen diese beinhalten).

Länderspezifische Bewertungspläne

Jeder Buchungskreis, der in der Finanzbuchhaltung angelegt und für die Anlagenbuchhaltung erweitert wurde, muss auf genau einen Bewertungsplan verweisen. Ein Unternehmen sollte wegen der einheitlichen Bewertung nur wenige bzw. einen Bewertungsplan nutzen. Buchungskreise innerhalb eines Landes oder eines Wirtschaftsraumes mit gleicher Bewertungsvorschrift sollten ebenfalls nur einen Bewertungsplan benutzen.

Referenz-bewertungspläne

Für jedes Land liefert SAP einen Bewertungsplan als Referenz aus. Man kann diese Referenzbewertungspläne nicht direkt verwenden, sondern man muss einen „aktiven" Bewertungsplan eröffnen. Dabei kann man aus den mitgelieferten Plänen die Bereiche, die man für seinen eigenen Bewertungsplan benötigt, herausnehmen.

2.2.2 Kontenplan

In der Hauptbuchhaltung können unterschiedliche Kontenpläne definiert werden. Jeder Buchungskreis verweist auf genau einen Kontenplan. Dieser Kontenplan wird auch innerhalb der Anlagenbuchhaltung für die Kontenfindungen herangezogen. Über die Anlagenklassen wird die Kontenfindung in der Anlagenbuchhaltung gesteuert.

2.2.3 Bewertungsbereich

„Bewertungs-bereiche.scm"

Die Bewertung des Anlagevermögens ist vom Zweck abhängig, so wird z. B. für bilanzielle, kalkulatorische oder vermögenssteuerliche Belange bewertet. Wie ein Gegenstand bewertet wird, ist in den einzelnen Bewertungsbereichen festgelegt. Die Bewertungen sind durch die Bewertungsparameter einstellbar.

Die Gesamtheit der Bewertungsbereiche fasst man zu einem Bewertungsplan zusammen (siehe hierzu Punkt 2.2.1).

Die einzelnen Bewertungsbereiche kann man über einen zweistelligen Nummernschlüssel ansprechen. Für die Festlegung der einzelnen Abschreibungsparameter gibt es zwei Möglichkeiten:

a) in der Anlagenklasse

b) direkt im Anlagenstammsatz

Die Bewertungsbereiche, die zu einem Bewertungsplan zusammengestellt wurden, bezeichnet man als **echte Bewertungsbereiche**. Wird eine Bewertung des Vermögens mit diesen Bewertungsbereichen durchgeführt, so werden diese Werte permanent im System gespeichert.

Die berechneten Werte aus den Bewertungsbereichen müssen nicht unbedingt im System gespeichert werden. So gibt es die Möglichkeit, aus zwei echten einen **abgeleiteten Bewertungsbereich** aktuell zu berechnen (max. aus vier echten Bewertungsbereichen).

Die Unterstützung durch das System für eventuell aufzustellende Bilanzen, Auswertungen und bei der Wertfeldanzeige ist ebenso gewährleistet wie bei den echten Bewertungsbereichen. Im Rahmen der Integrationsbeziehung kann man die Abschreibungswerte auch in der Finanzbuchhaltung buchen.

Um abgeleitete Bewertungsbereiche einzurichten, gibt es gewisse Vorschriften, wie diese aus echten Bewertungsbereichen zusammengesetzt werden. Diese Aufbauregel eines abgeleiteten Bereiches erlaubt Rechenvorschriften wie Addition und Subtraktion. Es ist auch möglich Werte anteilig in einer solchen Rechnung zu integrieren.

Ein abgeleiteter Bereich mit dem Nummernschlüssel „03" kann aus den echten Bereichen „01" und „02" bestehen, nicht aber aus den Bereichen „04" und „05".

Beispiel

Rechenbsp.: 01 + 02 = 03

d. h. Handelsrecht (01) + steuerlich zulässig (02) = Sonderposten (03).

Man kann auch einen Mittelwert berechnen lassen; d. h. man nimmt die Werte zweier Bereiche und errechnet daraus den Mittelwert (z. B. einen Mittelwert aus linearer und degressiver Abschreibung).

Eigenschaften eines Bewertungsbereichs

Da die einzelnen Bewertungsbereiche keine festen Eigenschaften haben, sind diese individuell festlegbar. Jeder Bereich hat die gleichen Ausprägungsmöglichkeiten. Solche Eigenschaften können sowohl im Bewertungsplan als auch in den Bewertungsbereichen eingegeben werden.

Der **Leitbereich** stellt die Bewertungsbereiche dar; sie werden in den Bilanzen integriert:

- Diese Werte werden immer in der Finanzbuchhaltung mitgebucht.
- Dieser Bereich wird bei Altdatenübernahme als erster mit Daten gefüllt.
- Es ist keine Werte- bzw. Parameterübernahme aus anderen Bereichen möglich.
- Der Leitbereich muss die gleiche Währung besitzen wie der Buchungskreis.
- Der Bereich darf nicht gelöscht werden.

Bewertungsplanbezogene Ausprägungsmöglichkeit

Jeder Bereich kann in verschiedenen Bewertungsplänen unterschiedliche Ausprägungen haben. Diese Veränderung der Eigenschaften kann man für jeden Bereich in einem Langtext dokumentieren, z. B.:

- negative Restbuchwerte,
- Führen von bestimmten Werten (AHK, Zinsen, Normal-Abschreibung etc.),
- Buchen von Bestandswerten in die Finanzbuchhaltung.

Buchungskreisbezogene Ausprägungsmöglichkeit

Man hat auch die Möglichkeit folgende Eigenschaften für einen Buchungskreis festzulegen, z. B.:

- **Betragsangaben** (Hier wird der Höchstwert für ein GWG eingegeben.)
- Angaben zur **Vermögensbewertung** (Sollte die Vermögensbewertung herangezogen werden?)
- **Fremdwährung** (Hier könnte man eingeben, ob ein Bereich mit einer Fremdwährung rechnen soll. Zugänge werden zum Tageskurs der Buchung umgerechnet.) Abschreibungen, Restwerte oder Umbuchungen werden direkt in Fremdwährung gerechnet.

SAP liefert mit dem System länderspezifische Bewertungspläne verschiedenster Bereiche aus (siehe hierzu Punkt 2.2.4).

Der **Standardbewertungsplan Deutschland** hat folgende Bereiche:

Standardbewertungsbereich

- Handelsrecht (01)
- Steuerliche Sonder-AfA zu handelsbilanziellen AHK (02)
- Sonderposten aufgrund steuerrechtlicher Sonderabschreibung (03)
- Vermögensbewertung (10)
- Steuerbilanz (15)
- Kalkulatorische Abschreibungen (20)

2.2.4 Buchungskreis

„Buchungskreis.scm"

Die Anlagenbuchhaltung bezieht sich auf die Buchungskreisdefinition aus der Hauptbuchhaltung. Die Definition der Buchungskreise muss jedoch um die anlagenbuchhalterischen Spezifikationen erweitert werden. Erst dann ist dieser Buchungskreis in der Anlagenbuchhaltung verwendbar.

Ein solcher Buchungskreis kann in der Anlagenbuchhaltung folgende Statuseinstellungen annehmen:

- **Teststatus**
  (Altdatenübernahme oder Buchungen können verändert werden.)
- **Einführungsstatus**
  (Nur Altdaten erfassen und ändern.)
- **Produktivstatus**
  (Nur noch Wertänderungen durch Buchungen möglich.) Eine Anlage ist stets eindeutig einem Buchungskreis zugeordnet und jeder Buchungskreis muss auf genau einen Bewertungsplan verweisen!

2.2.5 Weitere Organisationsstrukturen

Kontenplan

In der Anlagenbuchhaltung können, wie in der Hauptbuchhaltung, verschiedene Kontenpläne definiert werden. Es muss jedoch gewährleistet sein, dass jeder Buchungskreis auf genau einen Kontenplan verweist. Ein solcher Kontenplan dient in der Anlagenbuchhaltung ausschließlich der Kontenfindung.

Geschäftsbereich

Wird in einem Unternehmen eine Geschäftsbilanz erstellt, so muss jede Anlage dem Geschäftsbereich zugeordnet werden. Jeder Zugang einer Anlage, Abschreibungen, Zinsen etc. und jeder Abgang durch Mehr- oder Mindererlösbuchungen wird auf dem Geschäftsbereich kontiert.

Werk

Was man unter einem Werk versteht, wird in der SAP-Komponente Logistiksystem definiert. In der Regel ist der Begriff Werk mit einer Betriebsstätte oder eine Niederlassung gleichzusetzen.

Für ein Unternehmen hat ein Werk keine buchhalterische Bedeutung, kann aber als Sortierkriterium für die Bewertung benutzt werden, d. h. es kann eine Anlage zeitabhängig einem Werk zugeordnet werden.

Kostenstelle

Die Kostenstelle ist ein genau abgegrenzter Bereich eines Unternehmens. Jede Anlage wird stets genau einer Kostenstelle zugeordnet. Verwenden mehrere Kostenstellen eine Anlage, so können die Kosten mittels der Kostenstellenrechnung auf die einzelnen abgegrenzten Bereiche umgerechnet werden. Verändert sich der Verteilungsschlüssel der verschiedenen Kostenstellen, so wird dies vom System erkannt und unterstützt.

2.2.6 Berechtigungen

Daten und Werte von Anlagenklassen und Anlagenstammsätzen können durch **Berechtigungsvergabe** vor unberechtigten Zugriffen innerhalb einer Organisationseinheit geschützt werden.

SAP liefert einige Standardprofile für die Berechtigungen aus. Hierbei handelt es sich um Komplettberechtigungen (z. B. für Abteilungsleiter der Anlagenbuchhaltung) oder um Teilberechtigungen (z. B. für einen Anlagenbuchhalter, Anlagensachbearbeiter oder Einkäufer der Anlagenbuchhaltung).

Anlagensichten

Sofern ein Mitarbeiter nur am Rande mit der Anlagenbuchhaltung zu tun hat, kann man diesem eine eingeschränkte Sicht auf verschiedene Anlagendaten - innerhalb der Anlagenbuchhaltung - zuteilen. So kann man einem Steuersachbearbeiter Einsicht und Zugriff auf die Daten geben, die er für seine Zwecke benötigt.

Welche Felder und Bereiche aus einer Sicht bearbeitet werden können, legt die Anlagensicht fest.

SAP liefert sieben verschiedene Sichten aus; diese können reduziert, aber nicht erweitert werden.

7 vordefinierte Sichten

Die vordefinierten Sichten sind:

- Altdaten
- Anlagenbuchhaltung
- Kalkulation
- Steuer
- Einkauf
- Technik
- Versicherung

2.3 Gliederung des Anlagevermögens

Im R/3-System wird das Anlagevermögen in die folgenden drei Ebenen unterteilt:

- Bilanzielle Ebene
  - Bilanzversion
  - Bilanzposition
  - Hauptbuchkonten
- Klassifizierende Ebene
  - Anlagenklasse

- Anlagenbezogene Ebene
  - Komplexnummer
  - Anlagenhauptnummer
  - Anlagenunternummer
  - Einzelposition

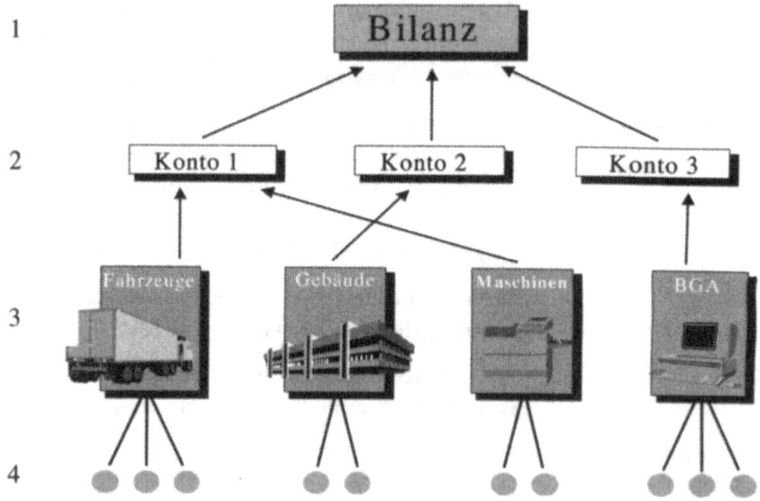

1. **Bilanz**
2. **Hauptbuchkonten**
3. **Anlagenklassen**
4. **Anlagenstammsätze**

2.3.1 Anlagenklassifizierung

Anlagenklassen sind das wichtigste Strukturierungsmittel des Anlagevermögens. Mit ihnen lässt sich das Anlagevermögen gemäß rechtlicher bzw. betriebswirtschaftlicher Erfordernisse strukturieren.

Jede Anlage ist einer Anlagenklasse zugeordnet!

Struktur der Anlagenklasse

Eine Anlagenklasse besteht aus den folgenden drei Teilen:

- Kopfteil
- Stammdatenteil
- Bewertungsteil

Anlegen einer Anlagenklasse

Um eine Anlagenklasse anzulegen, müssen die folgenden Schritte durchgeführt werden:

Rechnungswesen ⇨ Anlagenwirtschaft ⇨ Stammdaten ⇨ Anlagenklasse anlegen

„Anlagenklassen.scm"

Nun muss eine 1- bis 8-stellige Anlagenklassennummer vergeben (z. B. „3") und der entsprechende **Bewertungsplan** (z. B. „1DE" für Deutschland) ausgewählt werden.

Jetzt erscheinen weitere Eingabefelder, wie Konto-Zuordnung zur Finanzbuchhaltung, Bildaufbau der Anlagenklasse, und der in der Anlagenklasse zur Verfügung stehende **Nummernkreis**. Die Schlüssel hierfür und für die folgenden Eingabefelder sind im Customizing hinterlegt.

Zu beachten:

- Die Anlagenklassen sind buchungskreisübergreifend definiert.
- Der Bewertungsplan muss unter der Anlagenklasse angelegt werden, d. h. mehrere Bewertungspläne sind für eine Anlagenklasse möglich
- Gleiche Nummernkreise können von mehreren Anlagenklassen verwendet werden (Dies sollte aber vermieden werden, da die Übersichtlichkeit darunter leidet.).

2.3.2 Anlagenarten und Zusammenfassungen

Es gibt verschiedene Anlagenarten im AM-Modul:

Anlagenarten

Immaterielle Anlagen: hier sollte die Bewegungsartengruppe „Anzahlungen" möglich sein. Das Simulieren des Buchwertes „Null" muss im Anforderungsbild des Anlagengitters festgelegt werden, weil normalerweise kein Abgang von diesen Anlagen verbucht wird.

Anlagen im Bau: bei dieser Anlagenart ist keine Normalabschreibung, sondern nur die steuerliche Sonderabschreibung möglich. Anzahlungen und negative Anschaffungs- und Herstellungskosten (z. B. für eine nachträgliche Gutschrift) sollten möglich sein.

Geringwertige Wirtschaftsgüter: der Höchstbetrag für GWG´s muss in den buchungskreisspezifischen Bereichsangaben festgelegt werden.

Leasinganlagen: ein kalkulatorischer Zugang muss emuliert werden durch die Leasingartzuordnung im Anlagenstammsatz und der Leasingart im Customizing.

Finanzanlagen: hier sind keine planmäßigen Abschreibungen möglich.

Normalabschreibungen sind bei den **technischen Anlagen** möglich.

Ein **Wirtschaftsgut** besitzt eine zwölfstellige Hauptnummer und kann sich aus mehreren Teilanlagen, die wiederum eine vierstellige Unternummer besitzen, zusammensetzen.

Eine **Wirtschaftseinheit** ist eine Zusammenfassung von mehreren Wirtschaftsgütern. Ein Beispiel hierfür wäre eine Produktionslinie.

Mehrere Maschinen (Wirtschaftsgüter) werden zu einer Produktionslinie (Wirtschaftseinheit) zusammengefasst:

Abb. 2.5
Wirtschaftseinheit

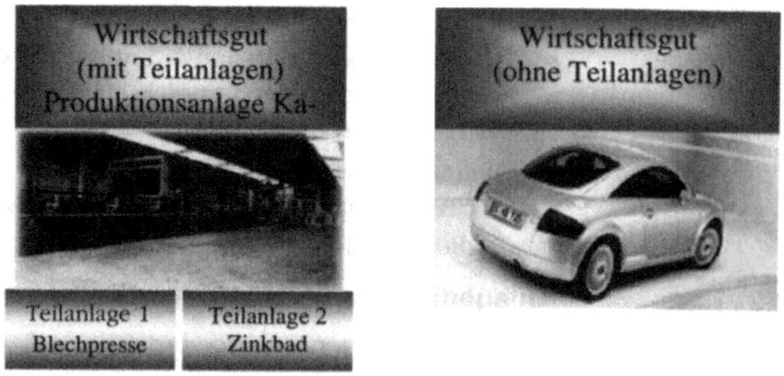

2.3.3 Anlagenkomplex

Aus steuerrechtlichen bzw. Abschreibungsgründen kann es sinnvoll sein, mehrere Wirtschaftsgüter als ein organisatorisch zusammenhängendes Ganzes zu sehen, um in der Kostenrechnung damit zu arbeiten. Dafür können Anlagenkomplexe geformt bzw. definiert werden. Anlagenkomplexe werden analog normaler Anlagen angelegt. Allerdings gibt es eigene Stammdatentransaktionen. Anlagenkomplexe müssen wie gewöhnliche Anlagen einer Anlagenklasse zugeordnet werden. Die Verbindung zwischen einer Anlage und dem übergeordneten Anlagenkomplex ist je Bewertungsbereich spezifisch festlegbar.

Notwendige Systemeinstellungen:

- Kennzeichnen der Bewertungsbereiche im Anlagen-Customizing, die auf Komplexebene geführt werden sollen;
- Kennzeichnen der Bewertungsbereiche in den betroffenen Anlagenstammsätze, die für die jeweilige Anlage auf Komplexebene geführt werden sollen;
- Anlegen von Anlagenkomplexen;
- ggf. Anlegen einer Anlageklasse für den Anlagenkomplex.

Die folgende Abbildung zeigt Anlagen, die bereichsspezifisch Anlagenkomplexen zugeordnet sind:

Abb. 2.6 Anlagekomplexe

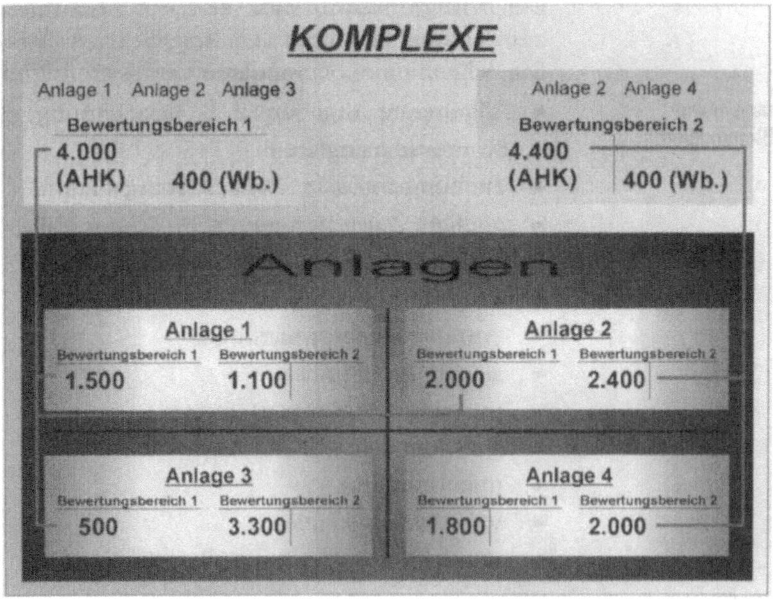

Alternativ zum Anlagekomplex können Anlagenübernummern kreiert werden. Die Zuordnung mehrerer Anlagen zu einer Wirtschaftseinheit erreicht man durch Angabe einer gemeinsamen Anlagenübernummer im Anlagenstammsatz. Diese Anlagennummer kann wahlweise als eigener Stammsatz angelegt oder nur als Sortierkriterium verwendet werden.

2.3.4 Stammdatenpflege

Die vielen verschiedenen Daten zu einem Anlagegut zu erfassen und zu verwalten stellte schon immer ein zentrales Problem in Industrieunternehmen dar. Die Erfassung dieser Daten ist neben den Daten der Produktion für ein Unternehmen am interessantesten. Viele Arbeitsabläufe und Berechnungen können wesentlich erleichtert werden, wenn Maschinen, Produktionsstätten und die restlichen Anlagegüter sauber und strukturiert in einem DV-System erfasst werden. Bilanzen können vollautomatisch erstellt werden, Abschreibungen ebenfalls automatisch gebucht werden. Dies spart einem Unternehmen viel Zeit und Geld. SAP R/2 - und später R/3 - revolutionierten neben vielen anderen Dingen in der industriellen Datenverarbeitung auch die Anlagenbuchhaltung, insbesondere die Stammdateneingabe und -pflege.

Der **Anlagenstammsatz** setzt sich zusammen aus den Allgemeinen Stammdaten und den Angaben zur Bewertung der Anlage. Die Allgemeinen Stammdaten umfassen folgende Punkte:

Allgemeine Stammdaten

- Allgemeine Angaben (z. B. Bezeichnung, Menge)
- Kontierungsangaben
- Buchungsinfos (z. B. Aktivierungsdatum)
- zeitliche Zuordnungen (z. B. Kostenstelle)
- Informationen zur Instandhaltung
- Angaben zur Vermögensverwaltung
- Grundstücksinformationen
- Leasingkonditionen
- Investitionsfördermaßnahmen
- Herkunftsdaten der Anlage
- Inventurdaten
- Versicherungsdaten
- Benutzerfelder/Ordnungsbegriffe

Bewertung der Anlage

Die Angaben zur Bewertung der Anlage beinhalten:

- AfA-Schlüssel
- Nutzungsdauer
- Normal-AfA-Beginn
- Umstellungsjahr (degressive AfA & lineare AfA)
- Index (Ermittlung erhöhter Wiederbeschaffungswerte)
- AfA-Anteil variabel
- Restwert (bis zu diesem Restwert soll abgeschrieben werden)

2.3.4.1 Anlegen einer Anlage

„Anlage anlegen.scm“

Um eine neue Anlage im System zu registrieren, sind eine Fülle von Daten notwendig (siehe hierzu das **Anwendungsbeispiel Abb. 2.9 – 2.17**). Den Löwenanteil stellen die optionalen Eingaben dar, die erst nach der Erfassung im Änderungsmodus bearbeitet werden können. Die Pflichteingaben, in den Eingabemasken mit einem Fragezeichen gekennzeichnet, müssen beim Anlegen der Anlage eingegeben werden. Zu diesen zählen:

- Buchungskreis
- Anlagenklasse
- Bezeichnung
- Kostenstelle
- Abschreibungsmodalitäten

Abschließend erscheint eine vom System gesteuerte Dialogbox, die zum Speichern der Daten auffordert. Mit *Ja* werden die Daten im System gespeichert, mit *Nein* verlässt man die Eingabe und mit *Abbrechen* wird der Speicherungsprozess abgebrochen.

Die Nummernvergabe ist in zwei Varianten möglich. Zum einen kann das System beauftragt werden eine fortlaufende Nummer zu vergeben. Sollten Nummern selbst vergeben werden, so zeigt das System lediglich das vordefinierte Nummernintervall an und gibt per Fehlermeldung Nachricht, wenn diese Nummer bereits vergeben ist. Nummernkreisintervalle pro Buchungskreis können im Rahmen des Customizings für Anlagenklassen zugeordnet werden.

Grundsätzlich besteht die **Anlagenhauptnummer** aus einer zwölfstelligen alphanumerischen Zahl. Anlagenklassen steuern die Nummernvergabe. Die Nummernkreisintervalle können im Customizing für jede Anlagenklasse festgelegt werden.

Anlagenunternummern sind vierstellig und numerisch. Die erste Unternummer wird vom System gleichzeitig mit der Hauptnummer vergeben und als Hauptnummernstammsatz vorgemerkt. Nummernkreise für Unternummern müssen nicht festgelegt werden. Jedoch kann in der Anlagenklasse die Festlegung erfolgen, ob Unternummern extern oder intern vergeben werden sollen. Entscheidet sich der Anwender die Unternummern extern zu vergeben, ist er für die Vergabe selbst verantwortlich. Andererseits übernimmt das System bei interner Nummernvergabe die Zuordnung, beginnend mit „0000“.

„Anlagen ändern.scm"

Es kann jederzeit vorkommen, dass an den gespeicherten Daten Änderungen vorgenommen werden müssen. Bspw. können sich Abschreibungsmodalitäten oder der Standort ändern. Mit *Rechnungswesen ⇨ Finanzwesen ⇨ Anlage ⇨ Anlegen ⇨ Anlage* und den gewünschten Eingaben kann der Anwender die Änderungen im System vornehmen.

Über den Bildaufbau bzw. die **Bildablaufsteuerung** können Feldeigenschaften im Anlagenstammsatz und der Pflegeebene festgelegt werden. Bildablaufsteuerungen können für jede Anlagenklasse hinterlegt werden. Sie gibt es für Stammdaten und Bewertungsparameter des Stammsatzes (Bewertungsbereiche).

Bei der Definition des Bildaufbaus werden alle existierenden Feldgruppen (siehe Abb. 2.7) vorgeschlagen und können im Einzelnen definiert werden. Das System stellt mehrere Standardsteuerungen zur Verfügung, welche individuell abstimmbar sind.

Abb. 2.7
Feldgruppen

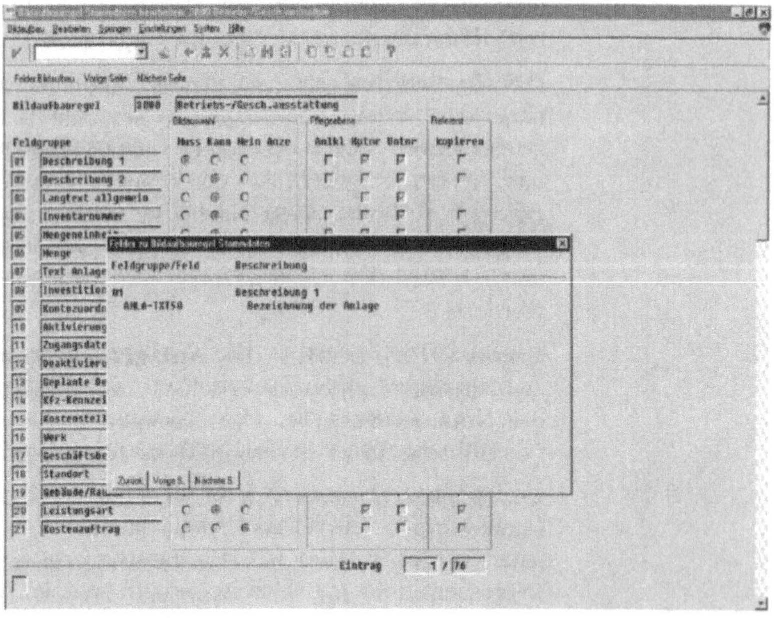

Mit dem Bildaufbau ist es möglich, eine ganz bestimmte Sicht der Eingabemaske zu erstellen. Dort kann festgelegt werden, welche Felder bei Eingaben angezeigt werden sollen und welche gar nicht erst erscheinen sollen. Für die angezeigten Felder können weitere Festlegungen erfolgen.

So kann individuell gewählt werden, ob bestimmte Felder nur angezeigt werden sollen (**Anzeigefelder**), ob eine optionale Eingabe erlaubt ist (**Kannfelder**) oder eine Dateneingabe erzwungen werden soll (**Mussfelder**). Um ein Bildschirmbild komplett aus der Eingabe zu streichen, müssen alle Feldgruppen eines Bildschirmbildes ausgeblendet werden. Damit ist gewährleistet, dass nur notwendige Daten in das System eingegeben werden. Des Weiteren erspart es unnötiges Durchblättern von Bildschirmmasken.

Bei der Definition der Feldstatusgruppe werden alle existierenden Feldgruppen vorgeschlagen und können einzeln gepflegt werden. Dabei können Festlegungen zur Bildauswahl, Pflegeebene und zur Kopierbarkeit über Referenz definiert werden.

Abb. 2.8
Feldhierarchien

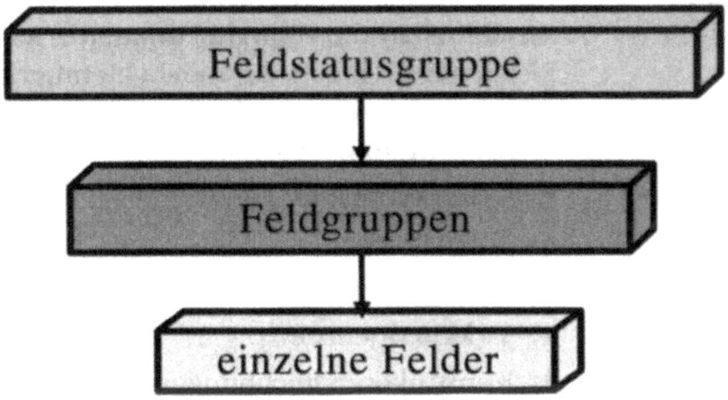

Für jede Feldgruppe kann eine Pflegeebene festgelegt werden. Folgende **Standardfeldstatusgruppen** sind im FI-AA-Modul verfügbar:

- Abschreibung auf Unternummernebene
- wirtschaftsguteinheitliche Abschreibung
- klasseneinheitliche Abschreibung

Pflegeebenen

Bei den Pflegeebenen gibt es wiederum drei Varianten im FI-AA-Modul:

- **Anlagenklasse:** hier wird die Anlagenklasse zur Pflege angeboten, die Haupt- und Unternummer angezeigt.
- **Hauptnummer:** hier wird nur die Hauptnummer zur Pflege angeboten.
- **Unternummer:** hier wird sowohl die Haupt- als auch die Unternummer zur Pflege angeboten.

Im Modul Anlagenbuchhaltung wird der Matchcode als Suchhilfe für Anlagenstammsätze eingesetzt. Standardmäßig sind folgende Matchcodes definiert:

Matchcodes

- ID: A = Bezeichnung für Anlagenklasse
- ID: C = Kostenstelle
- ID: I = Inventarnummer
- ID: M = Investitionsaufträge
- ID: P = Investitionsprojekte
- ID: R = Anlagekomplex

Standard-Matchcodes stehen für die Felder Anlagenklasse und Anlagennummer zur Verfügung. Die Aktualisierungsart ist synchron. Weitere Matchcodes können individuell definiert werden.

Dokumentenverwaltung

Die Anlagenstammsatztransaktion besitzt unter *„Zusätze"* einen Anschluss an die zentrale Funktion *„Dokumentenverwaltung"* des R/3-Systems. So ist es möglich, unterschiedlichste Dokumente, die einen bestimmten Anlagestammsatz betreffen, zu archivieren. Solche Dokumente können sein:

- Originalbelege
- Textdateien
- Stücklisten
- Videosequenzen
- Konstruktionszeichnungen

Die Speicherung der jeweiligen Daten werden nicht lokal, sondern in der zentralen Dokumentenverwaltung abgelegt. Voraussetzung für die Archivierung ist,

- dass eine dem Dokumentenformat entsprechende Anwendung Front-End-Gerät installiert ist;
- dass der jeweilige Rechner im Customizing der Dokumentenverwaltung als Netzwerkknoten definiert ist;
- dass im Customizing der Dokumentenverwaltung eine Verknüpfung der jeweiligen Dokumentenart mit dem Objekt „Anlage" vorgesehen wurde.

Anwendungsbeispiel

Wenn das FI-AA-Modul bereits aktiviert ist, können die folgenden Schritte durchgeführt werden:

Rechnungswesen ⇨ Finanzwesen ⇨ Anlage ⇨ Anlegen ⇨ Anlage

Um einen Stammsatz anzulegen, müssen zuerst allgemeine Angaben eingetragen werden.

Abb. 2.9
Allgemeine Daten

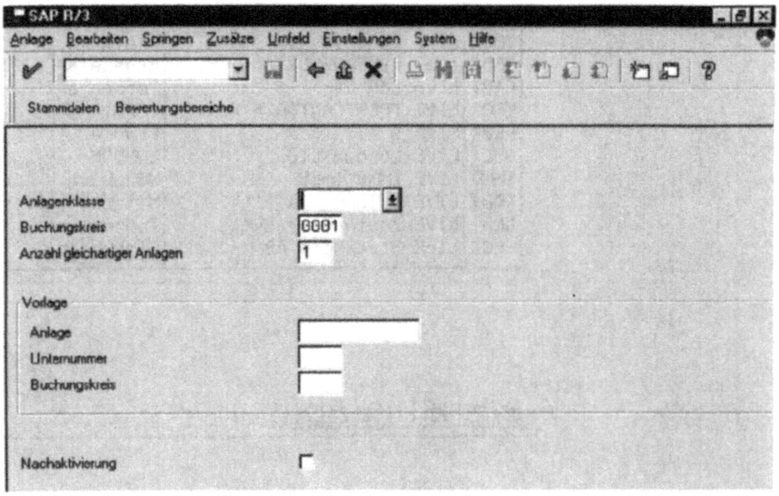

Der PKW soll der Anlagenklasse *30 Fuhrpark* zugeordnet werden.

Hier erscheint eine Matchcodeauswahl, aus der eine einzelne Klasse gewählt werden kann.

Um einen Buchungskreis auszuwählen, besteht ebenfalls die Möglichkeit sich diesen über eine Matchcodeauswahl anzeigen zu lassen, in unserem Fall 0001.

Hier wird der Buchungskreis eingetragen.

Abb. 2.10
Anlagenklasse auswählen

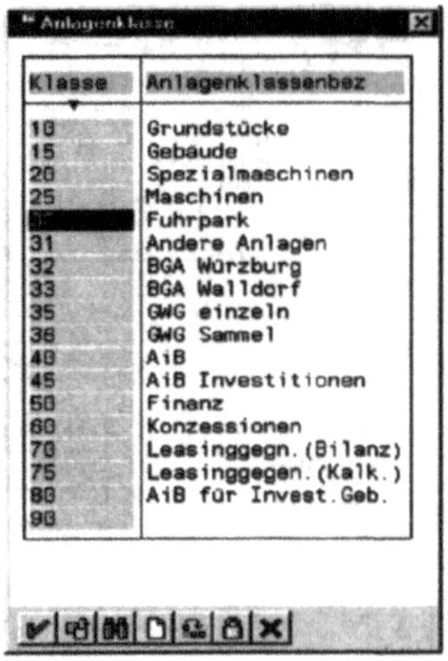

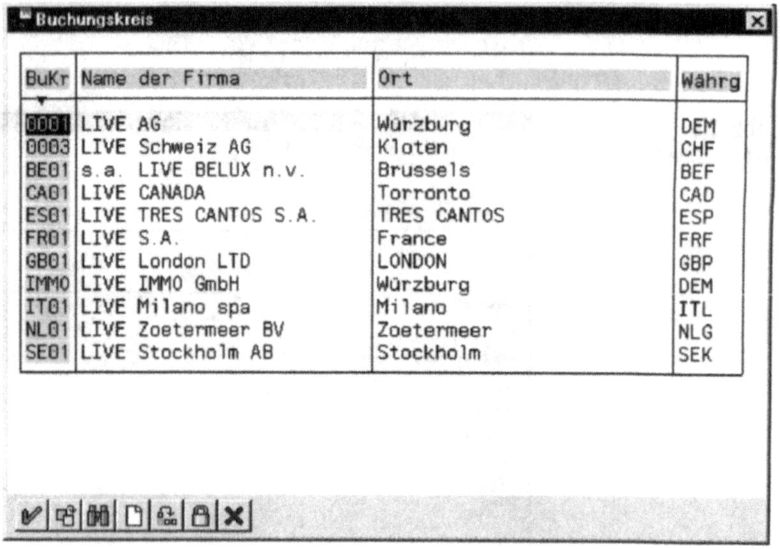

BuKr	Name der Firma	Ort	Währg
0001	LIVE AG	Würzburg	DEM
0003	LIVE Schweiz AG	Kloten	CHF
BE01	s.a. LIVE BELUX n.v.	Brussels	BEF
CA01	LIVE CANADA	Torronto	CAD
ES01	LIVE TRES CANTOS S.A.	TRES CANTOS	ESP
FR01	LIVE S.A.	France	FRF
GB01	LIVE London LTD	LONDON	GBP
IMMO	LIVE IMMO GmbH	Würzburg	DEM
IT01	LIVE Milano spa	Milano	ITL
NL01	LIVE Zoetermeer BV	Zoetermeer	NLG
SE01	LIVE Stockholm AB	Stockholm	SEK

Abb. 2.11
Buchungskreis auswählen

Durch ✓ gelangt man in den Anlagenstammsatz. Hier müssen allgemeine Daten zur Sachanlage erfasst werden:

Der PKW soll die gewünschte Bezeichnung erhalten, in unserem Fall „Opel Corsa".

Das Aktivierungsdatum, der 23.10.1999, wird hier eingegeben.

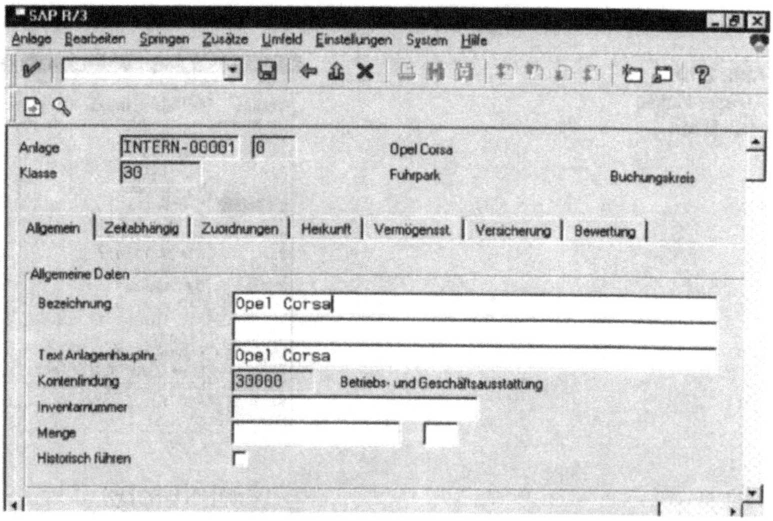

Abb. 2.12
Allgemeine Daten zur Sachanlage

Durch gelangt man zu den zeitabhängigen Daten. Folgende Eintragungen können hier vorgenommen werden:

Geschäftsbereich – Der neue PKW gehört zum Geschäftsbereich 1000 Würzburg.

Kostenstelle – Der PKW wird der Hilfskostenstelle 993000 PKW-Dienst zugeordnet. Optional kann hier bei Unkenntnis der Kostenstellennummer eine Matchcodeauswahl getroffen werden.

Werk – Das Werk, das dem PKW zugeordnet ist, auswählen.

KFZ-Kennzeichen – Ein KFZ-Kennzeichen ist einzugeben.

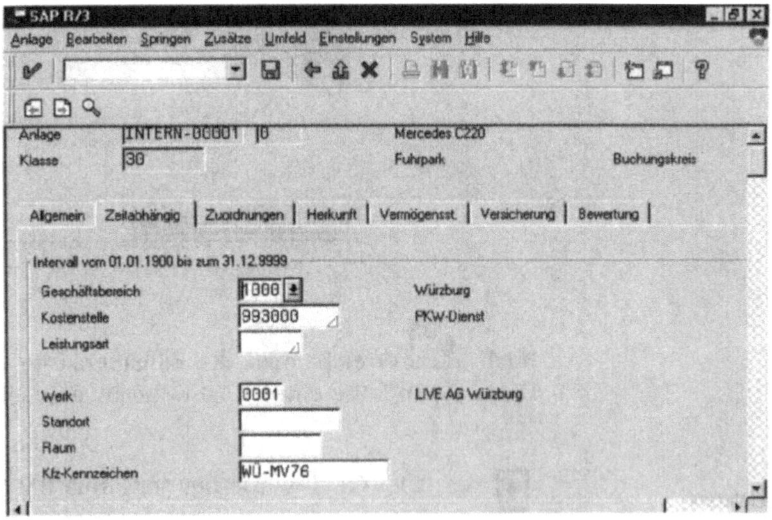

Abb. 2.13
Zeitabhängige Daten

Durch gelangt man in die Eingabemaske der Zuordnungen. Der Anlage können für spätere Auswertungen Ordnungsbegriffe zugeordnet werden.

Als Ordnungsbegriff ist „MAWG“ für materielle Wirtschaftsgüter einzugeben. Alternativ kann man dies auch über eine Matchcodeauswahl auswählen.

Durch die Matchcodeauswahl ist der Begriff „Fuhrpark“ auszuwählen.

Es handelt sich um einen PKW.

Der Ordnungsbegriff für den Hersteller, in unserem Fall Opel, ist einzugeben.

Investitionsgrund — Der entsprechende Investitionsgrund ist auszuwählen.

Abb. 2.14
Matchcodeauswahl für den Fuhrpark

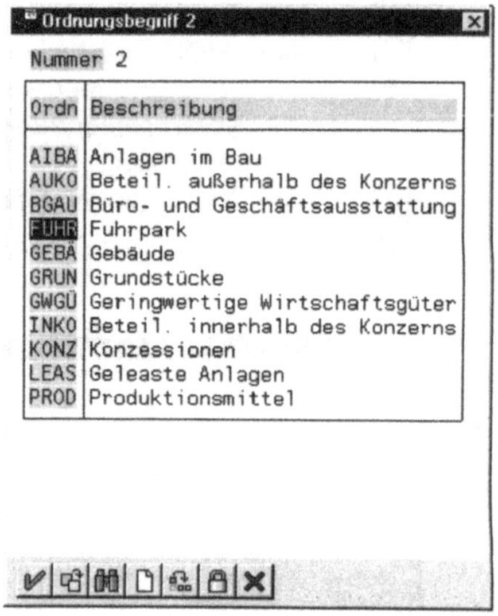

Nach [✔] erreicht man die Eingabemaske der Herkunftsdaten. Diese Daten habe einen reinen Informationscharakter.

Lieferant — Der Opel wurde bei der Firma BMW Müller bestellt.

Hersteller — Der Firmenname des Herstellers ist in diesem Feld anzugeben.

Anlage neu gekauft/gebraucht — Auswahlfeld

Herkunftsland — Das Land, aus dem die Anlage bezogen wurde, ist anzugeben.

Abb. 2.15
Herkunftsdaten der Anlage

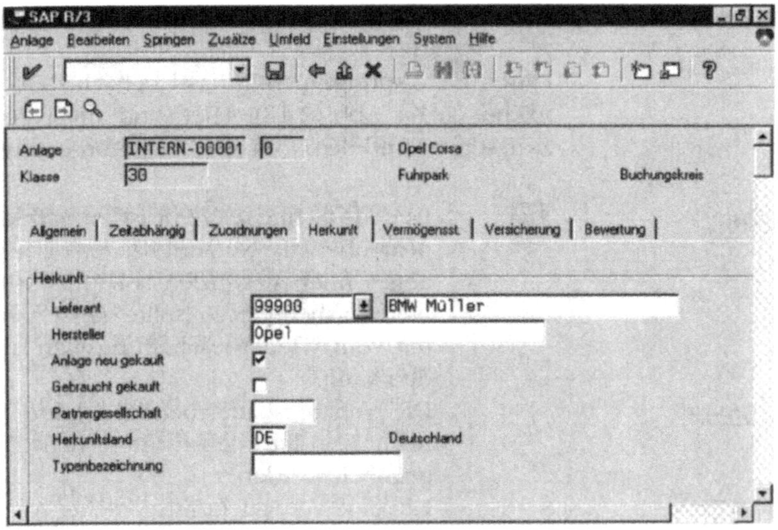

Durch zweimaliges Drücken von  gelangt man in das Feld *Versicherung*. Die Hinterlegung von Versicherungswerten im Anlagenstammsatz erfolgt zu reinen Informationszwecken und kann daher auch übersprungen werden.

Art

Eine KFZ-Versicherung ist auszuwählen. In unserem Fall handelt es sich um eine Zeitwertversicherung, was durch die Markierung des Feldes *Bchwrt* zum Ausdruck kommt. Bei Neuwertversicherungen ist dieses Feld nicht markiert.

Gesellschaft

Eine Versicherungsgesellschaft ist hier einzugeben.

Die Felder *Vertragsnummer, Beginn und Tarif* können beliebig ausgefüllt werden, da sie nicht der Berechnung der Versicherungswerte dienen.

Das Feld *Indexreihe* ist auszuwählen, wenn man die Preissteigerungsrate bei der Ermittlung der Versicherungswerte einbeziehen möchte. Soll der Versicherungswert nicht vom System errechnet werden, kann ein (z. B. vom Versicherungsträger festegelegter) Wert manuell eingegeben werden. Das Kennzeichen *Man.Fortschreibung* ist nur zu setzen, wenn man einen Versicherungswert manuell eingegeben hat und dieser nicht über einen Index fortgeschrieben werden soll.

Durch springt man in das Übersichtsbild der Bewertungsbereiche (siehe Abb. 2.16). Hier sind nun die AfA-Art, die Nutzungsdauer und der Normal-AfA-Beginn einzutragen.

Absch

Der AfA-Schlüssel *LINR* ist zu wählen, da der Opel linear über die Nutzungsdauer bis zum Buchwert Null abgeschrieben werden soll. Als AfA-Schlüssel im Bewertungsbereich 20 sollte *LINW* gewählt werden damit vom Wiederbeschaffungswert abgeschrieben werden kann.

NutzDauer

Die Nutzungsdauer beträgt 3 Jahre. Im Bewertungsbereich 20 sollte die erwartete reale Nutzungsdauer angegeben werden.

N-AfA Beginn

Um eine verursachungsgerechte Abschreibung für den kalkulatorischen Bereich zu ermöglichen, gibt man für den Bewertungsbereich 20 den Monatsersten des Aktivierungsmonats ein. In allen Bewertungsbereichen ist ein den gesetzlichen Vorschriften entsprechendes Datum für den Abschreibungsbeginn einzutragen.

Index

Im Bewertungsbereich 20 bietet es sich an, von Wiederbeschaffungswerten abzuschreiben. Hierzu muss ein entsprechender Index angegeben werden.

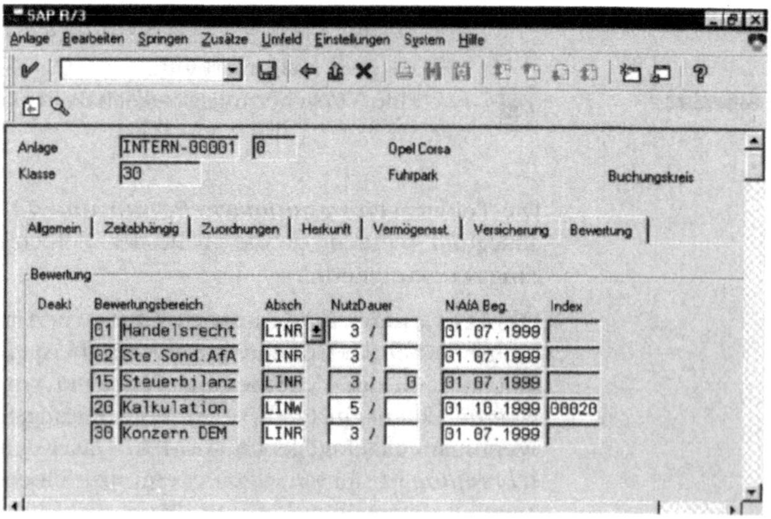

Abb. 2.16
Bewertungsbereiche

Der Bewertungsbereich 15 wird automatisch vom System mit Daten versehen und kann daher nicht manuell gepflegt werden.

Nach  erscheint ein PopUp. Wird dieses mit *Ja* beantwortet, wird der Anlagenstammsatz endgültig abgesichert. In der Statuszeile erscheint die Anlagennummer.

Mit zweimal  kommt man zurück ins Ausgangsmenü.

Durch  wird der Vorgang abgebrochen und man kann noch Korrekturen vornehmen.

Abb. 2.17
PopUp „sichern"

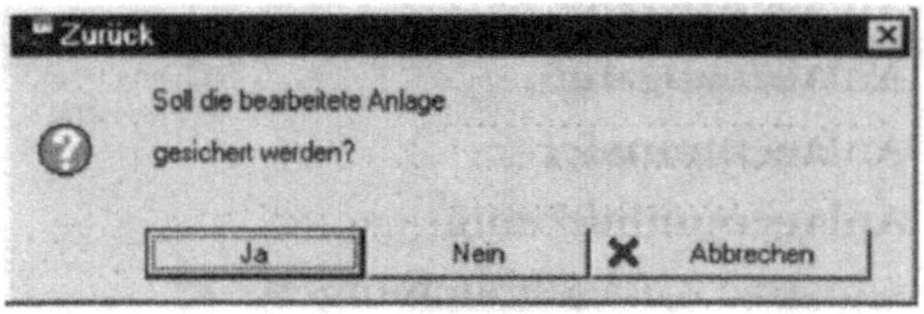

2.3.4.2 Deaktivieren/Sperren/Löschen von Anlagen

„Anlagen sperren-löschen.scm"

Das Ausscheiden eines Wirtschaftsgutes wird im FI-AA-Modul durch die Option „***Deaktivieren***" unterstützt. Es sollte jedoch bedacht werden, dass deaktivierte Anlagen noch im nachfolgenden Geschäftsjahr zur Verfügung stehen sollten, damit diese Anlagen auch in der „*Entwicklung des Anlagevermögens*" dargestellt werden können.

Das **Löschen** eines Wirtschaftsgutes wird durch Setzen eines Löschkennzeichens und anschließendem physischen Löschen durch das Programm realisiert.

Das **Sperren** eines Wirtschaftsgutes wird durch Setzen eines Sperrkennzeichens bewerkstelligt. Es kann dann kein Zugang auf diese Anlage gebucht werden, jedoch sind Umbuchungen und Abgangsbuchungen auf gesperrte Anlagen möglich.

Im AM-Modul werden die folgenden Schritte durchgeführt:

Rechnungswesen ⇨ Finanzwesen ⇨ Stammdaten ⇨ Anlage ⇨ ändern ⇨ Anlage

Nun muss die Anlagenhauptnummer und evtl. die Anlagenunternummer sowie der Buchungskreis angegeben werden. Nachdem die Daten der entsprechend ausgewählten Anlage erscheinen, kann diese Anlage gesperrt oder mit einer Löschvormerkung versehen werden. Das Deaktivieren einer Anlage erfolgt auf die gleiche Weise; es muss nur zuvor ein Deaktivierungsdatum der Anlage angegeben werden.

2.4 Geschäftsvorfälle

In diesem Kapitel wird ein Überblick über mögliche Transaktionen gegeben, die innerhalb des Moduls FI-AA möglich sind. Zu ausgewählten, in der Praxis am häufigsten vorkommenden Geschäftsvorfällen wird mit Hilfe von Fallbeispielen der Praxisbezug mit R/3 hergestellt.

Um einen Überblick über die vom System bereitgestellten Funktionen zu erhalten, werden die verschiedenen Geschäftsvorfälle, die die Anlagenbuchhaltung betreffen, kurz vorgestellt:

- **Anlagenzugang**
- **Anlagenabgang**
- **Anlagentransfer**
- **Anlagenumbuchung**
- **sonstige Anlagenbuchungen**

2.4.1 Anlagenzugang

Jede gekaufte oder durch Eigenleistung aktivierte Anlage, die neu ins Anlagevermögen aufgenommen wird, kann auf zwei verschiedene Arten in R/3 erfasst werden:

- direkt über die Anlagenbuchhaltung (AA) oder
- integriert mit anderen Modulen (Finanzbuchhaltung (FI), Materialwirtschaft (MM), soweit sie im System installiert sind.

Integrierte Buchung

Die Vorteile einer integrierten Buchung über Module sind:

- Der Aufwand für die Datenerfassung reduziert sich erheblich, da z. B. bei einem Kauf gegen Kreditor der Anlagenzugang sowie die Verbindlichkeit gegenüber dem Kreditor in nur einer Transaktion gebucht wird.
- Durch die Datenerfassung von einer Stelle aus und mit einer Transaktion können Fehlerquellen eingeschränkt und minimiert werden.
- Der Geschäftsvorfall ist mit dieser Transaktion komplett abgeschlossen und die Daten sind auf dem neuesten Stand.

Zugang aus Kauf

Ein Zugang aus Kauf kann auf zwei verschiedene Arten gebucht werden:

- **Zugang aus Kauf ohne Bestellbezug**

Zugang gegen Kreditor

Wird die Anlagenbuchung integriert mit der Kreditorenbuchhaltung eingesetzt, kann direkt „Anlage an Kreditor" gebucht werden. Je nach gewählter Belegart kann ein etwaiger Skontoabzug sowie der Mehrwertsteuerbetrag automatisch vom System berechnet werden.
Den gesamten Ablauf dieses Geschäftsvorfalles dokumentiert nebenstehende Screencam.

„GV Kauf.scm"

Zugang gegen Verrechnungskonto

Wird die Anlagenbuchhaltung als alleiniges Modul eingesetzt, bietet sich folgendes Verfahren an: Buchung des eingegangenen Rechnungsbetrags auf ein Verrechnungskonto und spätere Buchung des Betrags, abzüglich Skonto und Mehrwertsteuer, auf das Anlagenkonto.

- **Zugang aus Kauf mit Bestellbezug**

Bei einem Zugang aus Kauf mit Bestellbezug, der die Integration des Moduls MM voraussetzt, müssen mehrere zeitlich voneinander abhängige Arbeitsvorgänge beachtet werden:

- Bestellanforderung
- Anlage des Anlagenstammsatzes
- Erfassen der Bestellung
- Buchen des Wareneingangs
- Buchen des Rechnungsbetrags

Zugang aus dem Lager

Wenn ein Produkt erstellt wird, werden häufig Teile aus dem Lager benötigt. Wird die Anlagenbuchhaltung zusammen mit dem Material-Management (MM) eingesetzt, so können in einer Buchung die Bewegungen im betreffenden Lager sowie die Buchung der Anschaffungs- bzw. Herstellkosten des Materials auf der Anlage erfasst werden.

Zugang aus Eigenfertigung

Wenn ein Zugang durch Eigenleistung erfolgt, bedeutet dies, dass eine Leistung, die ganz oder teilweise im eigenen Betrieb erstellt wurde, aktiviert, also auf eine Anlage gebucht wird. Die Kosten, die entweder auf einem Fertigungsauftrag (bei Erstellung im Rahmen eines Fertigungsauftrages) oder auf einem Instandhaltungsauftrag gesammelt wurden (wie z. B. bei Instandhaltungsleistungen, Generalüberholungen), werden in einem Betrag auf die neu entstandene Anlage gebucht.

Buchung ⇨ Zugang ⇨ Eigenfertigung

2.4.2 Anlagenabgang

Anlagenabgang bedeutet das buchhalterische Ausscheiden eines Wirtschaftsgutes aus dem Anlagevermögen. Der Anlagenabgang kann sich auf eine gesamte Anlage (Vollabgang) oder auf einen Teil einer Anlage (Teilabgang) beziehen. Das System errechnet automatisch anhand der Daten die auszubuchenden Beträge.

Teilabgänge

Bei Teilabgängen können

- abgehende Anschaffungs- oder Herstellungskosten,
- ein Abgangsprozentsatz,
- oder eine Menge

eingegeben werden.

Ein Anlagenabgang kann entweder einen Erlös nach sich ziehen, wie bei einem Verkauf an einen Debitor oder aber ohne Erlös erfolgen, wie z. B. bei einer Verschrottung.

Abb. 2.18
Anlagenabgang

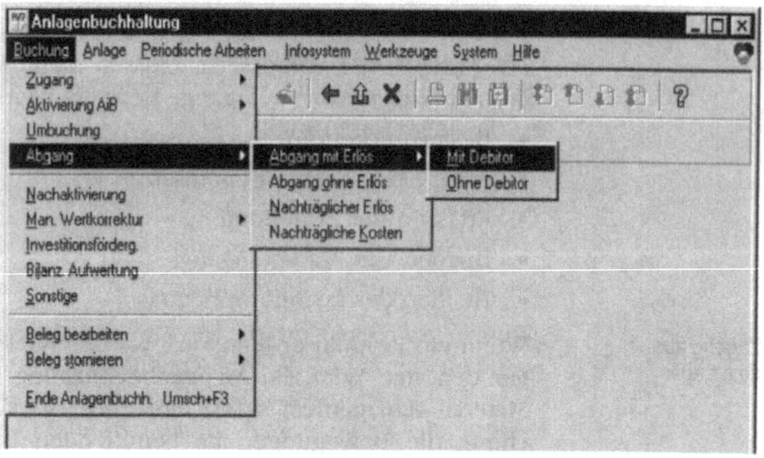

„GV Verkauf.scm"

Abgang durch Verkauf mit Debitor

Wenn die Anlagenbuchhaltung zusammen mit der Finanzbuchhaltung eingesetzt wird, bietet das System die Möglichkeit, die Forderungsbuchung an den Debitor, die Erlösbuchung und den Anlagenabgang in einem Schritt zu buchen.

Abgang durch Verkauf ohne Debitor

Ohne Debitor bietet die Anlagenbuchhaltung eine eigene Transaktion an, die den Anlagenabgang automatisch bucht. Es muss allerdings darauf geachtet werden, dass eine Bewegungsart ausgewählt ist, die automatisch eine Erlösbuchung erzeugt, damit die Soll-/Habengleichheit bestehen bleibt.

Beim **Abgang durch Verschrottung** stellt die Anlagenbuchhaltung eine eigene Transaktion bereit. Die erzeugten Buchungen entsprechen denen unter „Abgang durch Verkauf ohne Debitor", allerdings wird hier keine Erlösbuchung, sondern eine Buchung „Verlust aus Anlagenabgang ohne Erlös" erzeugt.

2.4.3 Anlagenumbuchungen

Wird eine Anlage zwischen zwei Gesellschaften (Buchungskreisen) innerhalb eines Konzerns umgebucht, so spricht man von einem **Anlagentransfer**. Für beide beteiligten Unternehmen, die miteinander verbunden sind, stellt diese Umbuchung einer Anlage einen Kauf bzw. einen Verkauf dar. Aus Konzernsicht ist dieser Vorgang jedoch eine Umbuchung, der sich zu Null saldiert. Ursachen für Anlagentransfers können sein:

- Ortswechsel mit einer Zuordnung zu einem neuen Buchungskreis;
- neue Organisationsstruktur und deshalb eine neue Zuordnung.

Automatischer Transfer

Wenn der Transfer innerhalb eines Mandanten erfolgt, kann der Transferabgang und der Transferzugang in einem Schritt erfolgen. Die Buchung wird von dem sendenden Buchungskreis erledigt, die Gegenbuchung beim empfangenden Buchungskreis erfolgt automatisch.

Buchung ⇨ Umbuchungen ⇨ Transfer

Manueller Transfer

Transferabgang und Transferzugang müssen in zwei Schritten erfolgen, wenn die Umbuchung nicht innerhalb eines Mandanten erfolgt.

Umbuchung von Anlage an Anlage

Ist für beide Anlagen der gleiche Buchungskreis definiert, so kann in einem Schritt von Anlage an Anlage gebucht werden. Es muss allerdings berücksichtigt werden, dass verbundene Bereiche auf die neue Anlage übernommen werden.

„GV Umbuchung.scm"

Mögliche Gründe für eine Umbuchung können sein:

- **Splittung einer Anlage**
  Dies wird notwendig, wenn eine Anlage geteilt oder ein Anlagenteil umgebaut wird.
- **Ortswechsel**
  Findet ein Ortswechsel innerhalb eines Geschäftsbereiches statt, müssen im Stammsatz der Anlage die neuen organisatorischen Zuordnungen eingetragen werden.

- **Umlaufvermögen → Anlagevermögen**
  Werden Teile aus dem Umlaufvermögen, wie z. B. Lagermaterial, dem Anlagevermögen zugebucht, so muss eine Umbuchung erfolgen.

Aktivierung von Anlagen im Bau

- **Aktivierung von Anlagen im Bau**
  Anlagen, die selbst erstellt werden, durchlaufen verschiedene Phasen, die buchhalterisch unterschiedlich behandelt werden müssen.
  - **Im Bau-Phase**
    Die Anlage muss in der Bauphase unter ihrem normalen AiB-Stammsatz geführt werden.
  - **Nutzungsphase**
    Sobald die Anlage fertiggestellt und in Betrieb genommen wird, wird eine Umbuchung auf einen Anlagen-Stammsatz erforderlich, man nennt dies Aktivierung (AiB).

2.4.4 Sonstige Anlagenbuchungen

Anzahlungen auf Anlagen im Bau

Anzahlungen stellen Zugänge auf Anlagen im Bau dar. Wie beim Zugang aus Kauf können diese über die Kreditorenbuchhaltung abgewickelt werden. Erfolgt die Schlussrechnung im selben Jahr wie die Anzahlungen, werden diese in voller Höhe auf der Anlage aktiviert. Erfolgt die Anzahlung nicht im gleichen Jahr, so werden nur die Differenzbeträge auf die Anlage aktiviert.

Nachaktivierungen

Nachaktivierungen stellen Korrekturbuchungen auf einer Anlage dar, wenn es im abgeschlossenen Geschäftsjahr versäumt wurde, Kosten, die mit der Beschaffung oder Montage verbunden waren, den Anschaffungs- und Herstellkosten der Anlage zuzuschlagen.

- **Bruttomethode**
  Hier können die historischen Abschreibungen angegeben werden.
- **Nettomethode**
  Wird der Buchungsbetrag um die historische Abschreibung vermindert, dann kann die Buchung ohne die Angabe der historischen Abschreibungswerte durchgeführt werden.
- **Buchen auf neue Stammsätze**
  Hierfür muss die Transaktion für die Erfassung von Altanlagen ausgewählt werden, die es ermöglicht, ein historisches Zugangsjahr anzugeben. Dieses wird benötigt, um die aktuelle Abschreibungsrechnung weiterzuführen.

Zuschreibungen

Zuschreibungen sind Korrekturen, wenn in der Vergangenheit z. B. falsche Abschreibungsschlüssel oder eine falsch angesetzte Nutzungsdauer für eine Anlage gewählt wurden. Zuschreibungen erhöhen den Wert einer Anlage.

Zu beachten ist, dass in der Finanzbuchhaltung die Korrekturen auf dem Wertberichtigungskonto mitgebucht werden.

Übertragung von Rücklagen

Durch die Veräußerung von Maschinen können stille Reserven gebildet werden, sofern nicht im selben Jahr geeignete Neuanschaffungen getätigt werden.

Das System FI-AA unterscheidet zwei Rücklagenübertragungswege:

- Rücklagenübertragung
- Rücklageneinstellung

Manuelle Abschreibungen

Normalerweise ermittelt das System anhand der ausgewählten Abschreibungsschlüssel die Abschreibungswerte. Diese Abschreibungswerte können aber manuell verändert werden, z. B. bei außerplanmäßigen Abschreibungen oder steuerlichen Sonderabschreibungen, die nur teilweise in Anspruch genommen werden.

2.5 Abschreibung des Anlagevermögens

2.5.1 Berechnung der Abschreibung

Die Abschreibungsberechnung im System R/3 erfolgt durch sog. Steuerungsparameter. Diesen Steuerungsparametern werden durch Schlüssel explizit Werte zugeordnet.

Der **Abschreibungsschlüssel**, der sich aus internem Rechenschlüssel und verschiedenen Steuerkennzeichen zusammensetzt, ist Träger von allen Informationen, die zur Abschreibungsberechnung erforderlich sind. Er beinhaltet Steuerungskennzeichen für folgende Verfahren:

Steuerungskennzeichen des Abschreibungsschlüssels

- Aussetzen der Normalabschreibung bei Sonderabschreibung
- Aussetzen von Zinsen bei nicht geplanter Abschreibung
- Zugänge **nur** im Aktivierungsjahr
- Abschreibung der Vergangenheit nicht neu berechnen
- Abschreibung der Vergangenheit mit bzw. ohne Storno neu berechnen

Der **interne Rechenschlüssel** beschreibt das eigentliche Berechnungsverfahren für die jeweilige Abschreibungsmethode. Jedem Abschreibungsschlüssel wird ein Rechenschlüssel zugeordnet. Die von SAP bereitgestellten Schlüssel haben durch ihre fest definierten Berechnungsverfahren Systemcharakter und sollten nicht verändert werden.

Anhaltewert

Für Anlagen, die nach dem planmäßigen Verlauf der Abschreibung über einen Restwert verfügen, besteht die Möglichkeit diesen Wert, den sog. Anhaltewert, vor dem Abschreibungsende zu definieren. Die Zuordnung kann auf zwei Arten getroffen werden:

- durch die Zuordnung eines **Anhaltewertschlüssels** zu dem jeweiligen Abschreibungsschlüssel der Anlage;
- durch eine feste Eingabe eines **absoluten Schrottwertes** bei den bereichsspezifischen Anlagestammdaten.

Die **Anhaltewertschlüssel** können im Customizing der Anlagenbuchhaltung mit beliebigen Anhalteprozentsätzen definiert werden. Es besteht die Möglichkeit, diese Anhalteprozentsätze bestimmten Zugangsjahren oder dem Alter der Anlage zuzuordnen. Für das Berechnungsverfahren gibt es zwei verschiedene Festlegungen:

- Die Abschreibung wird ohne die Berücksichtigung des Anhaltewertes berechnet und endet beim Erreichen des Anhaltewertes. Dabei endet die Abschreibung vor dem Erreichen der geplanten Nutzungsdauer.

- Der errechnete Schrottwert wird am Anfang vom Bezugswert der Anlage abgezogen und bleibt als Restbuchwert am Ende der Nutzungsdauer erhalten.

2.5.2 Abschreibungsarten

Durch das Customizing wird festgelegt, in welchem Bewertungsbereich, welche Abschreibungsarten gültig sind. Ist eine Abschreibungsart nicht erlaubt worden, so wird eine Fehlermeldung ausgegeben.

Das System unterstützt folgende Abschreibungsarten:

- Normalabschreibung
- Sonderabschreibung
- Außerplanmäßige Abschreibung
- AHK-Minderungen

„Sonderabschreibung.scm"

Die **Normalabschreibung** berücksichtigt die normale Abnutzung bzw. den Werteverzehr einer Anlage. Die Berechnung der Abschreibungsbeträge erfolgt mit den nach Steuer- und Handelsrecht erlaubten Abschreibungsmethoden (siehe nachfolgendes Kapitel).

Der Gesetzgeber sieht für bestimmte Anlagegüter **Sonderabschreibungen** vor. Sie dienen der wirtschaftspolitischen Steuerung. SAP liefert für die allgemein verbreiteten Verfahren die jeweiligen Abschreibungsschlüssel. Sie werden daher durch ihre Individualität nicht näher erläutert.

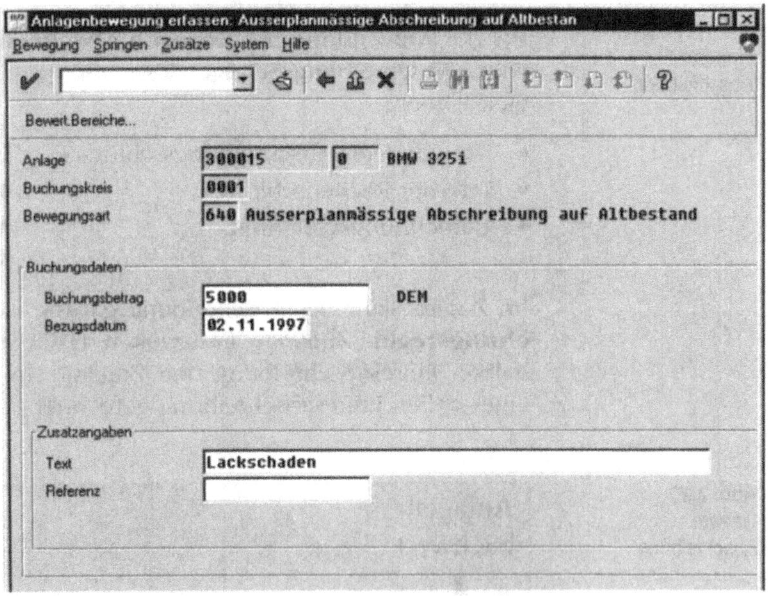

Abb. 2.19 Außerplanmäßige Abschreibung

Außerplanmäßige Abschreibungen gehen über den normalen Gebrauch der Anlage hinaus. Sie kommen bei einer dauerhaften Wertminderung der Anlage, z. B. durch höhere Gewalt oder Umwelteinflüsse, in Betracht. Sie müssen daher individuell zugeordnet werden.

Mit Hilfe der **AHK-Minderung** wird es ermöglicht, die Abschreibungsbasis um einen bestimmten Betrag zu reduzieren. Da es sich hierbei um Sonderfälle handelt, muss diese Abschreibungsart manuell gebucht werden.

2.5.3 Abschreibungsmethoden

Dank der Einstellungsmöglichkeiten des Rechenschlüssels lassen sich verschiedenste Abschreibungsmethoden realisieren. Die Wichtigsten werden im Folgenden näher beschrieben.

- Lineare Abschreibung
- Degressive Abschreibung
- Lineare Gebäudeabschreibung
- Degressive Gebäudeabschreibung
- Vollabschreibung im Zugangsjahr
- Leistungsabhängige Abschreibung

Lineare Abschreibung

Bei der Anwendung der **linearen Abschreibung** sind die jährlichen Abschreibungsbeträge über die gesamte Nutzungsdauer gleich hoch:

- Verwendeter Abschreibungsschlüssel: **LINR**
- Interner Rechenschlüssel: **1020**
- Berechnungsverfahren: **Afa = Restwert / Restnutzungsdauer**

Im Zugangsjahr der Abschreibung gilt die sogenannte **Vereinfachungsregel**. Zugänge im zweiten Halbjahr werden mit einer halben Jahresabschreibung und Zugänge im ersten Halbjahr mit einer vollen Jahresabschreibung gerechnet.

Abb. 2.20 Lineare Abschreibung

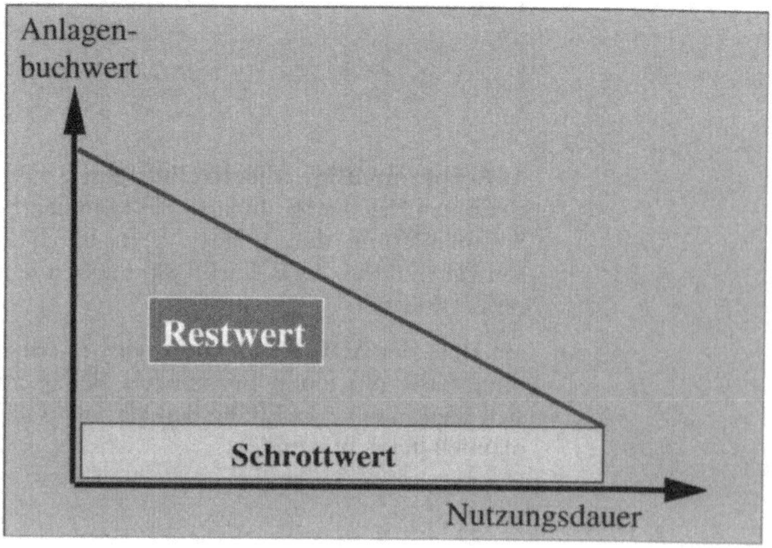

Degressive Abschreibung

Bei der Anwendung der **degressiven Abschreibung** verringern sich die jährlichen Abschreibungsbeträge mit Zunahme der Nutzungsdauer. Bei Neuanlagen - mit der Verwendung des Abschreibungsschlüssels „30" - kann mit dem dreifachen linearen Satz, aber höchstens 30% gerechnet werden.

- Verwendete Abschreibungsschlüssel: **DG20 / DG25 / DG30**
- Interne Rechenschlüssel: **2000 / 2010 / 2020**
- Berechnungsverfahren: **Afa = Restwert • 3 / Gesamtnutzungsdauer**

Im Zugangsjahr der Abschreibung gilt, wie bei der linearen Abschreibung, die Vereinfachungsregel.

Ist im Laufe der Nutzungsdauer die lineare Verteilung auf die Restnutzungsdauer größer als die degressive Abschreibung, wird auf die lineare Abschreibung umgestellt.

Abb. 2.21 Degressive Abschreibung

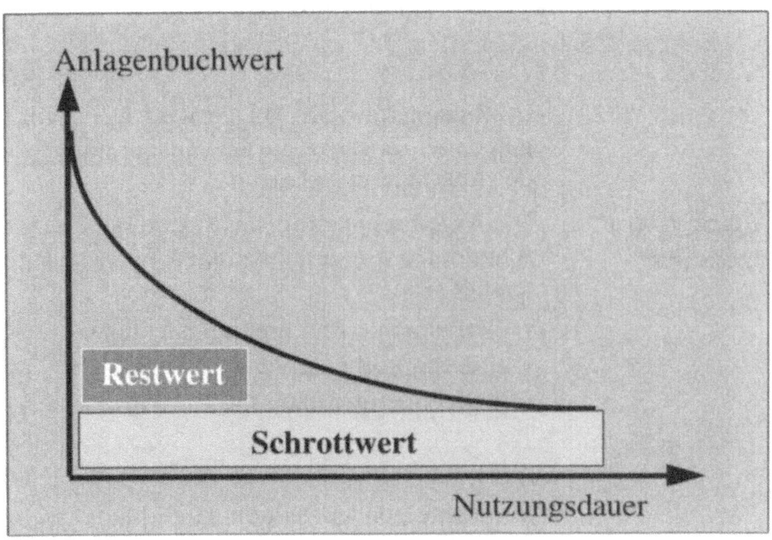

Lineare Gebäudeabschreibung

Analog zu der linearen Abschreibung stellt das AM-Modul Abschreibungsschlüssel für die Abschreibung von Gebäuden zur Verfügung.

Die Nutzungsdauer erstreckt sich über einen Zeitraum von 40 bzw. 50 Jahren, was einer jährlichen Abschreibung von 2,5 % bzw. 2 % entspricht.

- Verwendete Abschreibungsschlüssel: **GL20 / GL25**
- Interne Rechenschlüssel: **1210 / 120**
- Berechnungsverfahren: **Afa = Restwert / Restnutzungsdauer**

Die Abschreibung wird ab der Periode des ersten Zugangs gerechnet. Zugänge auf die Anlage führen zu einer Verlängerung der Abschreibungsdauer.

Degressive Gebäudeabschreibung

Die Höhe der degressiven Gebäudeabschreibungsbeträge ist über den Zeitraum hinaus vom jeweiligen Gebäudetyp abhängig. Der entsprechende Abschreibungsschlüssel berücksichtigt diese Zuordnung.

- Verwendete Abschreibungsschlüssel: **DG35 / DG50 / DG70 / DG10**
- Interne Rechenschlüssel: **2710 / 2720 / 2770 / 2750**
- Berechnungsverfahren: **Abhängig vom Zeitraum und Gebäudetyp**

Im Zugangsjahr der Anlage wird eine ganze Jahresabschreibung gerechnet. Zugänge auf die Anlage führen zu einer Verlängerung der Abschreibungsdauer.

Vollabschreibung im Zugangsjahr

Die Vollabschreibung im Zugangsjahr dient der 100%-igen Abschreibung von geringwertigen Wirtschaftsgütern, den sogenannten GWG´s.

- Verwendete Abschreibungsschlüssel: **GWG**
- Interne Rechenschlüssel: **0010**
- Berechnungsverfahren: **100%ige Abschreibung im Zugangsjahr**

In nachfolgenden Jahren sind keine weiteren Zugänge mehr möglich.

Leistungsabschreibung

Die Leistungsabschreibung ist eine Abschreibungsmethode, bei der die Periodenabschreibung direkt mit der Ausbringungsmenge verknüpft wird. Dies kann z. B. bei Beschäftigungsschwankungen sinnvoll sein.

- Verwendete Abschreibungsschlüssel: **STCK/STCA/STCR**
- Interne Rechenschlüssel: **3010**
- Berechnungsverfahren: **Afa=Anschaffungswert / Gesamtausbringung • Periodenausbringung**

Für die Berechnung der Periodenabschreibung muss die erwartete Ausbringungsmenge der Periode in dem jeweiligen Abschreibungsschlüssel erfasst werden. Das Menü für die Erfassung wird über die nachfolgenden Menüpunkte erreicht:

Anlagenbuchhaltung ⇨ Periodische Arbeiten ⇨ Abschreibung ⇨ Leistungsabhängige Abschreibung

Abb. 2.22 Leistungsabschreibung

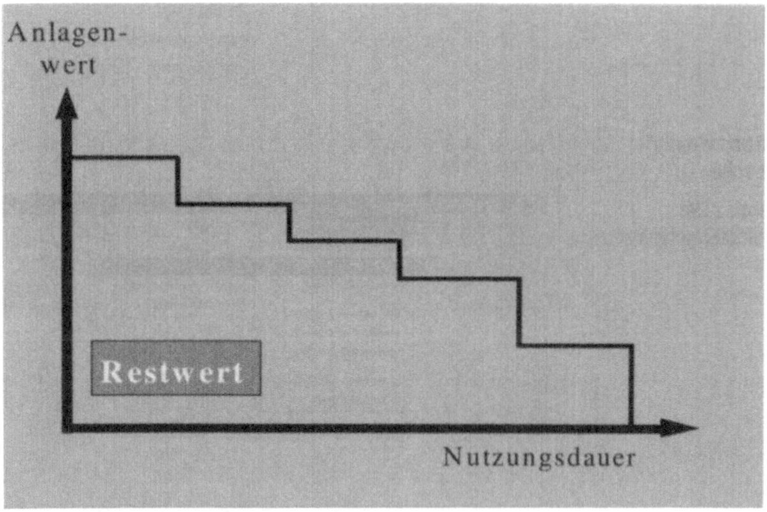

2.5.4 Abschreibungsbuchungen

Wertveränderungen an einer Anlage führen zu einer Veränderung der geplanten Abschreibung in der jeweiligen Periode. Die Wertberichtigungs- und Abschreibungskonten der Bilanz und der Gewinn- und Verlustrechnung werden jedoch nicht automatisch diesen Veränderungen angeglichen. Erst in einem periodischen Abschreibungsbuchungslauf erfolgt die eigentliche Buchung in der Finanzbuchhaltung. Der Buchungsrhythmus und die Kontierungsebene ist frei wählbar. Des Weiteren kann bei dem angewandten Buchungsverfahren zwischen dem Nachhol- und dem Restverteilungsverfahren gewählt werden.

Fallbeispiel: Abschreibung buchen

Für den aktuellen Monat sollen die Abschreibungen für alle Sachanlagen gebucht werden. Im Anschluss soll eine Übersicht über alle gebuchten Anlagen ausgegeben werden. Die erstellte Bach-Input Mappe kann später an die Finanzbuchhaltung übergeben werden.

Funktionsüberblick:
Rechnungswesen ⇨ Finanzwesen ⇨ Anlagen
Periodische Arbeiten ⇨ Abschreibungslauf ⇨ Durchführen

Abb. 2.23 Menü-Anlagen

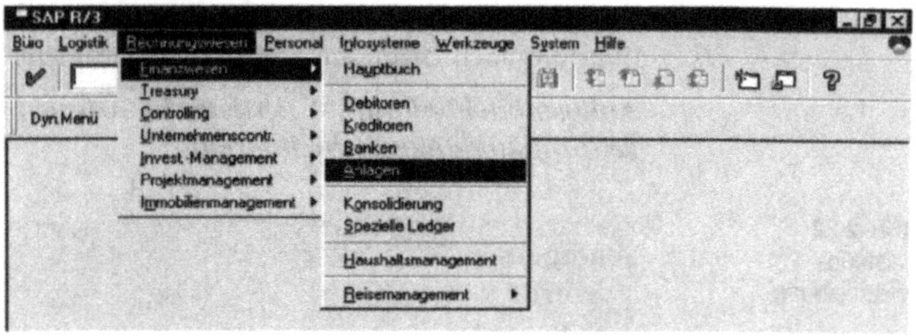

Abschreibung buchen

Abb. 2.24 Menü-Durchführen

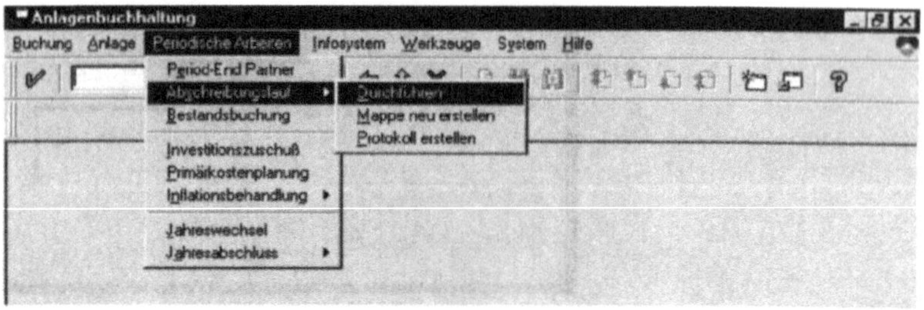

Abb. 2.25 Bildschirmmaske für Abschreibungen

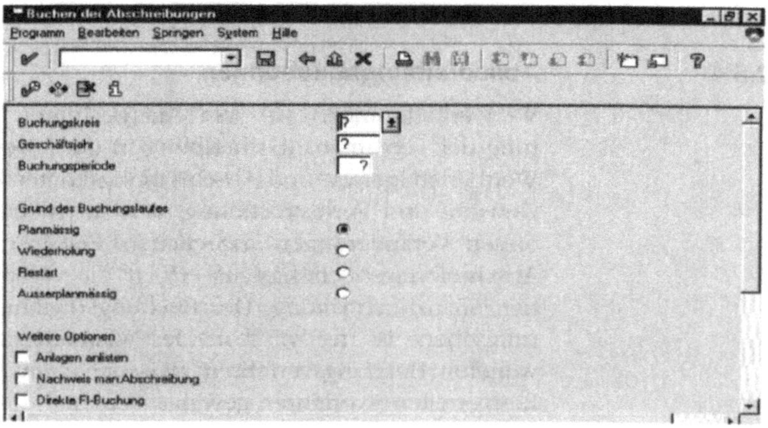

Zuerst ist der Buchungskreis einzugeben, für den die Abschreibungen gebucht werden sollen. Bei Unkenntnis kann der Buchungskreis auch über die Pick-Liste ausgewählt werden. Aus der Pick-Liste können die Werte per Doppelklick übernommen werden.

Abb. 2.26
Pick-Liste für Buchungskreis

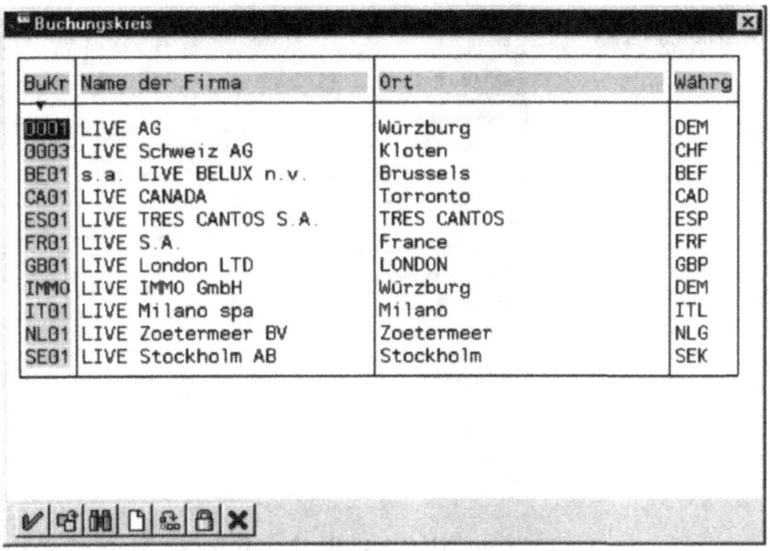

BuKr	Name der Firma	Ort	Währg
0001	LIVE AG	Würzburg	DEM
0003	LIVE Schweiz AG	Kloten	CHF
BE01	s.a. LIVE BELUX n.v.	Brussels	BEF
CA01	LIVE CANADA	Torronto	CAD
ES01	LIVE TRES CANTOS S.A.	TRES CANTOS	ESP
FR01	LIVE S.A.	France	FRF
GB01	LIVE London LTD	LONDON	GBP
IMMO	LIVE IMMO GmbH	Würzburg	DEM
IT01	LIVE Milano spa	Milano	ITL
NL01	LIVE Zoetermeer BV	Zoetermeer	NLG
SE01	LIVE Stockholm AB	Stockholm	SEK

In diesem Fall ist der Buchungskreis mit der Bezeichnung 0001 zu wählen.

Im Feld *Geschäftsjahr* ist das aktuelle Geschäftsjahr einzutragen, in dem der AfA-Buchungslauf durchgeführt werden soll.

Im Feld *Buchungsperiode* wird die Periode eingetragen, für die der Buchungslauf durchgeführt werden soll.

Bei der Angabe des Grundes für den Buchungslauf kann angegeben werden, ob es sich um einen planmäßigen Buchungslauf, eine Wiederholung, einen Restart oder um einen außerplanmäßigen Buchungslauf handelt. In diesem Fall liegt ein planmäßiger Buchungslauf vor.

Unter *„weitere Optionen“* ist das Feld *„Anlagen anlisten“* zu aktivieren. Damit wird erreicht, dass später im Protokoll die Anlagen einzeln aufgelistet werden.

Wenn das Feld *„Testlauf“* markiert ist, wird der Abschreibungslauf nur zu Testzwecken durchgeführt. War der Testlauf erfolgreich, kann der richtige Abschreibungslauf gestartet werden.

Die Felder *„Anlagen-Hauptnummer"* und *„Anlagen-Unternummer"* bleiben im vorliegenden Fall leer, da alle Anlagen gebucht werden sollen. Hier könnte der Abschreibungslauf auf bestimmte Anlagen beschränkt werden.

Abb. 2.27
Bildschirmmaske Abschreibungslauf

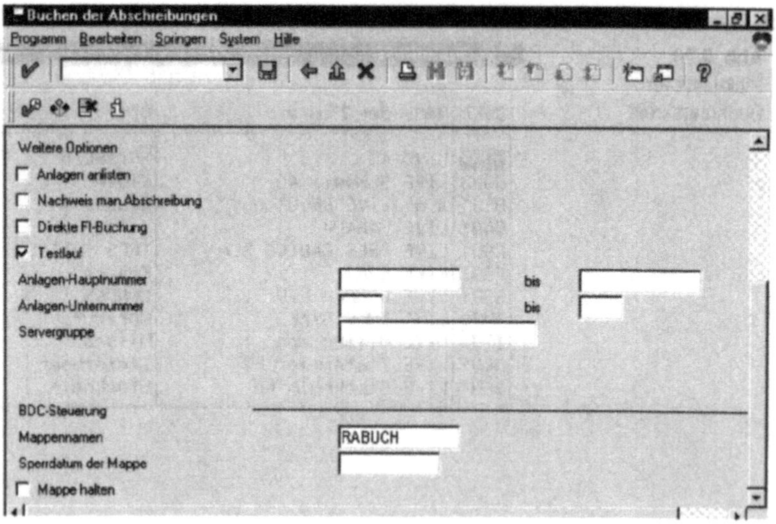

Damit die erstelle Batch-Input Mappe später eindeutig identifiziert werden kann, sollte im Feld *„Mappenname"* ein entsprechender Namen eingegeben werden. Ebenso ist das Feld *„Mappe halten"* anzuklicken, damit die Mappe nicht automatisch gelöscht wird.

Da Abschreibungsläufe nur im Hintergrund ausgeführt werden können, muss folgender Pfad gewählt werden:

Programm ⇨ Im Hintergrund ausf.

Abb. 2.28
Ausführung im Hintergrund

Alternativ könnte auch die Taste [F9] gedrückt werden, um den Buchungslauf zu starten. Zuerst gelangt man aber zu den Batch-Druckparametern:

Abb. 2.29
Druckparameter

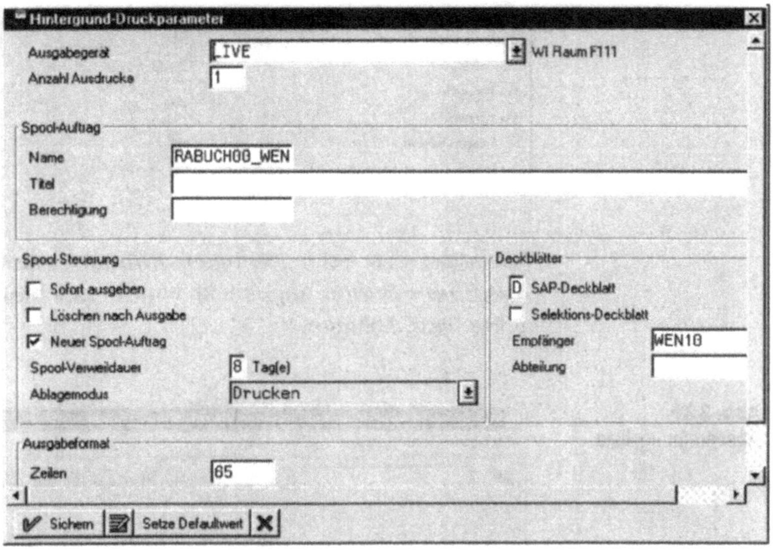

Auf dieser Seite kann das Ausgabegerät, der Name und Titel des Spool-Auftrages gewählt werden. In der Spool-Steuerung kann festgelegt werden, ob und ggf. wie lange der Auftrag im Spooler bleiben soll. Zusätzlich können noch Einstellungen für die Deckblätter vorgenommen werden und die Zeilen-/Spalten-anzahl des Ausdruckes festgelegt werden. Nachdem dieser Dialog mit verlassen  wird, erscheint eine Bildschirm-maske, in der ein Starttermin für den Job (Abschreibungslauf) festgelegt werden kann. Mit dem Zurück-Button gelangt man wieder in das R/3-Einstiegsmenü.

Protokoll erstellen

Um eine Übersicht über die gebuchten Abschreibungsbeträge zu erhalten, kann ein Protokoll erstellt werden.

Funktionsaufruf:

Periodische Arbeiten ⇨ Abschreibungslauf ⇨ Protokoll erstellen

In der erscheinenden Bildschirmmaske sind in den Feldern *„Buchungskreis“*, *„Geschäftsjahr“* und *„Buchungsperiode“* die gleichen Werte wie bei der Buchung einzutragen.

Abb. 2.30
Protokoll zu einem Abschreibungslauf

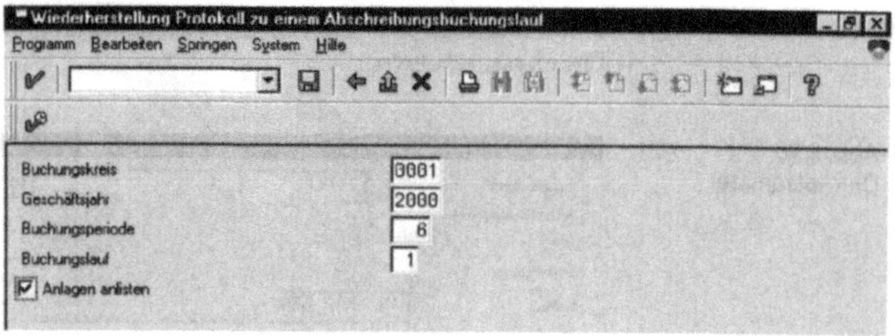

Nachdem das Feld *„Anlagen anlisten"* markiert wurde und der *Ausführen-Button* angeklickt wurde, erscheint eine Liste mit den gebuchten Anlagen.

Abb. 2.31
Abschreibungsliste

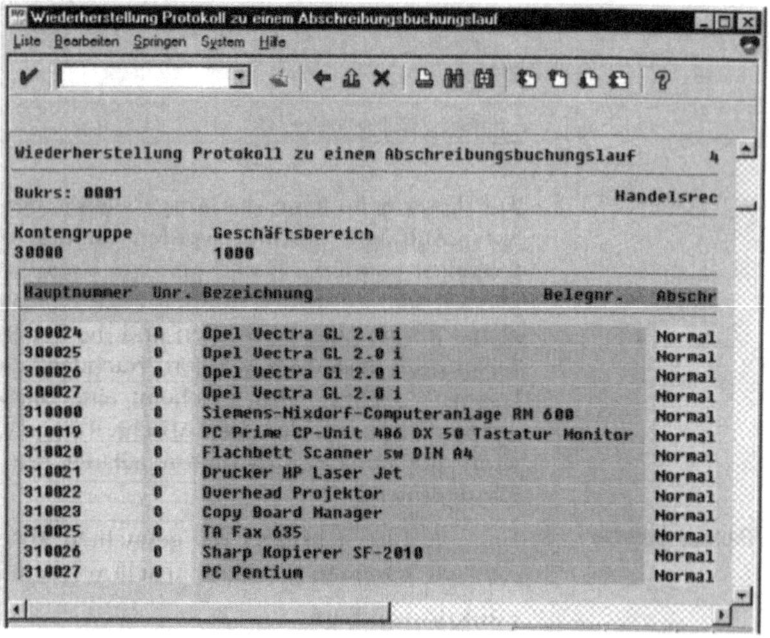

2.6 Leasing

In diesem Kapitel wird der Geschäftsvorfall *Leasing* des Moduls Anlagenbuchhaltung vorgestellt und dessen Handhabung im R/3-System erläutert. Zuerst wird jedoch ein kurzer Überblick über das Thema „Leasing“ gegeben.

2.6.1 Begriff Leasing

Leasing ist eine Möglichkeit der objektorientierten Fremdfinanzierung: der Unternehmer beschafft sich die Investitionsgüter leihweise. Laut § 535 BGB sind Leasingverträge als Mietverträge anzusehen. Dabei können die Mietraten (Leasingraten) gleichbleibend oder schwankend festgelegt werden. Im R/3 findet man das Modul Leasing unter den Anlagearten bzw. Anlagevermögen.

Direktes Leasing

Beim direkten Leasing ist der Hersteller gleichzeitig der Leasinggeber, indem er Gesellschaften gründet, die ausschließlich mit dem Leasingabsatz der entsprechenden Produkte beschäftigt sind. Dieses Verfahren bringt zusätzlichen Gewinn, wenn noch ein Wartungsvertrag verkauft werden kann. **Herstellerleasing** bezeichnet man auch als **Operational Leasing**, z. B. VW VAG Leasing GmbH mit Sitz in Wolfsburg.

Indirektes Leasing

Beim indirekten Leasing kaufen Finanzierungsunternehmen Anlagen von verschiedenen Herstellern und vermieten sie an Leasingnehmer. Es wird hier vom **Financial Leasing** gesprochen (vgl. hierzu die anschließende Fallstudie). In der Grundmietzeit hat der Leasingnehmer keine Möglichkeit den Vertrag zu kündigen. In dieser Zeit wird das vom Leasinggeber eingesetzte Kapital wieder erwirtschaftet, verzinst und angemessener Gewinn erzielt.

Da der Leasingnehmer auch für eventuelle Schäden am Leasinggegenstand haftet, trägt der Leasingnehmer das gesamte Risiko. Lediglich das Risiko der Zahlungsunfähigkeit des Leasingnehmers bleibt beim Leasinggeber.

In der Verlängerungszeit beträgt der Leasingsatz nur noch 5 bis 10% der Rate der Grundmietzeit. Wird im Leasingvertrag eine Kaufoption des Leasingnehmers vereinbart, ist dieser Leasingvertrag als Mietverkaufvertrag zu werten, z. B. Deutsche Leasing AG.

2.6.1.1 Operate-Leasing-Verträge

Operate-Leasing-Verträge sind kurzfristig kündbar. Es werden keine feste Grundmietzeiten festgelegt. Sie werden aufgrund des hohen Risikos nur für solche Produkte abgeschlossen, die vom Leasinggeber weitervermietet werden können. Das Investitionsrisiko trägt hierbei der Leasinggeber, z. B. Autos und Busse.

Full-pay-out-Verträge

Bei sog. Full-pay-out-Verträgen werden in der Grundmietzeit die vollen Objektkosten gedeckt und zusätzlich ein angemessener Gewinn erwirtschaftet. Das Risiko liegt hierbei beim Leasingnehmer.

Non-pay-out-Verträge

Die sog. Non-pay-out-Verträge sind dadurch gekennzeichnet, dass in der Grundmietzeit nur ein Teil der Objektkosten gedeckt wird. Dadurch wird dem potentiellen Leasingnehmer die Investitionsentscheidung erleichtert. Der Leasingnehmer trägt das volle Risiko der Verwertung des Objektes, es muss nach Ablauf der Grundmietzeit übernommen werden, entweder durch Kauf oder Verlängerung des Leasingvertrages.

Restwertverträge

Restwertverträge sind Verträge, die auf Grundlage der Differenz zwischen Anschaffungswert und Restwert geschlossen werden. Nach Ablauf des Vertrages hat der Leasingnehmer keine Rechte und Pflichten mehr, er kann aber im Leasingvertrag die Option auf Kauf des Leasinggegenstandes nach Ablauf der Leasingzeit vermerken.

2.6.1.2 Mobilien- und Immobilien-Leasing

Nach dem Gegenstand unterscheidet man in Mobilien-Leasing (z. B. Autos) und Immobilien-Leasing (z. B. Gebäude), wobei sich die Dauer der Leasingverträge einerseits nach dem Leasinggegenstand und andererseits nach der Vertragsgestaltung richtet. Die folgenden Zahlen sind daher nur als Richtwerte zu betrachten.

Leasingdauer

Die Leasingdauer bei Gebäuden beträgt in der Regel 18 Jahre, das Leasing wird hier auch oft als Pacht bezeichnet. Bei Maschinen ist eine Dauer von drei bis fünf Jahren anzusetzen, die minimale Laufzeit beträgt hier jedoch drei Jahre.

2.6.1.3 Höhe der Leasingraten

Die Höhe der Zahlungen ist abhängig von der Laufzeit und der Art des Leasingvertrages. Die folgenden Zahlen sind daher ebenfalls als Richtwerte zu betrachten und entsprechen bei einer Leasingdauer von drei Jahren drei Prozent und bei einer Leasingdauer von bis zu fünf Jahren zwei Prozent des Anschaffungswertes.

Bei einer Vertragslaufzeit von 3 Jahren zahlt der Leasingnehmer ca. 130%, bei einer Laufzeit von 5 Jahren ca. 150% des Anschaffungswertes an den Leasingeber. Die Höhe der Raten ist so bestimmt, dass das vom Leasinggeber eingesetzte Kapital getilgt und angemessen verzinst wird.

Vorteile des Leasings

Trotz dieser kostenbedingten Faktoren existieren einige Vorteile, die für eine Leasingentscheidung sprechen können. Es wird kein evtl. gebundenes Kapital benötigt; das so eingesparte Kapital kann anderweitig innovativ eingesetzt werden. Leasing wirkt nicht gewerbekapitalerhöhend und ist bilanzneutral. Durch Leasing sind die monatlichen Belastungen berechenbarer, Zinsänderungen wirken sich nicht auf die Kalkulationen der Produkte aus.

Nachteile des Leasings

Den Vorteilen des Leasings stehen auch einige Nachteile gegenüber:

- Die Kosten für die geleasten Anlagen sind um einiges höher als bei Anlagen, die über Ratenkäufe finanziert werden.
- Es kann zu Liquiditätsschwierigkeiten aufgrund von monatlich wiederkehrenden zum Teil hohen Belastungen kommen.
- Bei eventuellen Umbauten am geleasten Gut muss der Leasinggeber seine Zustimmung geben, er kann dennoch bei Vertragsende den originalen Zustand verlangen.
- Bei Reparaturschäden steht dem Leasinggeber ein Anspruch auf Wertminderung zu, die Höhe dieses Anspruches wird oft zum Streitfall.

2.6.2 Funktionsdemonstration

Für unser Unternehmen soll ein neuer PKW angeschafft werden; folgende Daten sind uns bekannt:

Szenario

Typ:	**PKW Opel Vectra**
Preis :	**40.000,- DM**
Laufzeit :	**36 Monate**
Monatliche Rate:	**1.000,- DM**
Restwert:	**10.000,- DM**

Zur Übernahme des Leasinggegenstandes in das R/3-System sind einige weitere Daten notwendig.

2.6.2.1 Anlegen einer Anlage

Wenn das AM-Modul bereits aktiviert ist, können die folgenden Schritte durchgeführt werden:

Rechnungswesen ⇨ Finanzwesen ⇨ Anlage anlegen ⇨ Anlegen ⇨ Anlage

Es erscheint ein Untermenü, in dem die Anlagenklasse, der Buchungskreis und die Anzahl der Anlagen, die aktiviert werden sollen, eingegeben werden.

Abb. 2.32
Anlagenklassen und Buchungskreis anlegen

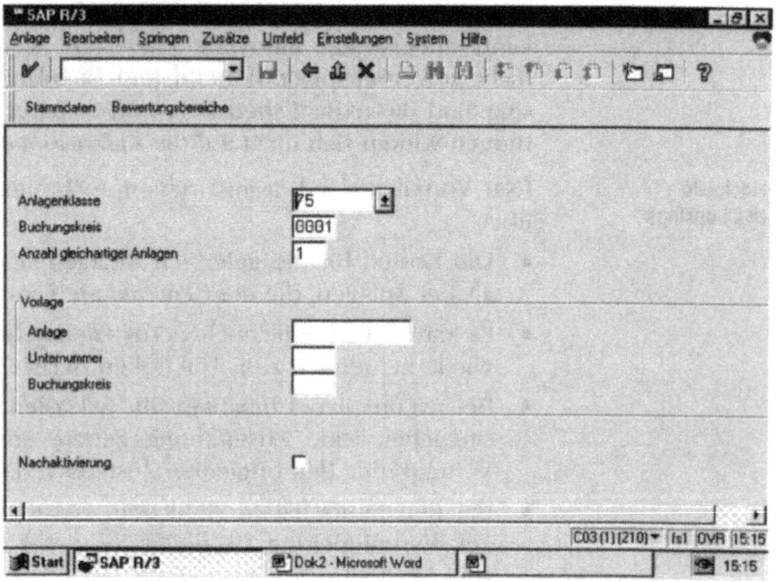

Anlagenklasse

Ist der Schlüssel, der eine Anlagenklasse eindeutig identifiziert. Die Anlagenklasse ist das Hauptgliederungskriterium für das Anlagevermögen. Jede Anlage muss genau einer Anlagenklasse zugeordnet werden. In jeder Anlagenklasse können bestimmte Steuerungsparameter für die Abschreibungsrechnung und sonstige Stammdaten festgelegt werden.

Der PKW soll der Anlagenklasse „75 Leasing" zugeordnet werden. Bei Unkenntnis der Anlagenklassennummer kann eine Matchcodeauswahl getroffen werden.

Buchungskreis 

Der Buchungskreis ist ein Schlüssel, der einen Buchungskreis eindeutig identifiziert. An dieser Stelle muss der persönliche Buchungskreis eingegeben werden.

Menge 

Hier ist die Anzahl der zu aktivierenden gleichartigen Leasinggegenstände einzutragen.

Anlage 

Vorlage der Anlagen-Hauptnummer, die Hauptnummer der Anlage, die beim Neuanlegen einer weiteren Anlage als Referenzanlage genutzt werden soll. Beim Anlegen einer Anlage mit Referenzanlage werden die Werte der Felder aus dem Stammsatz der Referenzanlage vorgeschlagen. Voraussetzung ist, dass das jeweilige Feld in der Bildaufbauregel der angegebenen Anlagenklasse als Referenzfeld gekennzeichnet ist.

Unternummer 

Unternummer der Anlage, die beim Neuanlegen einer weiteren Anlage als Referenzanlage dienen soll.

Beim Anlegen einer Anlage mit Referenzanlage werden die Werte der Felder aus dem Stammsatz der Referenzanlage vorgeschlagen, wobei Voraussetzung ist, dass das jeweilige Feld in der Bildaufbauregel der angegebenen Anlagenklasse als Referenzfeld gekennzeichnet ist.

Buchungskreis 

Buchungskreis der Anlagen, der beim Neuanlegen einer weiteren Anlage als Referenzanlage genutzt werden soll. Beim Anlegen einer Anlage mit Referenzanlage werden die Werte der Felder aus dem Stammsatz der Referenzanlage vorgeschlagen. Vorraussetzung ist, dass das jeweilige Feld in der Bildaufbauregel der angegebenen Anlagenklasse als Referenzfeld gekennzeichnet ist.

Durch das Klicken auf das grüne Häkchen werden die Daten der Maske geprüft, übernommen und man gelangt zum nächsten Eingabefeld.

2.6.2.2 Allgemeine Leasing-Daten

In dieser Maske wird der User vom System aufgefordert, einige allgemeine Daten zum Leasinggegenstand einzugeben. Es sind der Name des Leasinggegenstandes, die Menge und das Aktivierungsdatum einzutragen.

Abb. 2.33
Eingabe der allgemeinen Daten

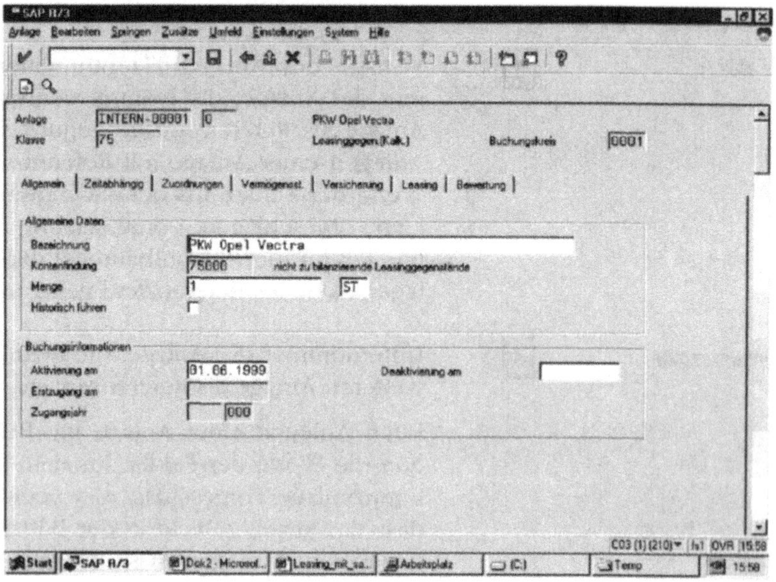

Bezeichnung

Hier ist die Bezeichnung des Leasinggegenstandes einzugeben.

Menge

Die Menge der zu aktivierenden Leasinggegenstände eintragen.

Aktivierung

Das Datum der Aktivierung des Leasinggegenstandes eingeben.

Nach dem Klicken auf das grüne Häkchen wird die Eingabe geprüft und man gelangt in die nächste Maske.

2.6.2.3 Zeitabhängige Leasing-Daten

In dieser Eingabemaske fordert das System dazu auf, zeitabhängige Daten einzutragen. Hier muss der Geschäftsbereich, die Kostenstelle, das Werk und das Kfz-Kennzeichen des Leasinggegenstandes eingegeben werden.

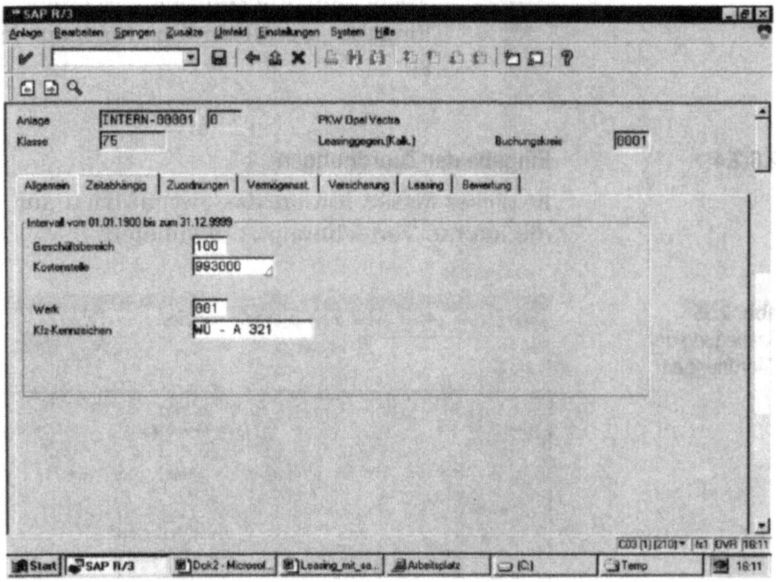

Abb. 2.34 Eingabe der zeitabhängigen Daten

Geschäftsbereich

Der Geschäftsbereich ist ein Schlüssel, der einen Geschäftsbereich eindeutig identifiziert. Es ist der entsprechende Geschäftsbereich einzutragen.

Kostenstelle

Die Kostenstelle ist ein Schlüssel, der eine Kostenstelle eindeutig identifiziert. Es ist die entsprechende Kostenstelle einzutragen.

Das System verwendet die Kostenstellenzuordnung im Anlagenstammsatz, um bei den folgenden auf Kostenstelle kontierbaren Buchungen die betroffene Kostenstelle zu ermitteln:

- **Abschreibungen der Anlage**
- **Mehr-/Mindererlöse bei Anlagenverkauf**

Werk

Ist der Schlüssel, der ein Werk eindeutig identifiziert. Mit Hilfe der Werkszuordnung lassen sich werksbezogene Auswertungen in der Anlagenbuchhaltung durchführen. Hier ist das entsprechende Werk einzutragen (LIVE-AG, Würzburg).

Nach dem Klicken auf das grüne Häkchen wird die Eingabe geprüft und man gelangt in die nächste Maske.

2.6.2.4 Eingabe der Zuordnungen

In dieser Maske fordert das System dazu auf, einige Begriffe für die interne Verrechnung zu definieren.

Abb. 2.35 Festlegung der Zuordnungen

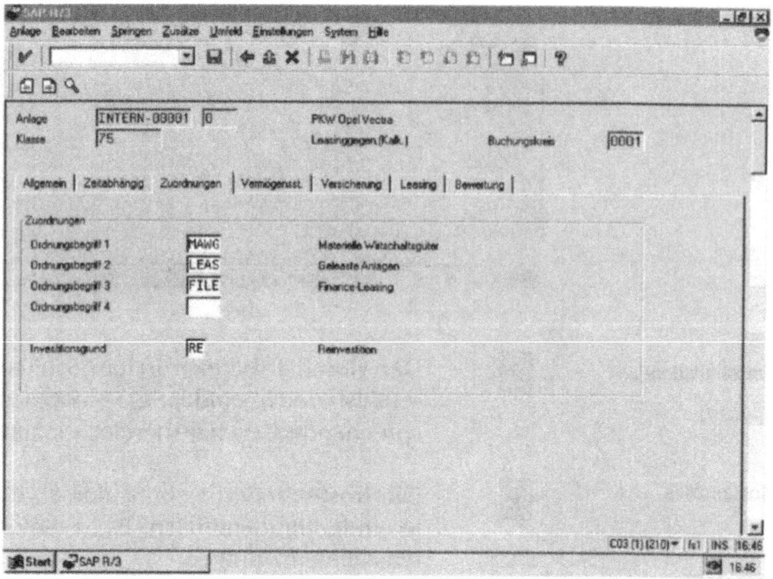

Über Ordnungsbegriffe können Anlagen beliebig klassifiziert werden. Hier ist „MAWG" als Ordnungsbegriff für materielle Wirtschaftsgüter einzutragen.

Eingabe von „LEAS" für geleaste Anlagen.

Es handelt sich hier um (FI)nance (LE)asing.
(vgl. Kap. 2.6.2 „Indirektes Leasing").

Investitionsgrund

In diesem Feld soll die Ursache einer Anlagen-Investition oder einer Investitionsprogrammposition (z. B. Ersatzbeschaffung oder Erweiterungsinvestition) hinterlegt werden.

Im Customizing für die Anlagenbuchhaltung und im Customizing für Investitionsprogramme können beliebige Investitionsgründe als zulässige Eingabewerte definiert werden.

Nach dem Klick auf das grüne Häkchen werden die Eingaben mit den Stammdaten des Systems verglichen und man gelangt zur nächsten Eingabemaske.

2.6.2.5 Eingabe zur Vermögensbewertung

Diese nachfolgende Maske dient der Klassifikation des Leasinggegenstandes nach den vermögensrechtlichen Erfordernissen.

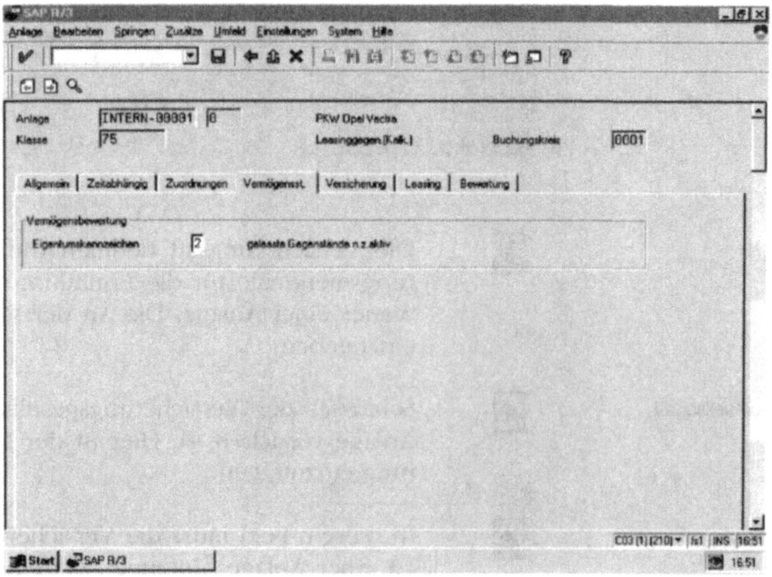

Abb. 2.36 Festlegung der Vermögensbewertungen

Eigentumskennzeichen

Es ist hier die Zahl „2“ für geleaste Gegenstände einzugeben.

Nach dem Klick auf das grüne Häkchen werden die Eingaben mit den Stammdaten des Systems verglichen und man gelangt zur nächsten Eingabemaske.

2.6.2.6 Eingabe zur Versicherung

Dieser Maske dient der Übernahme von Daten in puncto Versicherung des Leasinggegenstandes.

Abb. 2.37
Festlegung der Versicherungsdaten

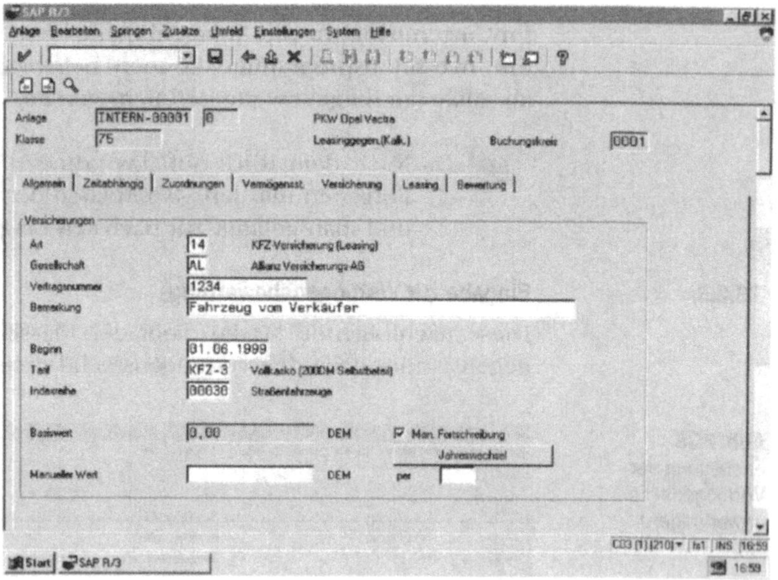

Art

Die Versicherungsart definiert die wichtigsten Steuerungsmerkmale für die Ermittlung des Versicherungswertes einer Anlage. Die Art der Versicherung ist hier einzugeben.

Gesellschaft

Schlüssel der Versicherungsgesellschaft, bei der die Anlage versichert ist. Hier ist der Name der Versicherung einzutragen.

Vertragsnummer

In diesem Feld muss die Versicherungsscheinnummer zu einer Anlage hinterlegt werden. Dieses Feld dient ausschließlich Informationszwecken und ist nicht systemrelevant.

Beginn

Das Datum, ab dem die Anlage versichert ist, hier eintragen. Das Feld hat nur Informationscharakter.

Sobald im Anlagenstammsatz eine Versicherungsart eingetragen ist, zieht das System das Aktivierungsdatum (nicht den Versicherungsbeginn) zur Berechnung des Versicherungsbasiswertes heran.

Tarif

Hier hinterlegt man den Versicherungstarif im Anlagenstammsatz (das Feld hat ausschließlich Informationscharakter). Es wird nicht zur Berechnung des Versicherungswertes herangezogen. Es ist die Art der Versicherung einzutragen.

Indexreihe

In dieses Feld ist eine Indexreihe für die Ermittlung des Versicherungswertes mit der entsprechenden Schlüsselnummer einzugeben.

Nach dem Klick auf das grüne Häkchen werden die Eingaben mit den Stammdaten des Systems verglichen und man gelangt zur nächsten Eingabemaske.

2.6.2.7 Eingabe der Leasingdaten

In diese Maske werden die leasingrelevanten Daten eingegeben.

Abb. 2.38 Festlegung der Leasingdaten

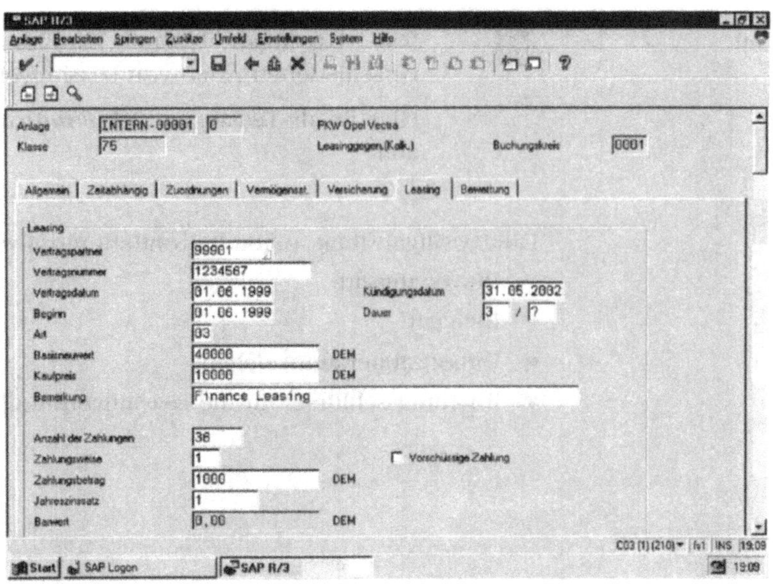

Vertragspartner

Das Unternehmen, mit dem der Leasingvertrag abgeschlossen wurde. Bei aktivierungspflichtigen Zahlungen werden bei der automatischen Eröffnungsbuchung die periodischen Zahlungen als Verbindlichkeiten gegen den Vertragspartner gebucht. Hier ist der Name des Autohauses einzugeben.

Vertragsnummer

In diesem Feld ist die Nummer des Leasingvertrages einzutragen. Dieses Feld dient ausschließlich Informationszwecken.

Vertragsdatum

Dieses Feld nimmt das Datum auf, an dem der Leasingvertrag abgeschlossen wurde. Es dient ausschließlich Informationszwecken.

Beginn

Datum, an dem der Leasingvertrag zu laufen beginnt. Bei aktivierungspflichtigen Leasinganlagen werden bei der automatischen Eröffnungsbuchung die Zahlungen beginnend ab diesem Datum als Verbindlichkeiten gegen den Vertragspartner eingebucht. Gleichzeitig dient dieses Datum als Bezugsdatum für die Aktivierung der Leasinganlage.

Hier ist der Beginn der Leasingperiode einzutragen.

Art

Die Leasingart dient zur Differenzierung der verschiedenen Arten von Leasingverträgen.

Hier ist als Leasingart „*03 Finance Leasing*“ einzutragen.

Die Leasingart trägt folgende Kontierungsinformationen:

- Bewegungsart
- Belegart
- Umsatzsteuerkennzeichen
- Buchungsschlüssel für die Leasingverbindlichkeiten

Basisneuwert

Hier hinterlegt man den geschätzten Marktpreis der Leasinganlage. Dieser theoretische Kaufpreis kann im Leasing-Standardreport (für den Ausweis der zukünftigen Leasingverbindlichkeiten) als statistischer AHK-Zugang ausgewiesen werden.
Der Neuwert des Leasinggegenstandes ist einzutragen.

Kaufpreis

Hier hinterlegt man den Kaufpreis, der nach Ablauf des Leasingvertrages für die geleaste Anlage zu entrichten wäre. Dieses Feld dient ausschließlich Informationszwecken, der Restwert ist einzutragen.

Jahreszinssatz

Der Leasingzinssatz dient der Ermittlung des Barwertes aus den Leasingzahlungen. Sofern die Leasingzahlungen unterjährig erfolgen (z. B. monatlich, vierteljährlich) geht der angegebene Jahreszinssatz anteilig in die Berechnung ein.

Kündigungsdatum

In dieses Feld trägt man das Datum ein, an dem der Leasingvertrag endet.

Leasingdauer

Hier ist die Dauer des Leasingvertrages in Geschäftsjahren einzugeben.

Nach dem Klicken auf das grüne Häkchen werden die Eingaben geprüft und man wird zur nächsten Maske übestellt.

Die Vorgaben des Systems sind hier zu übernehmen, danach muss gespeichert werden.

3 Kostenrechnung & Controlling (CO)

3.1 Grundlagen

3.1.1 Controlling im R/3-System

Was versteht man unter „Controlling?

Um den Begriff „Controlling“ im SAP-Sprachgebrauch einzuordnen (siehe Abb. 3.1), muss man im Rechnungswesen beginnen, da das gesamte interne Rechnungswesen bzw. die in diesem vorgenommenen Berechnungen einen objektiven **Überblick** über den Betrieb, Mittelverzehr der Leistungserstellung sowie den anteiligen Erfolg der Produkte am Gesamtergebnis ermöglichen.

Abb. 3.1 Controlling im R/3-System

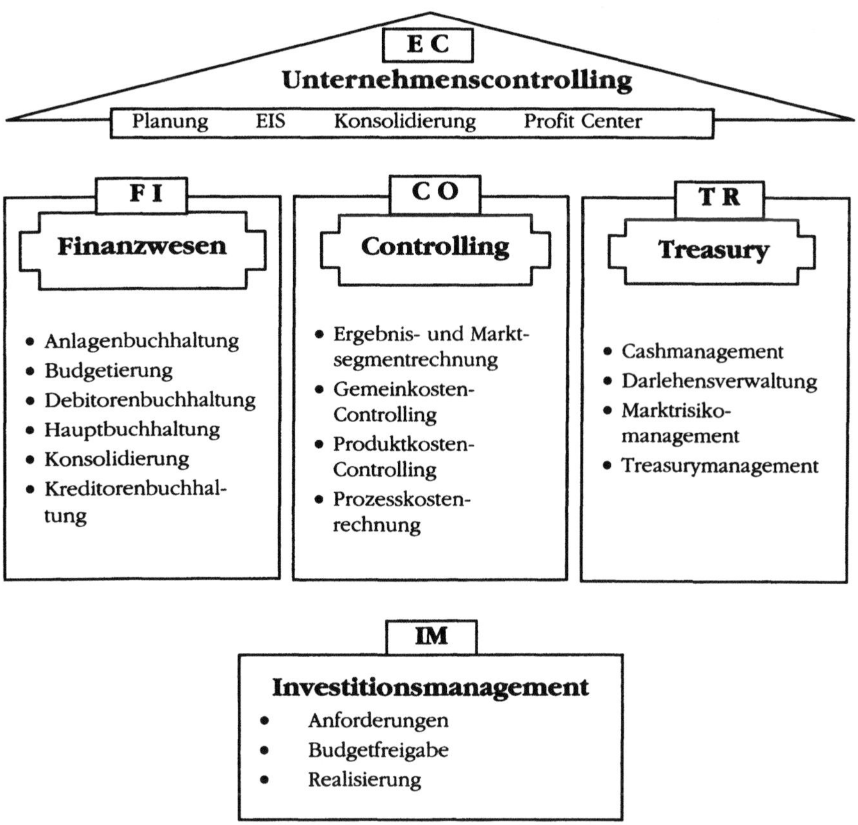

Auf diesen Überblick greift das Controlling zurück und versucht dadurch einem „Entscheider“ bei der zukünftigen Steuerung seines Unternehmens behilflich zu sein.

Überblicksfunktion

Dabei ermöglichen z. B. Kalkulationen die Wirtschaftlichkeitsprüfungen einzelner Abteilungen. Durch die Erstellung des Betriebsabrechnungsbogens (BAB) wird erkennbar, wie das Verhältnis von Einzel- zu Gemeinkosten ist. Aufgrund der Auswertung des BAB (siehe Abb. 3.4) wird das Controlling seiner Beratungsfunktion gerecht, indem Management-Maßnahmen vorgeschlagen werden. Man findet das Controlling im SAP-System unter der Modulbezeichnung „CO“.

Beratungsfunktion

3.1.2 Rechnungskreise

Das Rechnungswesen ist in zwei Rechnungskreise gegliedert. Rechnungskreis 1, die Finanz- und Betriebsbuchhaltung sowie Rechnungskreis 2, die Kosten- und Leistungsrechnung.

Abb. 3.2
Rechnungskreise

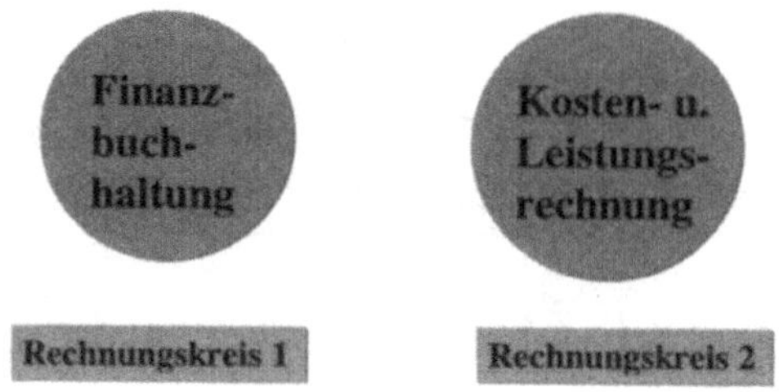

Inhalte des Rechnungskreises 1

Im Rechnungskreis 1 erfolgt die Buchung:

- der Aktiva und Passiva,
- der Aufwendungen und Erträge,
- der Salden auf Bilanzen.

Inhalte des Rechnungskreises 2

Im Rechnungskreis 2 erfolgt die Verbuchung der Kosten und Leistungen. Kosten sind rein betriebliche Aufwendungen, Leistungen rein betriebliche Erträge. Aufwendungen, die zugleich Kosten sind, bezeichnet man als betriebliche Aufwendungen bzw. **Grundkosten** (siehe Abb. 3.3). Grundkosten sind also die Kosten, die zur Aufrechterhaltung der Betriebsbereitschaft notwendig sind. Die **kalkulatorischen Kosten**, die ausschließlich in der Kosten- und Leistungsrechnung (KLR) verwendet werden, also im Rechnungskreis 2, dienen ausschließlich der Kalkulation und sind somit keine Aufwendungen (es findet somit kein Geldfluss statt). Sie stellen nur eine rein buchhalterische Größe dar.

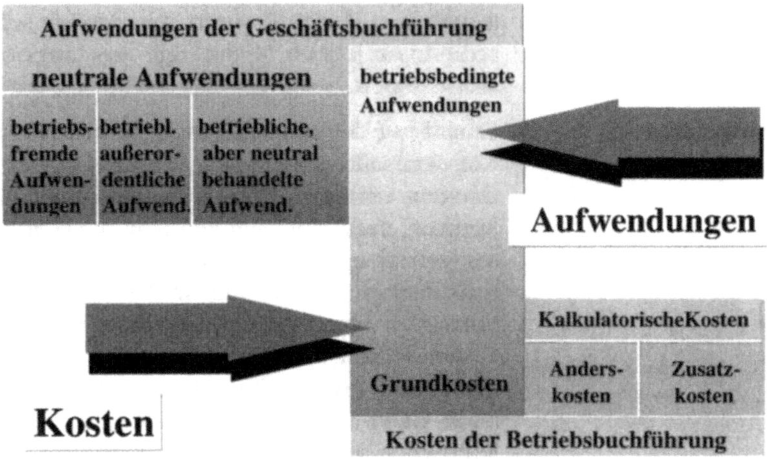

Abb. 3.3
Kosten und Aufwendungen

Abgrenzungsrechnung

Die Abgrenzungsrechnung stellt die Verbindung zwischen Rechnungskreis 1 und Rechnungskreis 2 her. Es erfolgt die Abgrenzung zwischen betrieblichen Aufwendungen (Kosten), betrieblichen Erträgen (Leistungen) und betriebsneutralen Aufwendungen sowie betriebsneutralen Erträgen.

3.1.3 Aufgabe der Kostenrechnung

Die Kostenrechnung erfüllt vielfache Zwecke, wobei sich folgende vier Hauptaufgabenbereiche zusammenfassen lassen:

Gewinnaufteilung

1. Aufteilung des Gesamtgewinnes oder -verlustes nach dessen Trägern, wie z. B. Produktgruppe, Produktionsstätte, Absatzbereich. Stellt ein Unternehmen mehrere Produkte her, wird durch die Kosten- und Leistungsrechnung (KLR) erst eine eindeutige Zuordnung des Gewinnes, den die einzelnen Produkte erwirtschaften, möglich. Ebenso ist eine Zuordnung nach Absatzgebieten möglich, d. h. Unternehmen A verkauft bspw. in der gesamten EG, macht aber den höchsten anteiligen Gewinn in Italien. Je nach Wunsch kann dies weiter gesplittet werden.

Trennung des Gesamtergebnisses

2. Trennung des Gesamtergebnisses, d. h. Splitten des Gesamtergebnisses und dessen Zuordnung zum Betrieb (betriebliches Ergebnis) sowie dem neutralen Ergebnis. Dies geschieht aufgrund der Tatsache, dass ein Unternehmen als Ganzes evtl. Gewinn macht (Unternehmensgewinn), jedoch aufgrund der KLR deutlich wird, dass der Betrieb bereichsspezifische Verluste macht. Dies ist z. B. bei großen Bauun-

ternehmen der Fall, wenn der Betrieb schlecht läuft, das Unternehmen jedoch Mieterträge aus Immobilien in beachtlicher Höhe erzielt.

Kalkulationen

3. Ermittlung der Herstellkosten, Selbstkosten usw.: Angebote an Kunden sollten nur nach Kenntnis der betrieblichen Aufwendungen erfolgen. Um ein realistisches Angebot erstellen zu können, muss der Mittelverzehr zur Herstellung eines Produktes genau ermittelt werden. Dies geschieht im Rahmen der Kalkulation, die Teil der KLR ist. (Auf die einzelnen Kalkulationsarten wird später noch näher eingegangen.) Da es im Unternehmen nicht nur direkt den Kostenträgern (Kostenverursachern) zuordenbare Kosten (Einzelkosten) gibt, sondern auch Gemeinkosten (z. B. Energiekosten), müssen diese im Rahmen eines im BAB ermittelten Zuschlagsatzes den Kostenträgern zugeschlagen werden.

Unternehmensbeurteilung

4. Objektive Beurteilungen eines Unternehmens sind erst durch Kenntnis der Gewinnherkunft sowie der Kostenstruktur möglich, über die die Gesellschafter bzw. Unternehmer und der Vorstand aufgeklärt sein wollen.

3.1.4 Informationsfluss innerhalb des Rechnungswesens

Der Informationsfluss innerhalb des Rechnungswesens ist in Abb. 3.4 dargestellt und wird danach erläutert:

Abb. 3.4 Informationsfluss innerhalb des Rechnungswesens

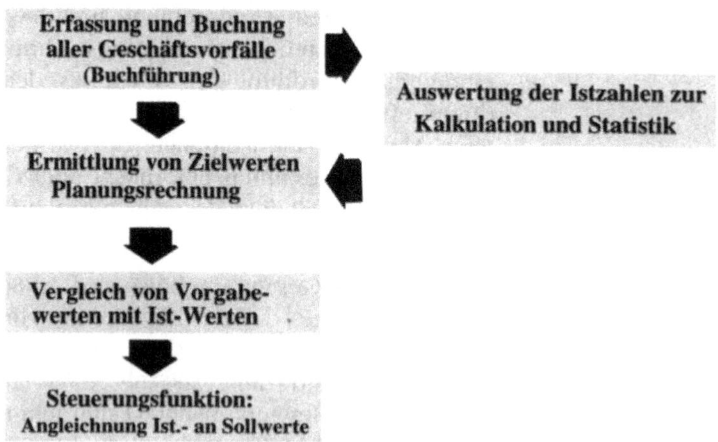

1. Erfassung der Geschäftsfälle auf den einzelnen Konten im Rahmen der Buchführung.

Vorkalkulation

2. Auswertung der Zahlen nach verschiedenen Gesichtspunkten, Ermittlung der Selbstkosten im Rahmen der Kalkulation sowie Ermittlung von Vergleichszahlen im Rahmen der betrieblichen Statistik.

Planungsrechnung

3. Ermittlung des Sollzustandes im Rahmen der Planungsrechnung (entspricht der Zielvorstellung der Geschäftsleitung bzw. des Unternehmens).

Nachkalkulation

4. Vergleich von Vorgabewerten der Kalkulation sowie der Planungsrechnung mit dem Istzustand (angefallene Kosten/ geplante Kosten).
5. Einleiten entsprechender Maßnahmen bei Abweichungen (Steuerfunktion), um Sollwerte an Istwerte anzugleichen.

Das Controlling ist also in erster Linie auf Zahlen aus der Betriebsbuchhaltung angewiesen, um seinen Funktionen als Informant und Berater des Managements nachzukommen. Genauso werden aber für die ganzheitliche Führung eines Unternehmens Daten aus der Logistik und dem Personalwesen sowie aus dem Umfeld des Unternehmens benötigt.

Es muss also z. B. ein ständiger Datenaustausch zwischen den Modulen Controlling und Finanzwesen (FI) stattfinden. Insbesondere fließen automatisch alle kostenrechnerisch relevanten Daten von der Finanzbuchhaltung in das Controlling. Dabei werden die Kosten und Erlöse verschiedenen Objekten zugeordnet. Solche Objekte sind zum Beispiel Kostenstellen, Prozesse, Projekte, Kunden- oder Fertigungsaufträge.

Abb. 3.5
Einbettung des CO-Moduls in R/3

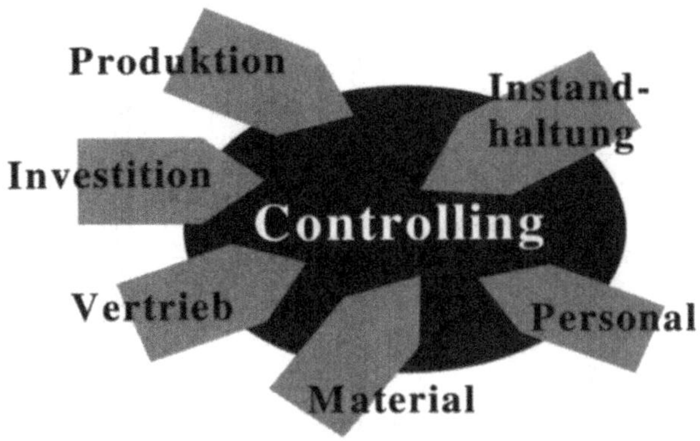

Die relevanten Konten der Finanzbuchhaltung werden als Kosten- oder Erlösarten auch im Controlling als eigenständiger Datenbestand geführt. Damit bleiben die Werte des Controlling und der Finanzbuchhaltung vergleich- und abstimmbar.

Neutralität

Das Controlling sollte **neutral** sein, um seiner Beratungsfunktion objektiv nachkommen zu können. Die Praxis hat gezeigt, dass dies am besten im Rahmen einer Stabsstelle, direkt dem Management unterstellt, realisiert werden kann.

Der Controller ist der *„verlängerte Arm des Chefs"* und hat somit die Berechtigung, auf alle Informationen im Betrieb und auf alle Daten des EDV-Systems zuzugreifen.

In der R/3-Komponente **CO** sind die Funktionen des Rechnungswesens also derart zusammengefasst, dass sie für ein effektives Controlling zusammenspielen können.

Abb. 3.6
CO-Komponenten

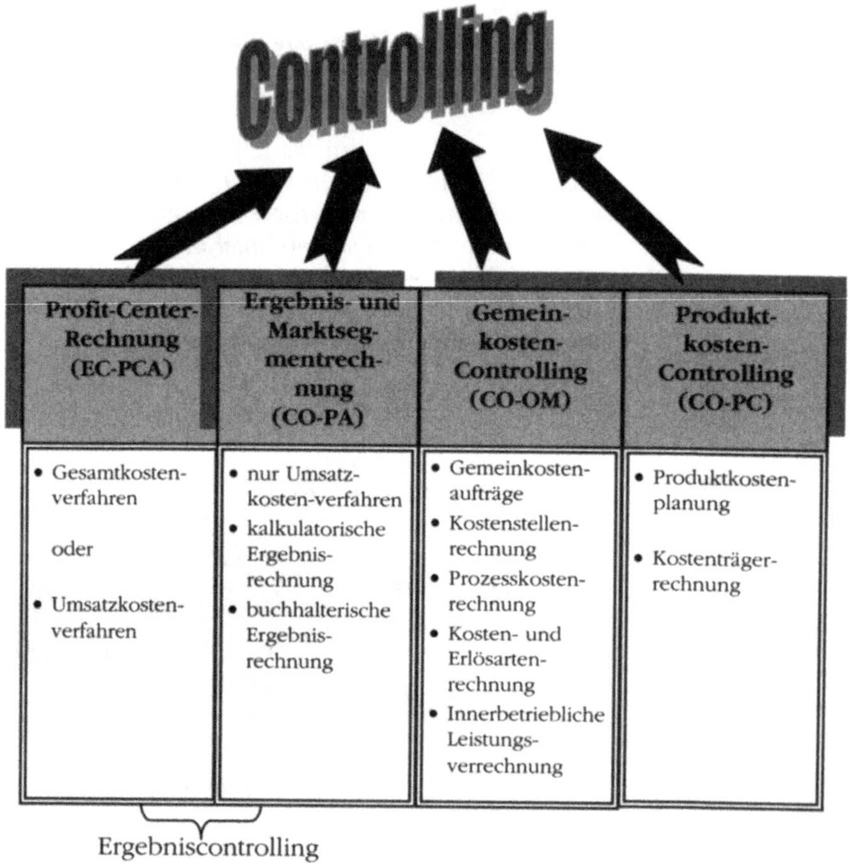

Wie aus der Abb. 3.6 hervorgeht, besteht das Controlling-Modul CO aus den folgenden Kostenrechnungsarten:

- **Profit-Center-Rechnung (EC-PCA)**
- **Ergebnis- u. Marktsegmentrechnung (CO-PA)**
- **Gemeinkosten-Controlling (CO-OM)**
- **Produktkosten-Controlling (CO-PC)**

Diese Module werden in den folgenden Kapiteln näher betrachtet.

3.1.5 Profit-Center-Rechnung (EC-PCA)

Die Profit-Center-Rechnung (siehe hierzu Kapitel 3.7) bildet die Schnittstelle zwischen dem operativen Controlling (CO) auf der einen und dem Unternehmens-Controlling (EC) auf der anderen Seite. Sie ist daher in beiden Controlling-Arten anzutreffen, was des öfteren zu Missverständnissen führen kann.

Ziel

Ein **Profit-Center** ist ein ergebnisverantwortlicher Teilbereich eines Unternehmens. Ziel des Profit-Center ist es, Teilbereiche eines Unternehmens zu analysieren und wie selbständig am Markt operierende Einheiten erscheinen zu lassen. Primäres Ziel einer Profit-Center-Rechnung ist somit die Ergebnisermittlung.

Um einen solchen Überblick zu erhalten, wird jeder ergebnisrelevante Geschäftsvorfall online auf die Profit-Center abgebildet. Somit werden Lieferungs- und Leistungsflüsse innerhalb eines Unternehmens zwischen Profit-Centern transformiert.

Dadurch, dass die Profit-Center-Rechnung buchhalterisch erfolgt (per Konten), kann eine direkte Abstimmung mit der Finanzbuchhaltung durchgeführt werden.

Die Hauptvorteile, die durch die Einführung von Profit-Centern entstehen, sind:

Vorteile der Profit-Center

- leistungsbezogenere Entlohnung
- höheres Kostenbewusstsein
- bessere Information von Führungskräften
- Aufdecken von Schwachstellen im Unternehmen
- verstärktes Gewinnstreben
- Betrachtung aller Kosten

Voraussetzungen

Voraussetzung für die Einrichtung eines Profit-Centers ist, dass das Unternehmen über ein aussagefähiges Berichtssystem verfügt sowie über eine Ergebnisrechnung, die Umsätze und Kosten verursachungsgemäß zuordnen kann. Außerdem müssen alle Geschäftsvorgänge mit der EDV erfasst werden und die Rechner möglichst vernetzt sein, so dass auf alle Daten unmittelbar zugegriffen werden kann.

Kriterien der Profit-Center-Bildung

Profit-Center können nach folgenden Kriterien gebildet werden:

- Verkaufsgebiete
- Kundengruppen
- Vertriebswege
- Produktgruppen

Profit-Center stellen eine managementorientierte, d. h. der internen Steuerung dienende Einteilung des Unternehmens dar. Auf Profit-Centern werden Ergebnisse ausgewiesen, die nach dem Umsatz- und/oder nach dem Gesamtkostenverfahren ermittelt werden.

Für die einzelnen Profit-Center wird also ein Betriebsergebnis ermittelt. Durch Ausweisen des gebundenen Vermögens kann ein Profit-Center zu einem *Investment-Center* erweitert werden.

3.1.5.1 Gesamtkostenverfahren

Kommt das Gesamtkostenverfahren zum Tragen, dann erfolgt eine Gliederung des Betriebsergebnisses nach den einzelnen Erlös- und Kostenarten. Dadurch kann man Aufschluss darüber erhalten, welche Produktionsfaktoren die angefallenen Kosten verursacht haben.

Die Ergebnisermittlung erfolgt durch Gegenüberstellung von Umsatzerlösen, die aber um die Werte der aktivierten Eigenleistungen korrigiert werden müssen, und der primären Gesamtkosten einer Periode.

Die wesentliche und somit interessante Leistungsgröße ist die Gesamtleistung, wie unschwer aus dem Namen des Verfahrens abzuleiten ist.

3.1.5.2 Umsatzkostenverfahren

Kommt dagegen das eher vertriebsorientierte Umsatzkostenverfahren zum Tragen, dann erfolgt die Ermittlung des Betriebsergebnisses durch Gegenüberstellung von Umsatzerlösen und den angefallenen Kosten, die für die Herstellung und den Vertrieb der abgesetzten Mengen angefallen sind. Eintretende Lagerbestandsveränderungen spielen bei dieser Art der Ergebnisermittlung keine Rolle.

Unterschieden werden hier die Verfahren des Umsatzkostenverfahrens auf Voll- bzw. Teilkostenbasis.

3.1.6 Ergebnis- und Marktsegmentrechnung

Durch die Ergebnis- und Marktsegmentrechnung (CO-PA) des R/3-Systems ist der Benutzer in der Lage, die Beurteilung von Marktsegmenten, nach verschiedenen Gesichtspunkten gegliedert, vorzunehmen.

Ein leistungsfähiges Controlling wird durch die **modulare** und **durchgängige** Integration des R/3-Systems gewährleistet, da die Ergebnisrechnung vollständig in den integrierten Wertefluss der verschiedenen Module eingebunden ist.

Formen der Ergebnisrechnung

Die Ergebnisermittlung erfolgt nach dem **Umsatzkostenverfahren**. Weiterhin können zwei Formen der Ergebnisrechnung ausgewählt werden: die kalkulatorische und die buchhalterische Ergebnisrechnung. Kosten und Erlöse werden in der **kalkulatorischen Ergebnisrechnung** nach frei definierbaren Wertfeldern gegliedert und zum Teil auf der Basis kalkulatorischer Ansätze gebucht; d. h. abgegrenzte und kalkulatorische Werte können gebucht werden, die nicht mit der Finanzbuchhaltung abgestimmt werden können.

Die buchhalterische Ergebnisrechnung hingegen gliedert die Kosten und Erlöse in Kontenform und bucht diese nach buchhalterischem Wertansatz.

3.1.6.1 Kalkulatorische Ergebnisrechnung

Durch die kalkulatorische Ergebnisrechnung erhält man kurzfristige Informationen für das Vertriebscontrolling. Hauptsächlich finden Kosten- und Erlösartengruppen Verwendung. Außerdem findet eine automatische Bewertung von kalkulatorischen Werten statt. Der Vorteil dieses Verfahrens besteht in der Aktualität der Daten, die als effektives Steuerungsinstrument für den Vertrieb dienen.

3.1.6.2 Buchhalterische Ergebnisrechnung

Im Vergleich zur kalkulatorischen Ergebnisrechnung liegt hier das Augenmerk auf der Verwendung von Kosten- und Erlösarten, so dass das Rechnungswesen über ein einheitliches Gliederungsschema verfügt. Diese Form der Ergebnisrechnung dient dazu, jederzeit eine Abgestimmtheit zwischen dem internen und externen Rechnungswesen auf Kontenebene zu gewährleisten.

Zeitgleich werden alle Kosten und Erlöse zum buchhalterischen Wertansatz in die Finanzbuchhaltung und die Ergebnisrechnung übernommen; insbesondere werden die Kosten des Umsatzes beim Warenausgang in die Ergebnisrechnung gebucht.

3.1.7 Gemeinkosten-Controlling

Die Aufgabe des Gemeinkosten-Controllings ist die Planung, Verrechnung, Steuerung und Überwachung der Gemeinkosten. Gemeinkosten sind Kosten, die nicht direkt den Kostenträgern zugeordnet werden (können). Die Gemeinkosten werden unterteilt in **echte** und **unechte Gemeinkosten**. Unechte Gemeinkosten lassen sich zwar im Prinzip Kostenträgern zuordnen, es wird jedoch darauf verzichtet, da der Erfassungsaufwand zu groß wäre. Sie können aber mit geringem Aufwand den Kostenträgern zugeordnet und so in Einzelkosten verwandelt werden.

Zweck der Planung des Gemeinkostenbereichs ist das Festlegen von Richtlinien, die zur Kontrolle der Kosten und zur Bewertung der innerbetrieblichen Leistungen dienen.

Alle Gemeinkosten werden denjenigen Kostenstellen, auf denen sie angefallen sind, zugeordnet.

Am Ende einer Buchungsperiode werden die an den Beschäftigungsgrad angepassten Plankosten (Sollkosten) den entsprechenden Istkosten gegenübergestellt. Dies ermöglicht eine Gegenüberstellung der Soll-Ist-Abweichungen, deren Ergebnisse zum Treffen von Entscheidungen innerhalb des Controllings verwendet werden können.

Abb. 3.7
Controlling-System

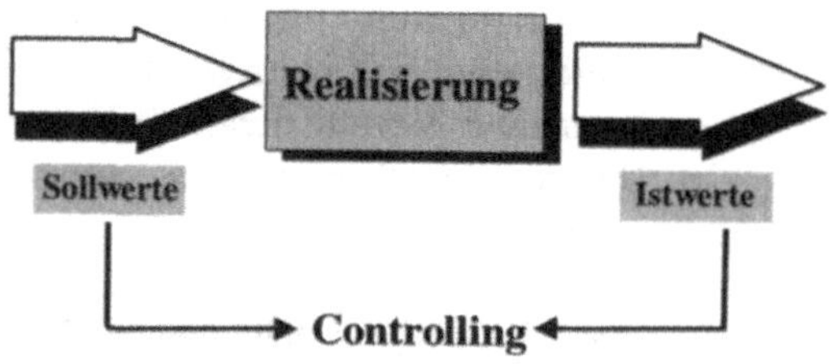

Kostenrechnungsarten

Das Gemeinkosten-Controlling (siehe Abb. 3.6) besteht aus den **Kostenrechnungsarten** *Gemeinkostenaufträge* (CO-OM-OPA), *Kostenstellenrechnung* (CO-OM-CCA), *innerbetriebliche Leistungsverrechnung* (CO-OM-ACT), *Kosten- und Erlösartenrechnung* (CO-OM-CEL) und *Prozesskostenrechnung* (CO-OM-ABC).

3.1.7.1 Gemeinkostenaufträge

Gemeinkostenaufträge dienen zur Analyse, Planung und Sammlung der Kosten und Erlöse einer betrieblichen Maßnahme. Anhand von Gemeinkostenaufträgen kann die Kontrolle einer Kostenstelle verfeinert werden. Für die Maßnahmen können Budgets vergeben werden, deren Einhaltung vom System automatisch überwacht wird. Zur Unterstützung von betrieblichen Entscheidungen können diese Analysen nach zeitlichen Kriterien, Mengen oder Werten erfolgen.

3.1.7.2 Innerbetriebliche Leistungsverrechnung

Durch die Innerbetriebliche Leistungsverrechnung lassen sich die Gemeinkosten gemäß der Inanspruchnahme von Leistungen verursachungsgerecht zuordnen. Bei der Analyse der Abweichungen zwischen Istkosten und geplanten Kosten wird die Auslastung der Kostenstelle berücksichtigt. Über die Leistungen kann außerdem der Beschäftigungs- oder Nutzungsgrad der Kostenstelle gemessen werden.

3.1.7.3 Kosten- u. Erlösartenrechnung

Sie zeigt auf, welche Kosten und Erlöse angefallen sind. Die kalkulatorischen Anders- und Zusatzkosten werden hier abgegrenzt. Außerdem erfolgt im Rahmen der Kostenartenrechnung die Abstimmung zwischen der Kostenrechnung und der Finanzbuchhaltung.

Kostenarten unterteilen die Kosten nach der Art des Verzehrs an Gütern und Leistungen. Sie dienen dazu, den betrieblichen Aufwand eines Unternehmens kalkulatorisch zu erfassen, zu gliedern und zu verrechnen. Generell kann man sagen, dass einer Kostenart eine kostenrelevante Kontenplanposition entspricht. Dabei klassifizieren Kostenarten den betriebszweckbezogenen bewerteten Verbrauch von Produktionsfaktoren innerhalb eines Kostenrechnungskreises.

Die Kostenartenrechnung ist der 1. Schritt im Ablauf der Kostenrechnung. Es erfolgt keine Rechnung im eigentlichen Sinne mit Zahlen und Werten, stattdessen werden die Kosten erfasst, gegliedert sowie den Kostenstellen und der Kostenträgerrechnung zugeordnet (siehe Abb. 5.08). Wichtig dabei ist, dass nur Primärkosten erfasst werden, also kosten- bzw. erlösrelevante Positionen des Kontenplans, für die im Finanzwesen ein entsprechendes Sachkonto vorhanden ist.

Kosteneindeutigkeit

Es ist darauf zu achten, dass eine eindeutige Zuordnung der Kosten möglich ist, d. h. zusammengesetzte Kosten müssen aufgesplittet werden. Dasselbe geschieht in der externen Buchhaltung, z. B. beim Kauf eines bebauten Grundstücks, wo der Gesamtwert gesplittet wird und auf die Konten Grundstücke sowie Gebäude gebucht werden.

Mengengerüst und Wertgerüst

1. Schritt: Ermittlung der Menge des verbrauchten Produktionsfaktors (Mengengerüst).

2. Schritt: Bewertung der Verbrauchsmenge (Wertgerüst).

Abb. 3.8
Transformationsfluss der Kostenarten zu Kostenstellen und Kostenträgern

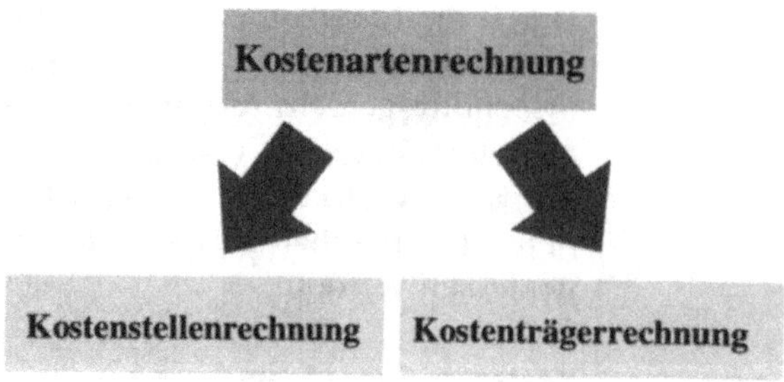

3.1.7.4 Kostenstellenrechnung

Sie ist verantwortungs- und funktionsorientiert und dient zur Untersuchung, an welchen Orten im Unternehmen welche Kosten angefallen sind. Dazu werden die Kosten den Teilbereichen des Unternehmens zugeordnet, in denen sie beeinflussbar sind. Kostenstellen sind Teilbereiche eines Unternehmens, in denen eine verursachungsgerechte Kostenerfassung, Planung und Kontrolle möglich sein muss. Man unterscheidet Vorkostenstellen (auch Hilfsstellen genannt) und Endkostenstellen. Kostenstellen werden entweder nach funktionalen oder räumlichen Aspekten oder nach der Verantwortung des Kostenanfalls gegliedert.

Kostenstellen können durchaus auch zu Kostenstellengruppen zusammengefasst werden.

Die in der Kostenartenrechnung erfassten Kosten werden in der Kostenstellenrechnung nach dem **Verursacherprinzip** weiterverrechnet. Eine Weiterverrechnung der Kostenarten auf die Produkte ist nur bei den Einzelkosten möglich, nicht jedoch bei den Gemeinkosten. Diese können nur dem Ort ihrer Entstehung zugeordnet werden. Die Kostenstellen sind ein geschlossener Verantwortungsbereich, der in der Regel räumlich abgeschlossen ist, was jedoch nicht vorausgesetzt wird. Als Beispiele wären hier die Kostenstellen Versand, Fertigungsstellen zu nennen.

Der Betriebsabrechnungsbogen ist eine tabellarische Übersicht (vgl. Abb. 3.9) der Kostenarten, der Kostenstellen sowie der Verteilungsschlüssel der Gemeinkosten. In ihm werden die jeweiligen Zuschlagssätze für die Hauptkostenstellen und die einzelnen Kostenträger ermittelt.

Abb. 3.9
BAB-Beispiel

Beispiel eines einstufigen BAB`s

Kostenarten		Verteilungs-	Verteilungs-	Kostenstellen			
Bezeichnung	DM	grundlage	schlüssel	Material	Fertigung	Verwaltung	Vertrieb
Hilfs.-Betriebsstoff	20.000.-	Entnahmeschein		500.-	18000.-	1000.-	500.-
Hilfslöhne	4.000.-	Lohnlisten		1000.-	2500.-	100.-	400.-
Energiekosten	2.000.-	Verbrauch	2 : 16 : 1 :	200.-	1600.-	100.-	100.-
Gehälter	8.000.-	Gehaltslisten		500.-	1500.-	5000.-	1000.-
Sozialkosten	900.-	Zahl Beschäftigte	3 : 20 : 4 : 3	90.-	600.-	120.-	90.-
Instandhaltung	3.000.-	Anlagekartei		200.-	2500.-	200.-	100.-
Steuern, Beiträge	6.000.-	qm Fläche je Kst.	5 : 20 : 3 : 2	1000.-	4000.-	600.-	400.-
Büromaterial	500.-	Einzelbelege			40.-	400.-	50.-
Abschreibungen	10.000.-	Anlagekartei	10 : 50 : 30 :	1000.-	5000.-	3000.-	1000.-
Unternehmerlohn	3.200.-	Verhältniszahlen	1 : 4 : 2 :	400.-	1600.-	800.-	400.-
	57.600.-		Summen	4900.-	37340.-	11320.-	4040.-
		Zuschläge auf :	Fertigungsstoffe	61250.-			
			Fertigungslöhne		24893.-		
Für Kalkulation !			Herstellkosten			128383.-	128383.-
			Zuschlagssätze	**8%**	**150%**	**8,82%**	**3,15%**

Aufgaben des BAB:

1. Transport der Gemeinkostenartensummen aus den Kostenkonten in die Kostenstellenkonten, d. h. die Gemeinkosten, die den Kostenträgern nicht direkt zuordenbar sind, verursachergerecht auf die Kostenstellen zu verteilen. Dies ermöglicht auch eine Kostenkontrolle in den einzelnen Kostenstellen durch das Controlling.

2. Errechnung der Gemeinkostenzuschläge aufgrund derer eine Kalkulation zur Ermittlung der Selbstkosten möglich wird.

3. Ermittlung von Vergleichszahlen zur Kontrolle der Kostenentwicklung in den einzelnen Kostenstellen. Hierdurch wird eine effektive Kontrolle der Kostenstruktur in den einzelnen Kostenstellen erst möglich.

3.1.7.5 Prozesskostenrechnung

Die Prozesskostenrechnung ist eine vorgangsorientierte und funktionsübergreifende Sicht auf eine Leistungserbringung, an der mehrere Kostenstellen beteiligt sind. Nicht die Kostenoptimierung in einzelnen Abteilungen, sondern die im gesamten Unternehmen steht im Vordergrund.

Die Prozesskostenrechnung ermöglicht die verursachungsgerechte Zuordnung der Gemeinkosten des Unternehmens auf dessen Produkte, Kunden etc.

Zuerst werden die von Geschäftsprozessen in Anspruch genommen Ressourcen verursachungsgerecht den Geschäftsprozessen zugeordnet. Dann werden die Geschäftsprozesse den verschiedenen Empfängerobjekten (z. B. Produkte, Kunden, Vertriebskanäle) gemäß ihrer tatsächlichen Inanspruchnahme zugeordnet.

Letztendlich ermöglicht die Prozesskostenrechnung - im Vergleich zur traditionellen Zuschlagsrechnung - eine wesentlich realistischere Profitabilitätsanalyse der verschiedenen Produkte und Kunden, da auch die Ressourcen der Gemeinkostenbereiche mittels Prozessverbräuchen den Marktsegmenten angelastet werden, welche die Geschäftsprozesse verursachen.

Im R/3-System spricht man von:

- paralleler Prozesskostenrechnung, die zur Beantwortung der Fragestellung „Was wäre, wenn...?“ durch Ausspielen verschiedener Gegebenheiten, dient;
- operativer Prozesskostenrechnung;
- Methode der reinen Kostenverteilung und
- Methode der Mengenaufnahme.

3.1.7.6 Kostenrechnungsverfahren

Die unter 3.1.5 und 3.2 erwähnten Kostenrechnungsarten wiederum greifen für sich auf folgende Kostenrechnungsverfahren zurück, die aber nicht nur in reiner Form angewendet werden müssen, sondern durchaus auch nebeneinander in einer Kostenrechnung eingesetzt werden können:

- **Kostenumlageverfahren**
  Das Kostenumlageverfahren stellt eine Plan-/Ist-Kostenrechnung dar, welche auf Vollkostenbasis operiert. Eine Kostenaufspaltung in fixe und proportionale Bestandteile findet nicht statt. Die Gemeinkosten werden über das Umlageverfahren auf der Basis bestimmter Schlüssel auf die Kostenempfänger bzw. Produkte "verrechnet".

- **Gemeinkostenzuschlagsrechnung**
  Ihrem Wesen nach ist die Gemeinkostenzuschlagsrechnung dem Kostenumlageverfahren (Plan-/Istkostenrechnung auf Vollkostenbasis) ähnlich. Eine Kostenaufspaltung in fixe und proportionale Bestandteile findet auch hier nicht statt. Nur die Lohnkosten werden zur Bewertung des Leistungsmengengerüstes aus dem Arbeitsplan - über in der Kostenstellenplanung festgelegte dispositive Stundensätze - ermittelt. Die restlichen Gemeinkosten werden über die Zuschlagsrechnung auf die Kostenempfänger bzw. Produkte umgewälzt.

- **Starre Plankostenrechnung**
  Gliederung der Kostenstellenstruktur nach Bezugsgrößen bzw. Leistungsarten sowie einer Leistungsverrechnung. Keine Kostenaufspaltung in fixe und proportionale Bestandteile. Die ermittelten (Voll)kostensätze gehen zur Bewertung des Leistungsmengengerüstes aus dem Arbeitsplan in die Kalkulation ein.
  Die über die Erzeugniskalkulation errechneten Herstellkosten können in der Ergebnisrechnung zur Bewertung der verkauften Produkte auf Vollkostenbasis (dem Umsatzkostenverfahren entsprechend) verwendet werden.

- **Grenzplankostenrechnung**
  Es erfolgt eine Kostenaufspaltung in fixe und proportionale Bestandteile. Die über die Tarifermittlung errechneten Plankostensätze gehen zur Bewertung des Leistungsmengengerüstes aus dem Arbeitsplan in die Kalkulation ein. Durch die analytische Kostenplanung und die so ermittelten proportio-

nalen Kosten wird eine verbesserte Entscheidungsfindung auf Basis von Grenzkosten ermöglicht.
Die Kostenspaltung in fixe und proportionale Anteile ermöglicht einen Ausweis echter Deckungsbeiträge auf Grenzkostenbasis in der Ergebnisrechnung.

paralleler Einsatz der Verfahren möglich

Das R/3-System ermöglicht den parallelen Einsatz der diversen Verfahren in **einer** Kostenrechnung. Dies hängt von den jeweiligen Anforderungen der einzelnen Bereiche eines Unternehmens ab.

3.1.8 Produktkosten-Controlling

Das Produktkosten-Controlling soll die Frage nach den Herstellungskosten eines Produktes oder einer Dienstleistung beantworten.

Das Produktkosten-Controlling (CO-PC) dient im Wesentlichen den Punkten:

- Ermittlung der Preisuntergrenze eines Produktes;
- Ermittlung der auftragsneutralen Selbst- und Herstellkosten eines Produktes;
- Optimierung der Herstellkosten eines Produktes durch Vergleichskalkulationen;
- Lieferung von Basisinformationen für die Bereiche Kostenträger, Ergebnisrechnung, Vertrieb und Materialwirtschaft.

Es besteht aus der Kostenträgerrechnung (CO-PC-OBJ) und der Produktkostenplanung (CO-PC-PCP).

3.1.8.1 Kostenträgerrechnung

Die Kostenträgerrechnung ist die letzte Stufe der Kosten- und Leistungsrechnung. „Kostenträger sind Leistungen, bei deren Erstellung Kosten verursacht werden.“[1]

Innerbetriebliche Leistungen

Leistungen können in Absatzleistungen (Marktleistungen) und innerbetriebliche Leistungen untergliedert werden. Produkte, Teile oder Dienste, die ein Unternehmen an ein anderes Unternehmen verkauft, stellen die **Absatzleistungen** dar. Dies können fertige und unfertige Erzeugnisse, ein einzelner Auftrag oder eine Serie sein. Weiterhin unterscheidet man innerbetriebliche Leistungen (Innenaufträge), die entstehen, wenn ein Betrieb seine

1 Birkner, K.: Kosten- und Leistungsrechnung, Berlin, 1996, S. 107

eigenen Produkte verbraucht.[1] Den Leistungseinheiten, die die Kostenträger darstellen, werden alle Kosten zugerechnet, die sie bei ihrer Erstellung verursacht haben.

Kostenträgerstückrechnung

Kostenträgerzeitrechnung

Die Kostenträgerrechnung lässt sich, abhängig von ihrem Bezug und ihrem Ziel, in zwei Teile untergliedern: Kostenträgerstückrechnung und Kostenträgerzeitrechnung. Die Kostenträgerstückrechnung wird für die Ermittlung des Stückerfolgs herangezogen, indem der gesamte Werteverzehr pro Einheit (z. B. Stück) erfasst wird. Zusätzlich dient sie der Kalkulation und wird somit als Vor-, Zwischen- und Nachkalkulation zeitbezogen eingesetzt. Die Aufgabe der Kostenträgerzeitrechnung „besteht darin, die Kosten, die eine Produktart oder eine Produktgruppe in einem bestimmten Zeitabschnitt (Monat-Jahr) verursacht haben, zu erfassen."[2] Stellt man diesen Kosten (Gesamtkosten) die entsprechenden (Gesamt-) Leistungen des gleichen Zeitraums gegenüber, so erhält man eine zeitraumbezogene Erfolgsrechnung, die auch kurzfristige Erfolgsrechnung genannt wird.

Aufgaben der Kostenträgerrechnung

Die Kostenträgerrechnung hat folgende Aufgaben:

- stück- oder zeitbezogene **Kostenermittlung** je Kostenträger;
- stück- oder zeitbezogene **Erfolgsermittlung** der Kostenträger durch Gegenüberstellung von Kosten und Erlösen;
- Informationsbereitstellung für die betriebliche Preispolitik; dadurch **Ermittlung der Preisunter-/Preisobergrenzen** und der **gewinnmaximalen Preise**;
- Informationsbereitstellung zur **Bewertung von Lagerbeständen** (fertige oder unfertige Erzeugnisse, aktivierbare Eigenleistungen);
- Informationsbereitstellung für die Programm- und Sortimentspolitik; unter Berücksichtigung der Erlöse und Kosten wird entschieden, welche Produkte/Kostenträger in welcher Anzahl produziert werden sollen;
- Informationsbereitstellung für die Beschaffungspolitik; Entscheidung über Fremdbezug oder Eigenfertigung von Zwischenprodukten[3].

---

1 vgl. Macha, R.: Grundlagen der Kosten- und Leistungsrechnung, Frankfurt/Main, 1998, S.169

2 Michel, R./Torspecken, H.-D.: Grundlagen der Kostenrechnung, Kostenrechnung 1, 3. Aufl., München, 1989, S.138

3 vgl. Birkner, K.: Kosten- und Leistungsrechnung, Berlin, 1996, S. 108

Hauptaufgabe der Kostenträgerrechnung

Als Hauptaufgabe der Kostenträgerrechnung wird jedoch die **Preisgestaltung** bzw. die **Preisfindung** angesehen. Der Angebotspreis bildet sich aus den errechneten Selbstkosten zuzüglich des Gewinnzuschlags (siehe Abb. 3.10). Verschiedene Einflussfaktoren bestimmen den Angebotspreis, der auf den Selbstkosten basiert. Die Wahl des Kalkulationsverfahrens, die Preise der Einsatzfaktoren und die Geldentwertung spielen hierbei eine bedeutende Rolle.

Die Selbstkosten sind die Gesamtkosten der Herstellung eines Produktes; in ihnen sind sowohl die direkten Kosten (Einzel- und Sondereinzelkosten), als auch die anteiligen Gemeinkosten für Material, Fertigung, Verwaltung und Vertrieb enthalten.

In der Kostenträgerrechnung erfolgt eine **Verrechnung** der angefallenen Kosten auf die Kostenträger, wobei eine grundsätzliche Unterteilung in Einzel- und Gemeinkosten vorgenommen wird. Aufgrund der Kostenträgerrechnung wird eine Berechnung des Verbrauchs an Produktionsfaktoren, wie Arbeit und Material, möglich.

Abb. 3.10 Ermittlung der Selbstkosten

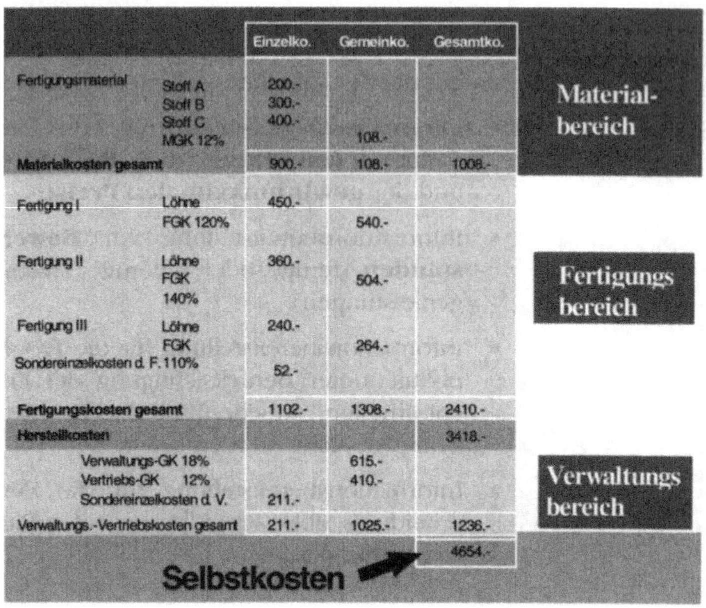

		Einzelko.	Gemeinko.	Gesamtko.	
Fertigungsmaterial	Stoff A	200.-			Material-bereich
	Stoff B	300.-			
	Stoff C	400.-			
	MGK 12%		108.-		
Materialkosten gesamt		900.-	108.-	1008.-	
Fertigung I	Löhne	450.-			
	FGK 120%		540.-		
Fertigung II	Löhne	360.-			Fertigungs bereich
	FGK 140%		504.-		
Fertigung III	Löhne	240.-			
	FGK		264.-		
Sondereinzelkosten d. F. 110%		52.-			
Fertigungskosten gesamt		1102.-	1308.-	2410.-	
Herstellkosten				3418.-	
	Verwaltungs-GK 18%		615.-		Verwaltungs bereich
	Vertriebs-GK 12%		410.-		
	Sondereinzelkosten d. V.	211.-			
Verwaltungs.-Vertriebskosten gesamt		211.-	1025.-	1236.-	
Selbstkosten				4654.-	

Gemeinkosten-Zuschläge

Die zugeschlagenen Gemeinkosten - durch im BAB ermittelte Zuschlagssätze - zeigen, welchen Anteil der Kostenträger an den Gemeinkosten abdecken muss. Die Errechnung der Gemeinkostenzuschlagssätze sollte deshalb genauestens durchgeführt werden, da sonst eine evtl. nicht zu akzeptierende Preisdifferenz (=Wettbewerbsnachteil) zu den Mitbewerbern auftreten könnte.

Es werden in den einzelnen Bereichen Material, Fertigung sowie Verwaltung und Vertrieb die im BAB ermittelten Gemeinkostenzuschläge des jeweiligen Bereichs eingerechnet.

Kalkulationsarten

Vorkalkulationen werden - auf der Grundlage von Normal-, Ist- und Plankosten - zur Realisierungsvorbereitung durchgeführt. Es werden Sollwerte ermittelt, die Vorgabecharakter besitzen (siehe Abb. 3.11).

Zwischenkalkulationen werden während der Leistungserstellung durchgeführt. Vor allem bei Großprojekten ist dies ratsam, um zu prüfen, ob die Kosten nicht „davonlaufen". Es wird die Differenz zwischen den Plankosten und den tatsächlich angefallenen Kosten errechnet.

Nachkalkulationen werden nach Ende der Leistungserstellung durchgeführt, um zu ermitteln, mit welchen Kosten die Leistungserstellung verbunden war. D. h., ob die tatsächlich angefallenen Kosten höher, niedriger oder wie geplant ausgefallen sind.

Abb. 3.11
Kalkulationsarten

Nachstehende Kalkulationsarten spielen in die Vor-, Zwischen- und Nachkalkulation hinein:

- **Aktuelle Kalkulation**
  Sie ermittelt die Herstellkosten eines Materials im Laufe des Geschäftsjahres und dadurch eine sofortige Aussage über die Höhe der Materialkosten im Ist. Die aktuelle Kalkulation bewertet das aktuelle Mengengerüst mit den aktuell gültigen Preisen.
- **Bauteilkalkulation**
  Die Bauteilkalkulation ermöglicht die Ermittlung von Kosten ohne auf Stücklisten, Wartungs- oder Netzpläne und Arbeitspläne zurückgreifen zu müssen.
- **Inventurkalkulation**
  Hier werden Wertansätze für die steuerrechtliche und handelsrechtliche Bestandsbewertung für Halb- und Fertigfabrikate ermittelt. Man kann eine Inventurkalkulation kurz vor der Bilanzerstellung durchführen, um die Materialien im Bestand für die Handels- und Steuerbilanz zu bewerten.
- **Sollkalkulation**
  Sie dient zur Ermittlung von Herstellkosten eines Materials im Laufe des Geschäftsjahres um dann Änderungen gegenüber der Plankalkulation feststellen zu können.
- **Plankalkulation**
  Die Plankalkulation wird am Anfang eines Geschäftsjahres erstellt und ist dann für das ganze Geschäftsjahr gültig.

Im R/3-System kann unter „Kalkulation mit bzw. ohne Mengengerüst" gewählt werden. Um eine Kalkulation mit Mengengerüst durchführen zu können, benötigt man einen Arbeitsplan und eine Stückliste für den zu kalkulierenden Rohstoff (Verbindung zur Produktionsplanung, Materialwirtschaft und Controlling).

3.1.8.2 Produktkostenplanung

Die Produktkostenplanung umfasst:

- Kalkulation mit Mengengerüst
- Kalkulation ohne Mengengerüst
- Muster- und Simulationskalkulation
- Preisfortschreibung

Die Ziele der Produktkostenplanung sind:

- die Höhe der auftragsneutralen Herstell- und Selbstkosten pro Erzeugniseinheit zu ermitteln;
- die Herstellkosten des Produkts durch Vergleichskalkulationen zu optimieren;
- die Preisuntergrenze pro Produkt zu ermitteln;
- Basisinformationen für die Bereiche Kostenträgerrechnung, Ergebnisrechnung, Vertrieb und Materialwirtschaft zu liefern.

Näheres zur Produktkostenplanung und zum Produktkosten-Controlling siehe Kapitel 3.5.

3.1.9 Voll- und Teilkostenrechnung

3.1.9.1 Vollkostenrechnung

Werden die gesamten Kosten, sowohl fixe als auch variable, die in einer Abrechnungsperiode angefallen sind, auf die produzierten und abgesetzten Kostenträger verteilt, so spricht man von der Vollkostenrechnung.

Unter **fixen Kosten** versteht man diejenigen Kosten, die unabhängig von der Produktionsmenge, in mehreren Abrechnungsperioden in annähernd gleicher Höhe anfallen. Sie sind unabhängig von der Beschäftigung und entstehen durch die Bereitstellung von betrieblichen Kapazitäten. **Variable Kosten** sind mengenabhängig und variieren bei Beschäftigungsveränderungen in einem bestimmten Verhältnis.

Abb. 3.12
Fixe u. variable Kosten

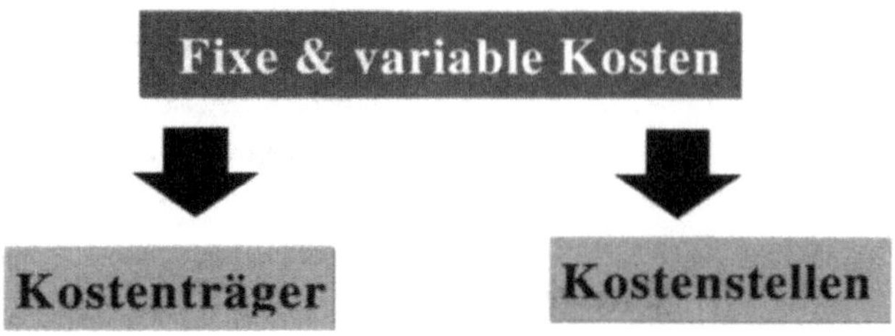

Die Mengenunabhängigkeit führt daher auch zu sogenannten **Remanenzkosten**. Bei abnehmendem Absatz und somit abnehmender Produktion bleiben die sogenannten Remanenzkosten gleich, da eine Anpassung der Kapazität nach unten evtl. nicht möglich ist bzw. nicht ratsam wäre, da in absehbarer Zeit die Produktion wieder steigt und die dann steigende Produktion mit der geringeren Kapazität nicht möglich wäre.

3.1.9.2 Teilkostenrechnung

Erfolgt die Kostenverrechnung nur zum Teil, so spricht man von einer Teilkostenrechnung. Dieses Prinzip der Zurechnung nennt man auch *„Direct Costing“*. Hier werden **nur die variablen Kosten** verursachungsgerecht den Kostenträgern zugeordnet (siehe Abb. 3.13), während die Fixkosten global im Block in die kurzfristige Erfolgsrechnung (Kostenträgerzeitrechnung) übernommen werden.

Diese Rechnung muss unter Umgehung der Kostenträgerrechnung stattfinden, da hier alle Einzelkosten, also sowohl variable als auch fixe Kosten, berücksichtigt werden.

Abb. 3.13
Variable Kostenzurechnung

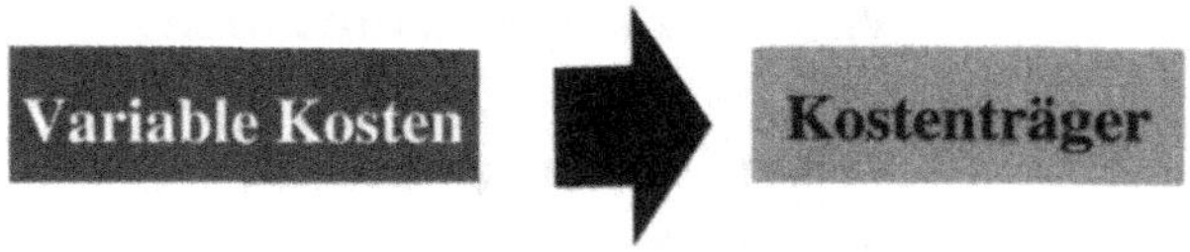

Aus der Subtraktion der direkten Vertriebskosten, der variablen und fixen Kosten von den Bruttoverkaufserlösen kann das Betriebsergebnis ermittelt werden (siehe Abb. 3.14):

Abb. 3.14
Berechnung des Betriebsergebnisses

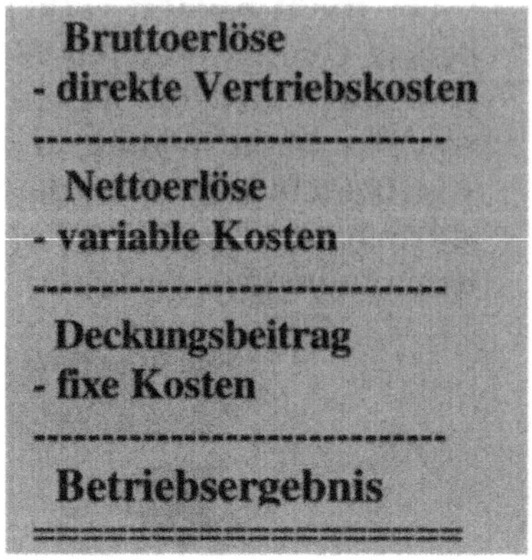

3.1.9.3 Deckungsbeitrag

Der Deckungsbeitrag eines Produktes gibt an, welchen Anteil das Produkt zur Deckung der **Fixkosten** beiträgt (siehe Abb. 3.15).

Abb. 3.15
Fixkostenbeitrag

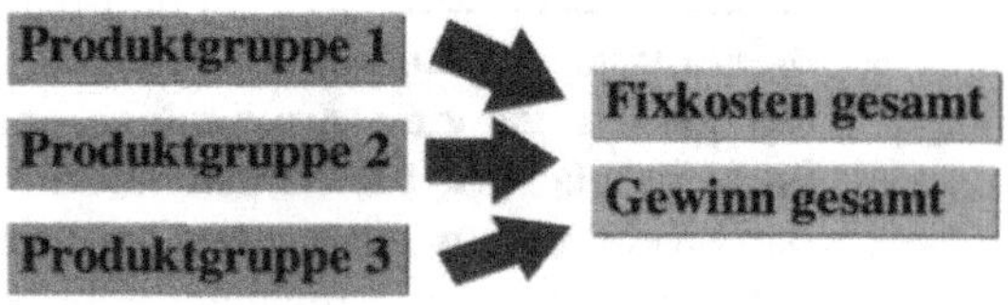

Fixkostenanteil

Solange der Deckungsbeitrag positiv ist, sollte das Produkt auch bei schlechter Nachfrage nicht eliminiert werden, da sonst dessen Anteil an der Fixkostendeckung von den anderen Produkten übernommen werden müsste. Ein Produkt, das auf lange Sicht hin einen negativen Deckungsbeitrag erzeugt, sollte jedoch aus strategischen Gründen durch ein neues Produkt ersetzt oder eliminiert werden.

3.2 Kostenarten- und Kostenstellenrechnung

Zentraler Punkt im Modul CO (Controlling) sind die Kostenarten und Kostenstellen/Innenaufträge, die im R/3-System eng miteinander verknüpft sind. Aus diesem Grund soll im Folgenden die Kostenarten- und Kostenstellenrechnung des SAP-Systems beleuchtet werden.

3.2.1 Kostenartenrechnung

Die Integrität des R/3-Systems wird in der Kostenartenrechnung verdeutlicht, denn die Sachkonten der Finanzbuchhaltung (Modul FI) stehen in engem Zusammenhang mit den Kostenarten. Dies liegt darin begründet, dass die Kostenrechnung aus Sicht des R/3-Systems als **Einkreissystem** aufgebaut ist. Unter einem Einkreissystem wird ein System verstanden, in dem kein zweiter Abrechnungskreis für die Kostenrechnung aufgebaut wird (primäre Kostenarten und die Erlösarten werden aus den Aufwandskonten der Gewinn- und Verlustrechnung übernommen). Damit es im gesamten Ablauf keinen Widerspruch gibt, müssen die **Organisationseinheiten** und **Strukturen** des Finanzwesens bekannt sein und beim Anlegen von Kostenarten berücksichtigt werden.

Bevor in die eigentliche Thematik eingestiegen wird, werden einige **Begriffserläuterungen** stattfinden.

Kontenplan

Ein vom Rechnungswesen definiertes Gliederungsschema, das mit der Aufzeichnung von Werten bzw. Wertströmen für eine ordnungsgemäße Rechnungslegung sorgt, nennt man Kontenplan. Ein operationaler Kontenplan wird von der Kosten- und Erlösartenrechnung und von dem Finanzwesen gemeinsam genutzt.

Buchungskreis

Die kleinste organisatorische Einheit des externen Rechnungswesens, für die eine vollständige in sich abgeschlossene Buchhaltung abgebildet werden kann, stellt der Buchungskreis dar.

Ein Buchungskreis kann immer nur einem Kontenplan zugeordnet werden. Während ein Kontenplan mehreren Buchungskreisen zugeordnet werden darf.

In der Kostenartenrechnung wird zwischen **primären** und **sekundären** Kostenarten unterschieden.

Primäre Kostenart

Eine kosten- bzw. erlösrelevante Position des Kontenplans nennt man eine primäre Kostenart (z. B. Personalkosten). Weiterhin muss für diese ein entsprechendes Sachkonto im Finanzwesen angelegt sein. Voraussetzung für das Anlegen einer solchen Kostenart ist die Bezeichnung als Sachkonto im Kontenplan. Weiterhin überprüft das SAP-System beim Anlegen einer primären Kostenart, ob ein entsprechendes Konto im Finanzwesen vorhanden ist.

Sekundäre Kostenart

Im Gegensatz zur primären Kostenart darf beim Anlegen einer sekundären Kostenart das entsprechende Konto nicht im Finanzwesen vorhanden sein. Grund hierfür ist die Verwendung der Kostenarten bei der Abbildung des innerbetrieblichen Werteflusses (z. B. innerbetriebliche Leistungsverrechnung).

Anlegen Kostenart

Kostenarten (primäre und sekundäre) können über verschiedene Transaktionen der **Anwendung** CO angelegt werden:

Rechnungswesen ⇨ Controlling ⇨ Kostenarten ⇨ Stammdaten ⇨ Kostenart ⇨ Anlegen primär/Anlegen sekundär oder

Rechnungswesen ⇨ Controlling ⇨ Kostenstellen ⇨ Stammdaten ⇨ Kostenart ⇨ Anlegen primär/Anlegen sekundär

Neben den Transaktionen in der Anwendung gibt es auch im **Customizing** die Möglichkeit Kostenarten anzulegen.

Controlling ⇨ Gemeinkosten-Controlling ⇨ Kosten- und Erlösartenrechnung ⇨ Stammdaten ⇨ Kostenart ⇨ Kostenarten anlegen

Das weitere Vorgehen zum Anlegen der Kostenarten ist unabhängig vom Einstieg, da alle Menüwege zur gleichen Transaktion führen. Im Folgenden wird als Beispiel das Anlegen einer sekundären Kostenart aufgezeigt.

Auf dem Einstiegsbild muss zunächst eine Nummer für die anzulegende Kostenart eingegeben werden. Hier kann auch der Gültigkeitszeitraum festgelegt werden. Über die Drucktaste 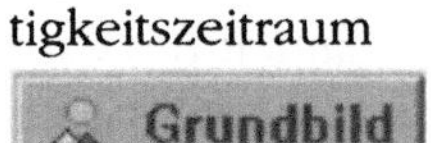

gelangt der Benutzer in das Grundbild zum Anlegen der sekundären Kostenart.

Abb. 3.16
Grundbild Kostenart anlegen sekundär

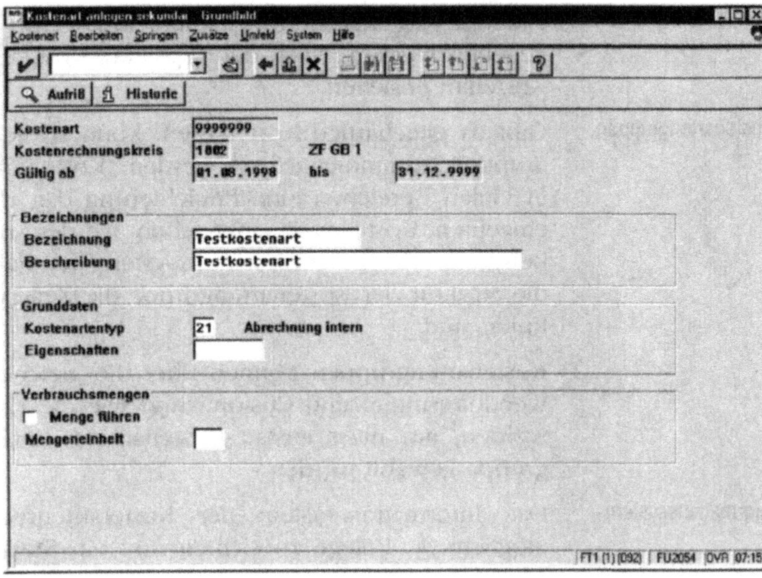

In dieser Maske muss eine **Bezeichnung** für die Kostenart vergeben werden. Weiterhin wird als Musseingabe ein Kostenartentyp gefordert.

Kostenartentyp

Der Kostenartentyp besitzt eine **technische Steuerfunktion** und bestimmt, ob eine Kostenart direkt oder indirekt bebucht werden darf. Unter einer **direkten Buchung** versteht man die Buchung eines festen Betrags auf ein Konto mit Angabe einer Kontonummer. Es handelt sich um eine **indirekte Buchung**, wenn die Kontonummer beim Buchungsvorgang nicht eingegeben werden kann und das Konto vom System automatisch ermittelt wird. Primäre Kostenarten können direkt bebucht werden, während alle sekundären Kostenarten nur indirekt bebucht werden können.

Für primäre und sekundäre Kostenarten stehen unterschiedliche Kostenartentypen zur Verfügung.

Das Feld **Eigenschaften** bei den Grunddaten kann dazu benutzt werden, eine Kostenart speziell zu charakterisieren. Diese Eigenschaften können innerhalb des Berichtswesens zu Auswertungen herangezogen werden.

Im Bereich **Verbrauchsmengen** kann durch Selektieren des Kennzeichens „*Menge führen*" festgelegt werden, ob auf der Kostenart auch noch eine Mengeneinheit mitgeführt wird.

Ist dieses Kennzeichen selektiert, muss eine Mengeneinheit angegeben werden. Nach dem Speichern der Einstellungen ist die Kostenart gesichert.

Kostenartengruppen

Gibt es gleichartige Kostenarten, können diese zu Kostenartengruppen zusammengefasst werden. Kostenartengruppen stellen in vielen Bereichen eine Erleichterung dar, da nicht immer alle einzelnen Kostenarten angegeben werden müssen. Dies kann beispielsweise im Informationssystem der Fall sein, wenn über die Struktur der Kostenartengruppe die Zeilen eines Berichts definiert sind.

Kostenartengruppen können über die gleichen Menüwege (Anwendungsmenü und Customizing) wie die Kostenarten angelegt werden, nur muss anstatt Kostenart am Ende die Kostenartengruppe gewählt werden.

Informationssystem

Das Informationssystem der Kostenartenrechnung bietet die Möglichkeit, Belege zu sichten und ein **Stammdatenverzeichnis** der Kostenarten, Kostenstellen und Aufträge aufzurufen. Weiterhin wird eine **Berichtsauswahl** an Kostenartenberichten zur Verfügung gestellt. Durch die darin enthaltenen Berichte können z. B. Zahlen des internen und externen Rechnungswesens miteinander verglichen werden. Reichen diese Berichte nicht aus, kann der Benutzer über den Report Painter und Report Writer eigens auf sich zugeschnittene Berichte erstellen und diese dann der Berichtsgruppe angliedern.

3.2.2 Kostenstellenrechnung

Eine organisatorische Einheit innerhalb eines Kostenrechnungskreises, die einen eindeutigen Ort der Kostenentstehung darstellt, wird als **Kostenstelle** bezeichnet.

Kostenrechnungskreis

Ein Kostenrechnungskreis stellt eine organisatorische Einheit innerhalb eines Konzerns dar, für die eine in sich geschlossene, vollständige Kostenrechnung durchgeführt werden kann.

Bevor eine bzw. mehrere Kostenstellen angelegt werden, ist es notwendig, eine **hierarchische Kostenstellenstruktur** zu definieren (Standardhierarchie). Hintergrund ist der, dass im Sinne des Gemeinkostencontrollings Kostenstellen zu übergeordneten Entscheidungs-, Verantwortungs- und Steuerungseinheiten zusammengefasst werden. In der Kostenstellenrechnung soll dieser Sachverhalt nachgebildet werden.

Pflegen der Standardhierarchie

Die Standardhierarchie der Kostenstellen wird im **Customizing** gepflegt.

Controlling ⇨ Gemeinkosten-Controlling ⇨ Kostenstellenrechnung ⇨ Stammdaten ⇨ Kostenstellen ⇨ Standardhierarchie pflegen

Die Standardhierarchie darf nicht nur aus einem Knoten bestehen, sondern sie muss Unterknoten enthalten, damit Kostenstellen zugeordnet werden können. Jede Standardhierarchie muss einem Kostenrechnungskreis zugeordnet werden.

Eine Kostenstelle kann entweder über die Anwendung oder über das Customizing angelegt werden.

Menüweg in der **Anwendung**:

Rechnungswesen ⇨ Controlling ⇨ Kostenstellen ⇨ Stammdaten ⇨ Kostenstelle anlegen

Menüpfad im **Customizing**:

Controlling ⇨ Gemeinkosten-Controlling ⇨ Kostenstellenrechnung ⇨ Stammdaten ⇨ Kostenstellen ⇨ Kostenstelle anlegen

Auf dem Einstiegsbild wird die Eingabe einer **Kostenstellennummer** gefordert. Zudem wird ebenfalls auf dieser Maske die **Gültigkeitsdauer** der Kostenstelle festgelegt.

Nach dem Betätigen der 

-Taste erscheint die eigentliche Maske zum Pflegen der Kostenstellengrunddaten.

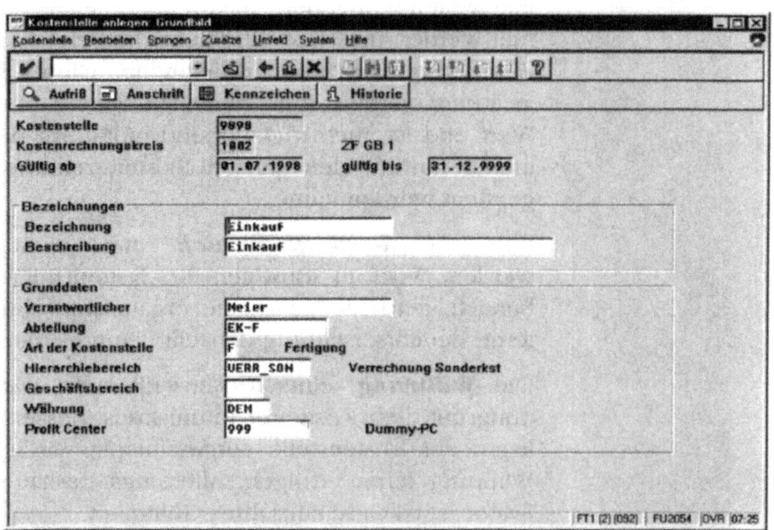

Abb. 3.17
Kostenstelle anlegen

Eine **Bezeichnung** für die Kostenstelle wird auf dieser Erfassungsmaske gefordert. Zusätzlich kann auch eine genauere **Beschreibung** dieser Stelle erfolgen.

Grunddaten

In dem Bereich Grunddaten werden einige Daten erfasst, die beliebig veränderbar sind. Die Felder „***Hierarchiebereich***" (Zuordnung einer Kostenstelle zu einem Knoten der Standardhierarchie) und die „***Währung***" einer Kostenstelle dürfen nicht uneingeschränkt geändert werden.

In dem Feld „***Verantwortlicher***" wird der Name des Kostenstellenverantwortlichen erfasst. Dieses Feld kann theoretisch auf Tagesebene geändert werden.

Das Feld „***Abteilung***", das die Abteilung enthält, zu der die Kostenstelle gehört, kann Auswertungen dienen. Wie der Verantwortliche kann auch dieses Feld auf Tagesebene geändert werden.

Durch das Feld „***Art der Kostenstelle***" wird eine Verbindung zwischen den Leistungsarten und der Kostenstelle geschaffen, weiterhin kann sie Auswertungen dienen. Im Stammsatz einer Leistungsart werden ein oder mehrere Kostenstellenarten hinterlegt. Die Leistungsart darf nur von Kostenstellen dieser Kostenstellenart erbracht werden. Gepflegt werden diese Kostenstellenarten im **Customizing**.

Controlling ⇨ Gemeinkosten-Controlling ⇨ Kostenstellenrechnung ⇨ Stammdaten ⇨ Kostenstellen ⇨ Kostenstellenart pflegen

Hierarchiebereich

Ein weiteres Mussfeld, das beim Anlegen einer Kostenstelle gefüllt werden muss, ist der Hierarchiebereich. Hierüber erfolgt die Zuordnung zur Standardhierarchie. Dieses Feld kann jederzeit geändert werden. Eine neue Einstellung überschreibt den alten Wert und ist auch rückwirkend gültig, da der Hierarchiebereich immer nur für den ganzen Existenzzeitraum einer Kostenstelle gepflegt werden kann.

Das Feld „***Geschäftsbereich***" muss nicht zwingend gepflegt werden. Wird im sonstigen R/3-System mit dem Feld Geschäftsbereich gearbeitet, das eine organisatorische Einheit für die interne Berichtserstattung darstellt, kann es hier gepflegt werden.

Die „***Währung***" einer Kostenstelle steht in der Regel in Verbindung mit dem Kostenrechnungskreis, dessen Währung beim Anlegen der Kostenstelle vorgeschlagen wird. Eine Änderung der Währung kann erfolgen, allerdings besitzt diese dann für die Dauer eines Geschäftsjahres Gültigkeit.

Profit Center

Ist die Profit-Center-Rechnung aktiviert, kann in diesem Feld das Profitcenter eingegeben werden, für das die betreffende Kostenstelle gültig ist.

Nach Betätigen der Taste [Kennzeichen] erscheint ein Pop-Up, in dem **verschiedene Buchungsarten** gesperrt werden können (z. B. Obligofortschreibung, Erlöse Plan).

Eine Kostenstelle kann mehrmals für verschiedene Betrachtungszeiträume (Gültigkeitsbereiche) angelegt werden, allerdings dürfen sich diese Zeitintervalle nicht überschneiden.

Informationssystem

Das Informationssystem der Kostenstellenrechnung bietet eine Fülle von Möglichkeiten. Es können die **Ist- und Obligo-Einzelposten** angezeigt werden. Als Selektionskriterien dienen Kostenstellen/-gruppen und Kostenarten/-gruppen, wobei zusätzlich noch der Buchungszeitraum genau eingegrenzt werden kann. Die Aufbereitung der Daten kann nach verschiedenen Gesichtspunkten mit und ohne Summen erfolgen.

Zusätzlich kann der Benutzer entweder bereits definierte Berichte aus dem Standardberichtsbaum oder eigen definierte Berichte ausführen.

Eine Verfolgung der Belege wird über eine gesonderte Transaktion ebenfalls zur Verfügung gestellt.

Die Stammdaten zu Kostenstellen, Kostenarten und Leistungsarten können über das Stammdatenverzeichnis angezeigt werden.

3.2.3 Leistungsarten und Leistungsartengruppen

Um eine innerbetriebliche Leistungsverrechnung durchführen zu können, werden **Leistungsarten** benötigt.

Innerbetriebliche Leistungsverrechnung

Werden die erbrachten betrieblichen Leistungen gemessen und manuell oder maschinell erfasst und anschließend verrechnet, so spricht man von einer innerbetrieblichen Leistungsverrechnung. Um diese durchzuführen, müssen im R/3-System Leistungsarten angelegt werden, die die Maßgrößen für die Kostenverursachung darstellen und somit durch eine verursachungsgerechte Verrechnung die kostenmäßige Entlastung der Kostenstelle bewirken.

Die Ressourcen der leistenden Kostenstelle werden genutzt, wenn die Leistungen der betreffenden Kostenstelle von einer anderen Kostenstelle, einem Auftrag usw. in Anspruch genommen wird.

Die „entnommene" Leistungsmenge erfolgt durch einen nach betriebswirtschaftlichen Gesichtspunkten ermittelten Verrechnungspreis (**Tarif**). Somit beschreiben Leistungsarten den mengenmäßigen Output einer Kostenstelle.

Die Leistungsart kann sowohl über die Anwendung als auch über das Customizing angelegt werden

Menüpfad in der **Anwendung**:

Rechnungswesen ⇨ Controlling ⇨ Kostenstellen ⇨ Stammdaten ⇨ Leistungsart ⇨ anlegen

Pfad im **Customizing**:

Controlling ⇨ Gemeinkosten-Controlling ⇨ Kostenstellenrechnung ⇨ Stammdaten ⇨ Leistungsarten ⇨ Leistungsarten anlegen

Auf dem Einstiegsbild legt der Benutzer den Namen der Leistungsart und den Gültigkeitszeitraum fest. Nach Betätigen der

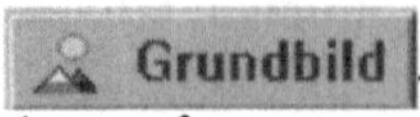

-Taste gelangt der Bediener in die Grunddatenerfassungsmaske der Leistungsart.

Abb. 3.18
Leistungsart anlegen/ändern

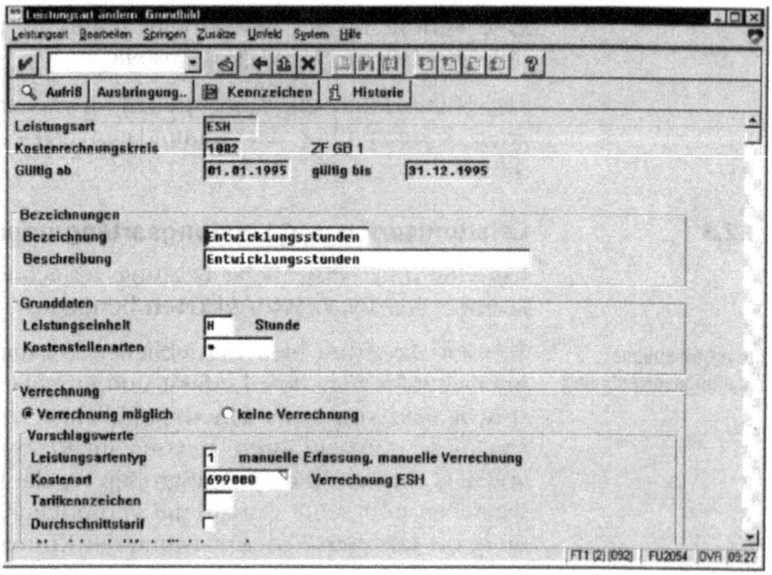

Die Leistungsart erhält eine Bezeichnung und, falls gewünscht, noch eine Beschreibung.

Die „***Einheit***" der Leistungsart muss ebenfalls angegeben werden. Nur in dieser Einheit können Leistungen verrechnet werden.

Im Feld „*Kostenstellenarten*" können entweder einzelne Kostenstellenarten oder ein **(*)** (alle Kostenstellenarten zugelassen) angegeben werden. Mit diesem Kennzeichen wird festgelegt, für welche Kostenstellenart eine Leistungsart als Sender und zur Planung in der innerbetrieblichen Leistungsverrechnung zugelassen ist.

Über den „***Leistungsartentyp***" wird gesteuert, ob und in welcher Weise eine Leistungsart verrechnet wird (z. B. direkt oder über Bezugsbasen).

Unter „***Kostenart***" wird die Verrechnungskostenart angegeben, über die die verrechenbaren Leistungsarten verrechnet werden. Die hier angegebene Kostenart muss als Sekundärkostenart mit dem Kostenartentyp „innerbetriebliche Leistungsverrechnung" angelegt sein.

Das „***Tarifkennzeichen***" gibt an, wie der Tarif einer Leistungsart auf einer Kostenstelle ermittelt wird (manuell oder in irgend einer Weise maschinell).

Über das Kennzeichen „***Durchschnittstarif***" kann gesteuert werden, ob der Tarif der Leistungsart über ein ganzes Geschäftsjahr konstant bleiben soll oder nicht.

Sollen die oben getätigten Einstellungen auch für die **Istdaten** gelten, müssen keine weiteren Einstellungen getätigt werden. Ist eine andere Verrechnung gewünscht, müssen Leistungsartentyp und Tarifkennzeichen bei „*Abweichende Werte für die Istverrechnung*" gesondert gepflegt werden.

Wie bei den Kostenarten und Kostenstellen besteht auch bei den Leistungsarten die Möglichkeit, Leistungsartengruppen anzulegen, die gleichartige Leistungsarten zusammenfassen.

Für die angelegten Leistungsarten können in Verbindung mit Kostenstellen manuell Tarife für Plan und Ist hinterlegt werden.

Rechnungswesen ⇨ Controlling ⇨ Kostenstellen ⇨ Planung ⇨ Leistungen/Tarife ändern

3.3 Aufträge

Die **innerbetrieblichen Aufträge** eines Unternehmens lassen sich nach zwei Gesichtspunkten klassifizieren:

- nach Controlling-Zielen
- nach Auftragsinhalten

3.3.1 Untergliederung nach Controlling-Zielen

Unter dem Gesichtspunkt der Untergliederung nach Controlling-Zielen werden **drei Auftragsformen** unterschieden:

- **Einzelauftrag**
- **Dauerauftrag**
- **statistischer Auftrag**

Einzelauftrag

Zeichnet sich eine Maßnahme durch ihre Einmaligkeit und ihre spezielle Laufzeit aus, wird dafür ein Einzelauftrag eröffnet, auf dem sämtliche anfallende Kosten gesammelt werden. Die Beplanung dieser Aufträge erfolgt oft stufenweise, da diese Daten vom technischen Planungsfortschritt bzw. Arbeitsfortschritt abhängen. Was die Weiterverrechnung der auf dem Auftrag angefallenen Istkosten betrifft, so erfolgt diese entweder im Monat des Kostenanfalls oder nach Abschluss des gesamten Auftrages. **Beispiele** für solche Einzelaufträge sind Konstruktions- und Entwicklungsaufträge oder Investitionsaufträge für eigenerstellte Anlagen.

Daueraufträge

Kehren Lieferungen und Leistungen immer wieder, so werden für deren Verrechnung Daueraufträge angelegt. Die Laufzeit dieser Aufträge beträgt oftmals mehrere Jahre. Durch die Daueraufträge wird ein kontinuierliches Controlling auf der Ebene kleinerer Leistungseinheiten als der Kostenstelle ermöglicht. Die auf diesem Auftrag gesammelten Istkosten werden monatlich abgerechnet. **Beispiele** für Daueraufträge sind Kleinreparaturen oder Wartungen von Kleininventar.

Statistische Aufträge

Um Kosten, die weder über die Kostenarten- noch über die Kostenstellenrechnung detailliert ausgewiesen werden, auswerten zu können, muss man sich eines anderen Instruments zur Auswertung bedienen: dem statistischen Auftrag. Er ermöglicht eine Auswertung nach anderen Gesichtspunkten als in der Kostenstellenrechnung. Bei der Buchung von Belastungen auf eine Kostenstelle wird durch eine zusätzliche Kontierung auf den statistischen Auftrag erreicht, dass die Kosten statistisch auf den Auftrag fortgeschrieben werden, während die kostenwirksame Kontierung auf der Kostenstelle erfolgt.

Da der statistische Auftrag keine kostenwirksamen Kosten führt, erfolgt auch keine Abrechnung der Aufträge oder keine Bezuschlagung durch Gemeinkosten. Bspw. könnte für jedes Fahrzeug eines Fuhrparks ein statistischer Auftrag angelegt werden, um die Kosten pro Fahrzeug zu ermitteln.

3.3.2 Untergliederung nach Auftragsinhalten

Innenaufträge können für drei verschiedene **Zwecke** eingesetzt werden:

- Fertigungsaufträge
- Investitionsaufträge
- Gemeinkostenaufträge

Fertigungsaufträge

Ist das Modul MM (Materialwirtschaft) oder PP (Produktionsplanung) nicht im Einsatz, oder werden keine Stücklisten oder Arbeitspläne genutzt, können Innenaufträge auch als Fertigungsaufträge angelegt werden. Die auf diesen Auftrag gebuchten Beträge stammen aus unterschiedlichen Datenquellen.

Abb. 3.19
Wert- und Mengendatenquellen eines Fertigungsauftrages

Investitionsaufträge

Investitionsmaßnahmen können parallel als CO-Innenaufträge und als buchhalterische Anlagen im Bau verwaltet werden. Die CO-Innenaufträge nennen sich dann Investitionsaufträge. Über sie können aktivierende Instandhaltungsmaßnahmen (z. B. Austausch eines Motors) abgewickelt werden, und es kann eine kostenmäßige Verfolgung der selbsterstellten Anlagen erfolgen.

Um einen Auftrag als Investitionsmaßnahme zu definieren, muss ihm ein Investitionsprofil zugeordnet werden. Zusätzlich kann beim Anlegen eines Investitionsauftrages eine Anlage im Bau angelegt werden. Die angefallenen Kosten dieses Auftrags werden am Jahresende bzw. nach Auftragsausführung an die entsprechende Anlage umgebucht.

Gemeinkostenaufträge

Aufträge, auf denen für ein Wirtschaftsgut oder eine betriebliche Maßnahme anfallende Plan- und Istkosten gesammelt werden sollen, nennt man Gemeinkostenaufträge. Diese Auftragsform unterscheidet nochmals zwischen Aufträgen zur reinen Objektkontrolle (z. B. Messeaufträge) und produktiven, wertschöpfenden, aber nicht aktivierbaren Aufträgen (z. B. Reparaturaufträgen).

3.3.3 Auftragsstammdaten

Auftragsnummer

Jeder im System angelegte Auftrag wird durch eine **eindeutige Nummer** identifiziert mit der er angelegt und abgespeichert wird. Diese Nummer stammt aus einem Nummernkreis, der im **Customizing** für die entsprechende Auftragsart angelegt wird.

Controlling ⇨ Gemeinkostencontrolling ⇨ Gemeinkostenaufträge ⇨ Auftragsstammdaten ⇨ Nummernkreise für Aufträge pflegen

Auftragsart

Hinsichtlich ihrer Verwendung (Durchführung des Auftrags) und Verarbeitung der Aufträge im System werden Aufträge in der sog. Auftragsart unterschieden. Eine Auftragsart, die mandantenabhängig ist, beinhaltet eine Vielzahl von Steuerinformationen (z. B. Statusverwaltung). Die einzelnen Auftragsarten müssen im **Customizing** angelegt werden.

Controlling ⇨ Gemeinkosten-Controlling ⇨ Gemeinkostenaufträge ⇨ Auftragsstammdaten ⇨ Auftragsarten definieren

Abb. 3.20
Auftragsarten pflegen

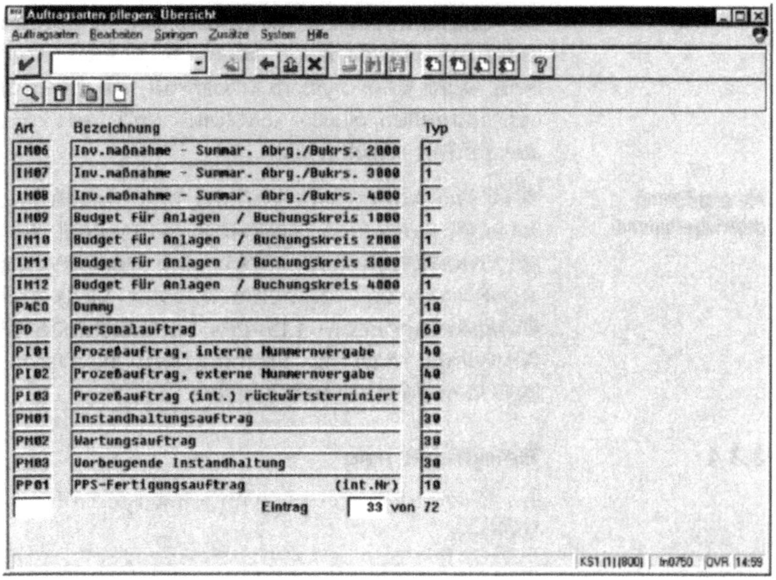

Statusverwaltung

Jeder Auftrag besitzt einen eigenen **Lebenszyklus**, der mit der Auftragseröffnung beginnt und mit dem Abschluss endet. Im Verlauf des „Lebens" eines Auftrages durchläuft er verschiedene Phasen, in denen bestimmte Dinge mit ihm geschehen.

Damit verhindert wird, dass z. B. nach der Auftragseröffnung bereits Istbuchungen auf ihn gebucht werden, obwohl er noch nicht freigegeben ist, gibt es die Statusverwaltung. Unterschieden wird zwischen dem **Systemstatus** und dem **Anwenderstatus**. Der Systemstatus ist bereits festgelegt, während der Anwenderstatus über die allgemeine SAP-Statusverwaltung individuell an die Bedürfnisse und Abläufe des Unternehmens angepasst werden kann. Der Systemstatus ist in vier Phasen unterteilt:

Phasen des Systemstatus

- Eröffnet
- Freigegeben
- Technisch abgeschlossen
- Abgeschlossen

Diese vier Stati korrespondieren mit denen in den anderen Anwendungen bzw. Modulen des R/3-Systems.

Betriebswirtschaftliche Vorgänge

Aktionen, die einen Auftrag in irgendeiner Art und Weise verändern, wurden im R/3-System als sog. betriebswirtschaftliche Vorgänge definiert.

Sie charakterisieren die einzelnen möglichen Aktionen, die der Benutzer durchführen kann. Wird eine solche Aktion angestoßen, wird vom System überprüft, ob diese anhand des momentan aktuellen Status (System- und Anwenderstatus) überhaupt ausgeführt werden darf.

Alt- und Fremddatenübernahme

Wird die Auftragsabrechnung neu eingeführt oder läuft sie parallel noch auf einem Altsystem, so besteht die Möglichkeit, Aufträge externer Systeme über eine entsprechende Schnittstelle ins R/3-System zu übernehmen. Dies kann mit Hilfe der Anwendungskomponente EIS des Unternehmenscontrollings erfolgen. Allerdings muss das Fremdsystem die Daten in einer fest vorgegebenen Struktur bereitstellen.

3.3.4 Beispielauftrag

Im Folgenden soll ein Gemeinkostenauftrag als Beispiel gezeigt werden.

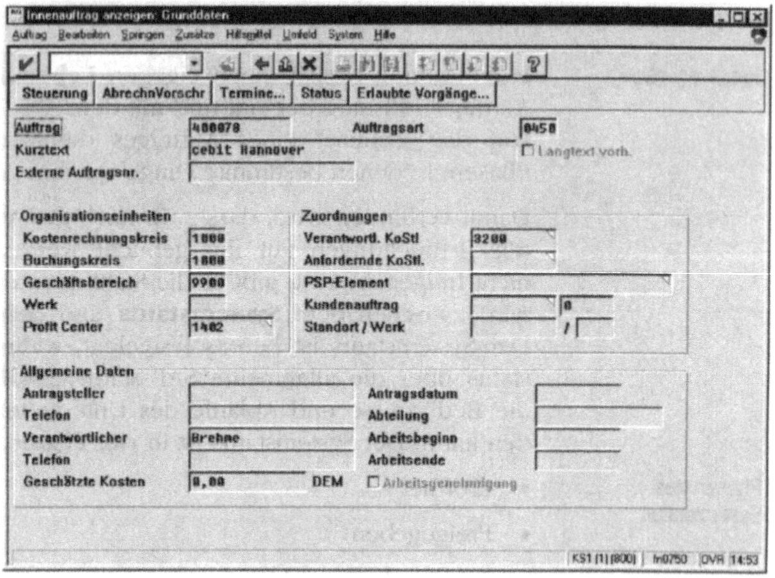

Abb. 3.21 Grunddaten: Auftrag anzeigen

In den **Grunddaten** des Auftrags erfolgt die Zuordnung zu den wichtigen Organisationseinheiten des R/3-Systems (z. B. Kostenrechnungskreis, Buchungskreis).

Zusätzlich können verschiedene **informative Daten** hier hinterlegt werden (z. B. Name des Antragstellers oder des Verantwortlichen, geschätzte Kosten).

Steuerung

Hinter der Drucktaste **Steuerung** verbergen sich die Statuseinstellungen (System- und Anwenderstatus), **allgemeine Parameter**, wie das Investitionsprofil, das gefüllt werden muss, wenn ein Investitionsauftrag angelegt werden soll. Weiterhin können **Daten zur Auftragsabrechnung** hinterlegt werden (Kostenart, Kostenstelle und Sachkonto).

Über die Drucktaste **Erlaubte Vorgänge...** können alle möglichen **betriebswirtschaftlichen Vorgänge** aufgerufen werden mit der Information, ob sie beim derzeitigen Status des Auftrags ausgeführt werden können oder nicht.

3.4 Kostenträgerrechnung

Wie bereits erwähnt, dient die Kostenträgerrechnung der Zurechnung aller im Unternehmen angefallenen Kosten zu den Leistungseinheiten des Betriebes (z. B. Erzeugnisse, Aufträge).

Bevor das Arbeiten mit der Kostenträgerrechnung beginnen kann, werden in einer auftragsneutralen Kalkulation die Plankosten pro Produkt ermittelt, wozu verschiedene Kalkulationsmethoden der Produktkostenplanung herangezogen werden können (siehe Kapitel 3.5).

3.4.1 Stammdaten in der Kostenträgerrechnung

Die nachfolgende Darstellung gibt einen Überblick über den Einfluss der verschiedenen Stammdaten der Kostenstellenrechnung auf die Kostenträgerrechnung:

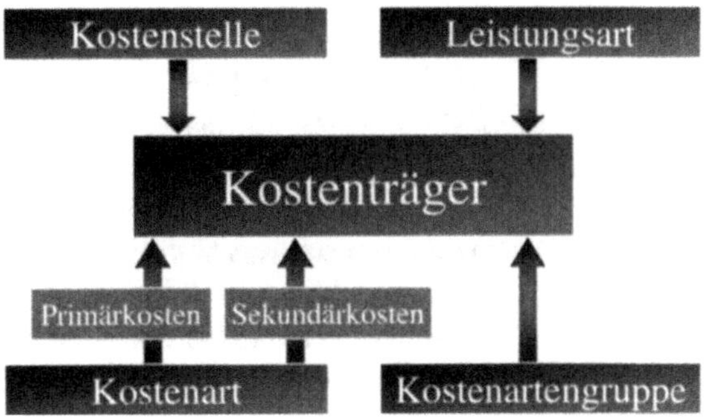

Abb. 3.22 Einfluss des CO auf die Kostenträgerrechnung

Kostenstelle

Eine Kostenstelle ist eine Einheit, in der Kosten entstehen. Sie dient zur:

- Festlegung der Leistungen und Tarife pro Kostenstelle;
- Festlegung der Kosten eines Objekts, mit denen es belastet wird, wenn auf der Kostenstelle Leistungen erbracht werden.

Leistungsart

Leistungsarten drücken die Leistung einer Kostenstelle aus, welche mit Tarifen bewertet werden. Die Tarife werden vom Anwender gesetzt oder vom System iterativ ermittelt.

Kostenart

Bei den Kostenarten, die jeder Kostenbuchung zugeordnet werden muss, wird unterschieden zwischen

- Primärkostenarten (extern bezogene Leistungen und Kostengüter) und
- Sekundärkostenarten (innerbetrieblich erstellte Leistungen).

Der Kostenartentyp gibt an, für welche betriebswirtschaftliche Vorgänge eine Kostenart verwendet werden kann.

Primärkosten, die in der Kostenträgerrechnung Verwendung finden sind:

- **01: Primärkostenarten allgemein**
  Alle Primärbuchungen (z. B. aus FI oder MM) können diese Kostenart belasten, wobei Buchhaltungsbelege erzeugt werden.
- **22: Kostenarten für Abrechnung extern**
  Bei der Abrechnung von z. B. Auftrags- und Projektkosten an CO-externe Objekte (Anlagen, Material oder Sachkonten) wird diese Kostenart benötigt. Buchungsbelege werden auch hier erzeugt.

Sekundärkostenarten, die in der Kostenträgerrechnung Verwendung finden:

- **21: Kostenarten für die interne Abrechnung**
  Bei der Abrechnung von Auftrags- und Projektkosten an CO-interne Objekte (Aufträge, Ergebnisobjekte, Kostenstellen und Projekte) findet diese Kostenart Verwendung.
- **31: Kostenarten für die Ergebnisermittlung**
  Wird die Ware in Arbeit (WIP) oder eine Ergebnisermittlung erzeugt, wird diese Kostenart verwendet, um die Daten des jeweiligen Auftrags oder Projekts zu speichern.
- **41: Kostenarten für Gemeinkostenzuschläge**
  Um Zuschläge von Gemeinkosten an Aufträge, Projekte usw. zu verrechnen, wird diese Kostenart verwendet.

- **43: Kostenarten für direkte innerbetriebliche Leistungsverrechnung**
  Die innerbetriebliche Leistungsverrechnung zur Kostenverrechnung greift auf diese Kostenart zurück.

Innerhalb vom CO-Modul werden nur die Sekundärkosten verwendet.

Kostenartengruppen

Gleichartige Kostenarten werden in Kostenartengruppen zusammengefasst. Sie werden in der Kostenträgerrechnung verwendet, um die Kosten zusammenzufassen, die für die Abrechnung sowie zum Aufbau von Berichten verwendet werden.

3.4.2 Kostenträgerrechnung im Zeitablauf

Die Kostenträgerrechnung beinhaltet drei Stufen:

- Vorkalkulation
- mitlaufende Kalkulation
- Nachkalkulation

Vorkalkulation

Um die Plankosten pro Auftrag zu ermitteln, wird die Vorkalkulation verwendet. Um die dispositiven Abweichungen zu ermitteln, kann die Auftragsvorkalkulation mit der Plankalkulation zum Material verglichen werden.

Abb. 3.23
Kostenträgerrechnung im Zeitablauf

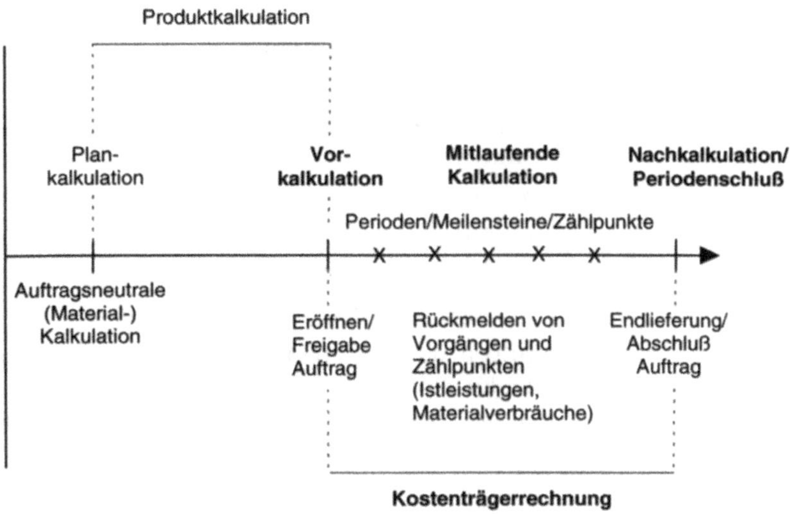

Mitlaufende Kalkulation

Die mitlaufende Kalkulation kommt zur Sammlung der Kosten für die erbrachten Eigen- und Fremdleistungen und eingesetzten Materialien bei jeder relevanten Buchung zur Anwendung. Sie ermöglicht weiterhin einen Einblick in die bis zu einem bestimmten Zeitpunkt entstandenen Kosten. Der Anwender stellt hiermit sicher, dass jede CO-relevante Buchung einer Kostenart und einem Kostenträger zugeordnet ist.

Nachkalkulation

Damit der Auftrag am Ende einer Periode ausgewertet werden kann, gibt es die Nachkalkulation. In der Regel wird sie in der Form eines Periodenabschlusses durchgeführt, der normalerweise nach dem Periodenabschluss in der Kostenstellenrechnung durchgeführt wird.

3.4.3 Kostenträger

Folgende Objekte können als **Kostenträger** fungieren:

- allgemeine Kostenträger
- Produkte
- Aufträge
- Kostenträgerhierarchie
- Projekt
- Netzplan

3.4.3.1 Allgemeine Kostenträger

Unter allgemeinen Kostenträgern werden **immaterielle Güter** und **Dienstleistungen** verstanden. In der Kostenträgerrechnung werden sie über eine Identnummer geführt.

Folgende Aktionen können mit diesen Kostenträgern ausgeführt werden:

- Ermittlung von Plan- und Istkosten;
- Weiterleitung von Istkosten an andere Objekte im R/3-System (z. B. Sachkonto);
- Analyse von Plan- und Istkosten.

Allgemeine Kostenträger unterstützen neben der konventionellen Kalkulation mit Gemeinzuschlägen auch die Prozesskostenrechnung. Die über Zuschläge ermittelten Gemeinkosten werden dabei in Alternativrechnungen durch Prozesskosten ersetzt.

3.4.3.2 Produkt

Diese Kostenträger werden verwendet, um detaillierte Informationen zu den Kosten einzelner Produkte zu gewinnen. Über eine **Erzeugniskalkulation** wird die Kostenträgerrechnung für die Materialien durchgeführt.

Diese Kalkulation dient zur:

- Feststellung der Höhe der auftragsneutralen Kosten pro Produkt;
- Optimierung der Herstellkosten des Produktes durch Vergleichskalkulation;
- Lieferung von Basisinformationen für folgende Funktionen:
  - Vergleiche zwischen Kalkulation und Auftrag
  - Abweichungsermittlung
  - Deckungsbeitragsrechnung
  - Bestandsbewertung

3.4.3.3 Auftrag / Produktionskostensammler

Über Aufträge oder Produktionskostensammler werden **innerbetriebliche Leistungen** abgewickelt. Die Kostenträgerrechnung wird auf der Auftragsebene zu folgenden Zwecken verwendet:

- Feststellung der Höhe der auftragsbezogenen Kosten;
- Ermöglichung der Bewertung des Bestandes an Ware in Arbeit pro Auftrag;
- Optimierung der auftragsbezogenen Kosten.

Abweichungen pro Auftrag werden für Fertigungsaufträge, Serienaufträge, Produktionskostensammler und Prozessaufträge ermittelt und an die Ergebnisrechnung weitergegeben. Gibt es einen rückgemeldeten Ausschuss, kann dieser ebenfalls durch die Abweichungsermittlung bewertet werden. Kundenaufträge dienen zur Abrechnung von **externen Leistungen**. Für einem Kundenauftrag können z. B. Fertigungs- und Prozessaufträge erzeugt werden. Die Kostenträgerrechnung beinhaltet dann nicht nur die direkt zuordenbaren Auftragskosten, sondern auch die Kosten, die in der Fertigung entstehen.

Kundenaufträge

Kosten und Erlöse von Kundenauftrag und Fertigungsauftrag können - wegen der fehlenden direkten Beziehung - erst im CO-PA miteinander verglichen werden.

3.4.3.4 Vertriebsbelegsposition

Die erbrachten Leistungen einer komplexen Kundeneinzelfertigung werden über Vertriebsbelegpositionen (Kundenauftragsposition) abgewickelt.

Diese Art von Kostenträger dient zur:

- Ermittlung der auftragsbezogenen Kosten;
- Gegenüberstellungen von Erlösen und Kosten;
- automatischen Bildung von Rückstellungen für vorhersehbare Verluste;
- Bereitstellung von Basisinformationen für die Ergebnisrechnung.

Für einen Kundenauftrag können Fertigungsaufträge und Prozessaufträge erzeugt werden. Zusätzlich zu den direkt zugeordneten Kosten auf eine Kundenauftragsposition werden dann auch Kosten erfasst, die in der Fertigung entstehen.

3.4.3.5 Kostenträgerhierarchie

Gibt es Istkosten, die keinem Auftrag zugeordnet werden können, erfolgt die Fertigungsabwicklung über ein **Projekt** oder eine **Kostenträgerhierarchie**.

Abb. 3.24 Kostenträgerhierarchie

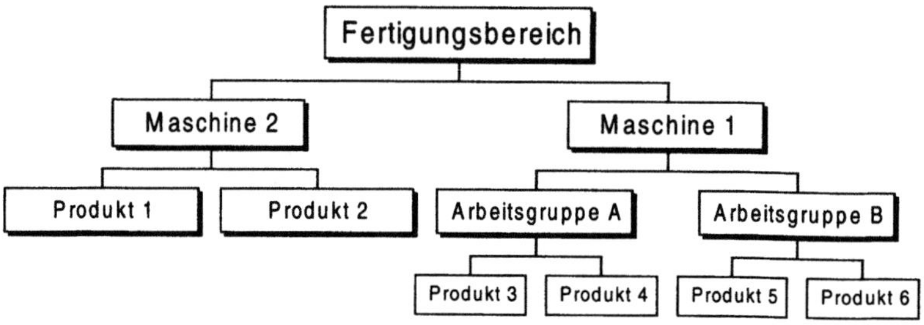

In der Kostenträgerhierarchie werden für jede Ebene Kostenträger-Identnummern vergeben. Jeder Ebene sind bestimmte Istkosten zugeordnet. Die Hierarchiestruktur wird stufenweise defi-niert, man beginnt mit der obersten Ebene und definiert diese als Hierarchieanfang. In den weiteren Ebenen wird ein Verweis auf die übergeordnete Ebene angegeben. Auf der untersten Ebene werden Materialnummern zugeordnet.

3.4.3.6 Projekt

PSP-Elemente

Komplexe Vorhaben werden über Projekte abgebildet. Der Projektstrukturplan (PSP) gliedert das Projekt schrittweise über die einzelnen Ebenen in Strukturelemente. Diese Elemente werden als PSP-Elemente bezeichnet. Pro PSP-Element können Plan- und Istkosten ermittelt sowie Erlöse kontiert werden.

Im Projektsystem unterscheidet man zwischen **Aufbauplanung** und **Ablaufplanung.**

Die Aufbauplanung wird mit dem Projektstrukturplan realisiert. Hier werden Strukturen für die Organisation und Steuerung des Projekts festgelegt und das Projekt in hierarchisch angeordnete Strukturelemente gegliedert (siehe nachfolgende Abb. 3.25).

Abb. 3.25 Aufbauplanung durch Projektstrukturplan

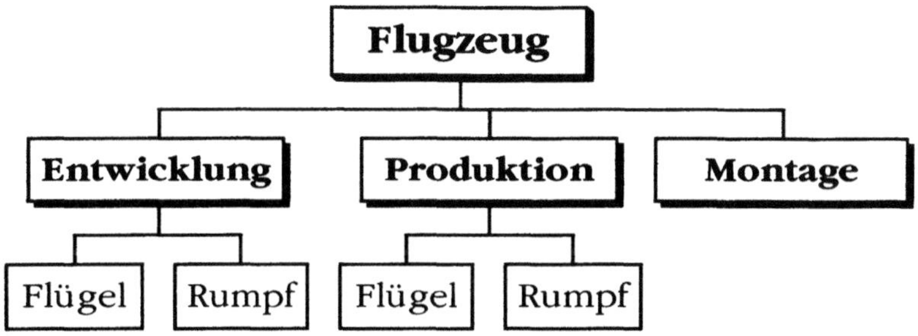

Die Ablaufplanung wird mit dem **Netzplan** realisiert. Dabei werden die Elemente aus der Aufbauplanung (PSP-Elemente) in zeitlicher Reihenfolge gegliedert.

3.4.3.7 Netzplan

Ein Netzplan legt fest, welche **Aufgaben** in welcher **Reihenfolge** zu welchem **Termin** durchgeführt werden sollen. In der Kostenträgerrechnung dient er der Ermittlung von Plan- und Istkosten eines Auftrags.

Komponenten des Netzplans

Der Netzplan besteht aus folgenden Komponenten:

- Kopfdaten
- Vorgängen
- Anordnungsbeziehungen

Kopfdaten

Der Netzplan wird als Basis für die Ablaufplanung eines Projekts verwendet. Er kann einem Projekt, einem Projektstrukturplanelement oder einem Kundenauftrag zugeordnet sein.

Diese Zuordnung wird im Netzplankopf vorgenommen. Weitere Daten im Netzplankopf sind der Status sowie Termine und die Beschreibung des Netzplans.

Vorgänge

Vorgänge, die einem Netzplan zugeordnet werden, lassen sich unterteilen in eigenbearbeitete und fremdbearbeitete Vorgänge. Die Art des Vorgangs wird über den Steuerschlüssel definiert.

Eigenbearbeitete Vorgänge sind Vorgänge, die im eigenen Unternehmen durchgeführt werden, für **fremdbearbeitete Vorgänge** werden bei der Sicherung der Daten automatisch Bestellanforderungen erstellt. Kosten, die während der Durchführung eines Netzplans anfallen, können mit Kostenvorgängen geplant werden (z. B. Versicherungsbeiträge, Beratungshonorare, Lizenzgebühren).

3.5 Produktkostenrechnung

Die Produktkostenrechnung des SAP-Systems unterteilt sich im wesentlichen in die **Erzeugnis-** und die **Einzelkalkulation**. Die Einzelkalkulation bildet die Grundlage für die **Bauteilkalkulation**.

Abb. 3.26
Hierarchie des Produktkostencontrollings im SAP R/3-System

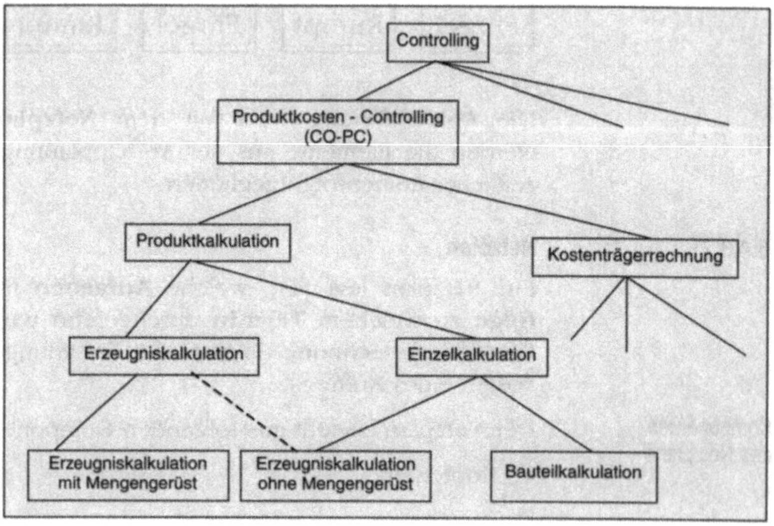

Einzelkalkulation

Über die Einzelkalkulation können Kosten pro Materialkomponente und pro Eigenleistung geplant werden. Sie wird u. a. dazu verwendet, kalkulationsrelevante Daten aus einem SAP-fremden System zu übernehmen.

Bauteilkalkulation

Durch die Bauteilkalkulation können Kosten ohne den Zugriff auf Stücklisten, Wartungspläne, Netzpläne und Arbeitspläne ermittelt werden.

Erfolgt die Kalkulation auf Basis der Daten der Produktionsplanung (PP), handelt es sich um eine **Erzeugniskalkulation mit Mengengerüst**.

Falls die Kalkulation anhand von Daten erfolgt, die in einer Kalkulation manuell eingegeben werden, handelt es sich um eine **Erzeugniskalkulation ohne Mengengerüst**.

Aufgrund der Modulüberschneidung der benötigten Daten ist die Erzeugniskalkulation sowohl bei der Produktionsplanung (**PP**) als auch zum Controlling (**CO**) einzuordnen.

Grundsätzlich lassen sich Erzeugniskalkulationen mit und ohne Mengengerüst und Bauteilkalkulationen anlegen. Die Kalkulationsergebnisse können im Informationssystem abgerufen und verschiedenartig dargestellt werden.

Nur die Erzeugniskalkulation mit Mengengerüst erfüllt prinzipiell die Anforderungen einer automatisierten (Vor)kalkulation. Erzeugniskalkulation ohne Mengengerüst und Einzelkalkulation erfordern einen großen manuellen Aufwand.

3.5.1 Erzeugniskalkulation

3.5.1.1 Erzeugniskalkulation mit Mengengerüst

Die Erzeugniskalkulation mit Mengengerüst benötigt Daten aus den Bereichen Produktionsplanung **(PP)**, Materialwirtschaft **(MM)** und Controlling **(CO)** des R/3- Systems. D. h. es müssen technische und kaufmännische Daten im System vorhanden sein.

„welcome“ (HTML)

Den praktischen Einsatz der CO-Fertigungsauftragskalkulation zur Erstellung von Kalkulationen für Aufträge (mit Mengengerüst) zeigt eine ausführliche **Fallstudie** im Internet (siehe WEB-Adresse im Vorwort).

Wie bereits erwähnt, ist die Erzeugniskalkulation sowohl in der Produktionsplanung als auch im Controlling verfügbar. Daraus ergeben sich die verschiedenen **Menüpfade**, um die Erzeugniskalkulation zu erreichen:

Rechnungswesen ⇨ Controlling ⇨ Produktkost.Rechnung ⇨ Erzeugniskalkulation (für CO)

Logistik ⇨ Produktion ⇨ Erzeugniskalkulation (für PP)

Zeitliche Erstellung

Erzeugniskalkulationen werden zu **verschiedenen Zeitpunkten** im Laufe des Geschäftsjahres erstellt:

- am Anfang des Geschäftsjahres oder der neuen Saison;
- während des Geschäftsjahres;
- vor der Bilanzerstellung.

Kalkulationsvarianten

Diese Termine und auch der Zweck der Kalkulation werden über sogenannte Kalkulationsvarianten unterschieden. In der Standardauslieferung sind die Kalkulationsvarianten **Plankalkulation**, **Sollkalkulation**, **Aktuelle Kalkulation** und **Inventurkalkulation** enthalten. Andere Kalkulationsvarianten können im Customizing der Produktkalkulation eingestellt werden.

Controlling ⇨ Produktkosten-Controlling ⇨ Produktkalkulation ⇨ Erzeugniskalkulation mit Mengengerüst ⇨ Kalkulationsvarianten festlegen

Plankalkulation

In der Regel wird eine Plankalkulation am **Anfang eines Geschäftsjahres** oder einer **neuen Saison** erstellt. Die Plankalkulation ist dann für das ganze Jahr bzw. die ganze Saison gültig.

Die Standardpreisermittlung dient dazu, einen Standardpreis für Materialien mit dem Preissteuerungskennzeichen „S" (Standard) in diesem Zeitraum zu ermitteln. Wenn die Plankalkulation vorgemerkt wird, übernimmt das System den über die Plankalkulation ermittelten Preis als zukünftigen Standardpreis in die Kalkulationssicht des Materialstammsatzes. Dieser Preis ist somit für die interne Materialbewertung aktiv. Er kann beispielsweise zur Bewertung einer Materialkomponente in der Kalkulation herangezogen werden. Wenn die Plankalkulation freigegeben wird, übernimmt das System das Ergebnis der Plankalkulation als **Standardpreis in den Materialstammsatz** des Materials.

Dieser Preis ist somit für die Finanzbuchhaltung aktiv und wird zur **Bewertung des Materials** bis zur nächsten Freigabe einer Plankalkulation verwendet. In diesem Zeitraum werden alle Bewegungen von eigengefertigten Produkten in der Logistik mit dem Standardpreis (d. h. den Ergebnissen der Plankalkulation) bewertet. Wird ein Material mit Standardpreissteuerung beispielsweise an das Lager geliefert, dann werden Bestände dieses Materials mit dem über die Plankalkulation ermittelten Standardpreis bewertet.

Verwendung der Plankalkulation

Die Ergebnisse der Plankalkulation können auch verwendet werden, um zu ermitteln, welche Abweichungen aufgetreten, wie viel Ausschuss produziert und wie viel Ware sich in Arbeit befindet. Diese Angaben sind pro Fertigungsauftrag bzw. Serienauftrag am Ende der Buchungsperiode ermittelbar.

Die Plankalkulation sollte während eines Zeitraumes **nicht geändert** werden. Die Kalkulationsergebnisse bleiben somit konstant und lassen Preisschwankungen und Änderungen in der Fertigungsstruktur im Laufe des Planungszeitraums außer Betracht.

Sollkalkulation

Die Sollkalkulation kann verwendet werden, um die Herstellkosten eines Materials im Laufe des Geschäftsjahres zu ermitteln. Eine Sollkalkulation wird beispielsweise erstellt, wenn sich innerhalb der Planungsperiode die Basisdaten (z. B. geänderte Losgröße) für die Kalkulation geändert haben. In der Sollkalkulation wird das aktuelle Mengengerüst mit denselben Preisen wie in der Plankalkulation bewertet.

Informationssystem

Im Informationssystem können die Ergebnisse der Sollkalkulation mit den Ergebnissen der Plankalkulation verglichen werden, um die Auswirkungen von Änderungen in der Fertigungsstruktur auf die Kosten festzustellen.

Rechnungswesen ⇨ Controlling ⇨ Erzeugniskalkulation ⇨ Infosystem ⇨ Berichtsauswahl

Verwendung der Plankalkulation

Für die **kurzfristige Planung** kann die Sollkalkulation die Plankalkulation ersetzen. Für die Erfolgskontrolle und die Abweichungsermittlung dient die Plankalkulation nach wie vor als Grundlage.

Die Ergebnisse der Sollkalkulation können in den Materialstammsatz als **Planpreis** (*Planpreis 1, 2* und *3*) übernommen werden. Dieser Planpreis wird somit für die interne Materialbewertung aktiv und kann als Basis für die Bewertung des Materials in der Erzeugniskalkulation dienen.

Aktuelle Kalkulation

Der Verwendungszweck der aktuellen Kalkulation besteht darin, die Herstellkosten eines Materials im Laufe des Geschäftsjahres zu ermitteln. Eine aktuelle Kalkulation kann für bestimmte Entscheidungsfälle jederzeit erstellt werden. Sie bewertet das aktuelle Mengengerüst mit den aktuellen Preisen.

Informationssystem

Im Informationssystem sind die Ergebnisse der aktuellen Kalkulation mit den Ergebnissen der Sollkalkulation vergleichbar, um die Auswirkungen von Preisänderungen auf die Kosten festzustellen.

Verwendung der aktuellen Kalkulation

Die Ergebnisse der aktuellen Kalkulation können in den Materialstammsatz als Planpreis (*Planpreis 1, 2* und *3*) übernommen werden. Der durch die aktuelle Kalkulation ermittelte Planpreis kann als Basis für eine Bewertung des Materials in der Erzeugniskalkulation dienen.

Inventurkalkulation

Die Inventurkalkulation wird verwendet, um Wertansätze für die steuerrechtliche und handelsrechtliche Bestandsbewertung zu ermitteln. Kurz vor der Bilanzerstellung kann eine Inventurkalkulation durchgeführt werden, um die Materialien im Bestand für die Handels- und Steuerbilanz zu bewerten. Sie berücksichtigt die Materialpreise, die in der Materialwirtschaft (MM) hinterlegt sind und die Tarife für die Eigenleistungen, die im Controlling (CO) geplant bzw. ermittelt werden.

Die Erzeugniskalkulation mit Mengengerüst greift, wie anfangs schon erwähnt, auf Daten in der Produktionsplanung PP, in der Materialwirtschaft MM und im Controlling CO des R/3-Systems zu.

Unabhängig von der Kalkulationsvariante erfolgt die Kalkulation auf folgende Weise bzw. in folgenden Schritten:

1. Aufbau des Mengengerüsts (Stückliste und Arbeitsplan)
2. Bewertung des Mengengerüsts und Ermittlung der Gemeinkostenzuschläge
3. Speicherung der Kalkulation

Anlegen einer Erzeugniskalkulation mit Mengengerüst

Um eine Erzeugniskalkulation mit Mengengerüst anzulegen, können folgende Pfade gewählt werden:

Rechnungswesen ⇨ Controlling ⇨ Produktkostenrechnung ⇨ Erzeugniskalkulation ⇨ Kalkulation ⇨ Mit Mengengerüst ⇨ anlegen

oder:

Logistik ⇨ Produktion ⇨ Erzeugniskalkulation ⇨ Kalkulation ⇨ Mit Mengengerüst ⇨ anlegen

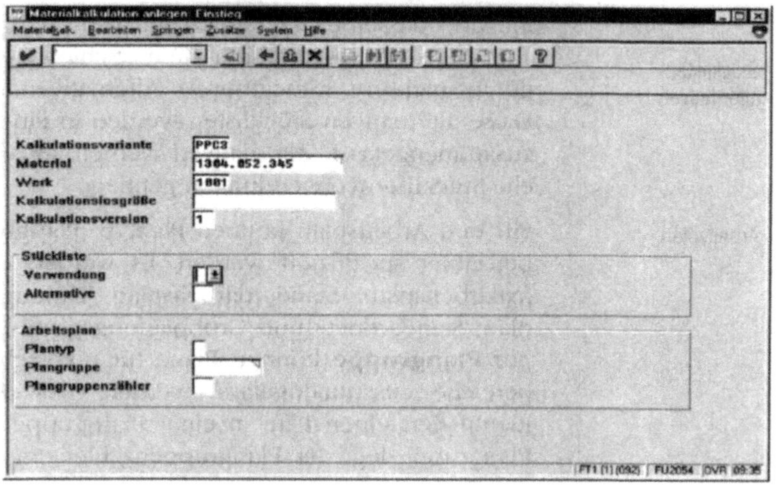

Abb. 3.27 Materialkalkulation anlegen

Kalkulationsvariante

Die Kalkulationsvariante kennzeichnet den Schlüssel, der festlegt, wie eine Kalkulation durchgeführt und bewertet wird. Sämtliche Steuerungsdaten für die Kalkulation sind hier zusammengefasst. In der Erzeugniskalkulation bestimmt die Kalkulationsvariante, wie die Stücklisten und der Arbeitsplan zum Aufbau des Mengengerüsts selektiert werden, welche Preise selektiert werden, um das Mengengerüst zu bewerten und wie die Gemeinkostenzuschläge ermittelt werden.

Kalkulationsversion

Mit der Kalkulationsversion wird festgelegt, welche Kalkulation zum selben Material mit unterschiedlichen Mengengerüsten benutzt wird.

Kalkulationslosgröße

Mit der Kalkulationslosgröße wird die zu kalkulierende Losgröße bestimmt. Wenn keine Losgröße angegeben wird, übernimmt das System die Kalkulationslosgröße aus der Kalkulationssicht des Materialstammsatzes.

Stückliste und Arbeitsplan

Über die Spezifizierung von Stückliste und Arbeitsplan können weitere Details zur Erzeugniskalkulation festgelegt werden.

Stücklistenverwendung

Zur **Stückliste** bestehen Vorgabemöglichkeiten für Verwendung und Alternative. Die (Stücklisten-) Verwendung ist ein Schlüssel, der festlegt, in welchem Unternehmensbereich die Stückliste verwendet werden kann (z. B. Konstruktion, Fertigung), vorausgesetzt entsprechende Stücklisten werden im System gepflegt.

Stücklisten-alternativen

Ein und dasselbe Erzeugnis kann bspw. aufgrund unterschiedlicher Herstellungsverfahren für verschiedene Losgrößenbereiche durch mehrere (Stücklisten-) Alternativen abgebildet werden. Diese alternativen Stücklisten werden in einer Mehrfachstückliste zusammengefasst. Alternativen werden separat für unterschiedliche Stücklistenverwendungen gepflegt.

Arbeitsplan

Für den Arbeitsplan können Plantyp, Plangruppe und Plangruppenzähler spezifiziert werden. Es werden die **Plantypen** Normalarbeitsplan, Standardarbeitsplan, Linienplan, Standardlinienplan, Standardnetz und Grobplanungsprofil unterschieden. In einer **Plangruppe** können Pläne für unterschiedliche Losgrößenbereiche zusammengefasst werden. Der **Plangruppenzähler** identifiziert einen Plan in einer Plangruppe. Zusammen mit der Plangruppe legt der Plangruppenzähler eindeutig einen Arbeitsplan fest.

Nach Eingabe dieser Daten und Betätigen der [Enter]-Taste wird das Dialogfenster **Steuerungsdaten** sichtbar:

Abb. 3.28 Dialogfenster mit Steuerungsdaten

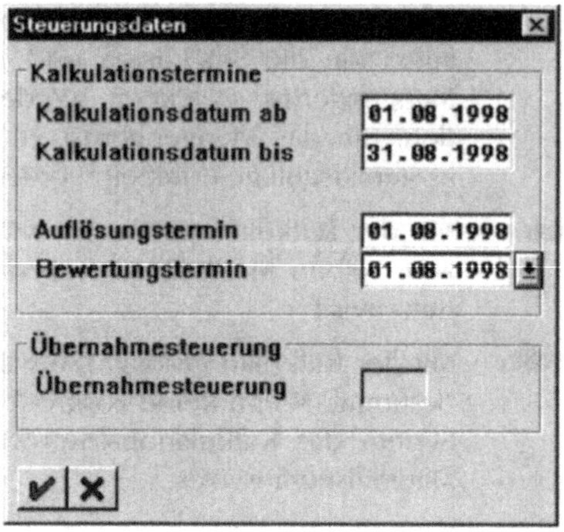

Die vorgeschlagenen Kalkulationstermine und ggf. die Übernahmesteuerung sollten überprüft werden. Anschließend wird das Material kalkuliert.

Manuelle Kalkulation

Die manuelle Kalkulation ist als Ergänzung zur Erzeugniskalkulation mit Mengengerüst vorgesehen. Im Customizing des Produktkosten-Controllings wird bestimmt, ob eine vorhandene manuelle Kalkulation bei der Materialbewertung berücksichtigt wird.

Einsatzgebiet

Sie wird eingesetzt, falls einzelne **Positionen nicht** in Stücklisten oder Arbeitsplan **erfasst** sind. So z. B. Kosten für Materialien, für die noch keine Stückliste definiert worden ist; Kosten für Arbeitsfolgen, für die noch kein Arbeitsplan definiert worden ist oder eine explizite Berücksichtigung von Sondereinzelkosten der Fertigung. Es können jedoch nur Kosten auf Kostenelementeebene verändert werden, d. h. Einzelpositionen sind nicht einzugeben. Damit die Ergebnisse der manuellen Kalkulation zu den Ergebnissen der maschinellen Kalkulation addiert werden können, müssen die Einträge im Einstiegsbild der manuellen Kalkulation mit denen der maschinellen Kalkulation übereinstimmen.

3.5.1.2 Erzeugniskalkulation ohne Mengengerüst

Die Erzeugniskalkulation ohne Mengengerüst ermöglicht folgende Funktionen :

Funktionen

- Planung der Kosten für Rohstoffe, Eigenleistungen und Fremdleistungen in Form einer Einzelkalkulation;
- Zuordnung der Gemeinkosten im Fertigungs- und Materialbereich zu einem Produkt;
- Zuordnung der ermittelten Kosten zu Kostenelementen und Speicherung in dieser Form;
- gegliederte Anzeige der Materialeinsatzkosten für Halbfabrikate nach Kostenelementen.

Datenzugriff

Die Erzeugniskalkulation ohne Mengengerüst greift auf Daten in der Materialwirtschaft MM (z. B. Dienstleistungstarif) und auf Daten im Controlling CO (z. B. Wert eines Bauteils) des R/3-Systems zu.

Anlegen einer Erzeugniskalkulation ohne Mengengerüst

Die Vorgaben der Erzeugniskalkulation ohne Mengengerüst, d. h. ohne Zugriff auf Stückliste und Arbeitsplan, sind den Vorgaben der Kalkulation mit Mengengerüst sehr ähnlich. Auszufüllende **Mussfelder** sind **Kalkulationsvariante, Material** und **Werk**. Darüber hinaus wird der Kalkulationszeitraum vorgegeben. Das Tagesdatum als „Ab-Zeitpunkt" wird fakultativ vorgegeben, kann aber geändert werden; das „Bis-Datum" wird standardmäßig auf 31.12.9999 gesetzt, kann aber auch angepasst werden.

Abb. 3.29
Erzeugniskalkulation ohne Mengengerüst anlegen

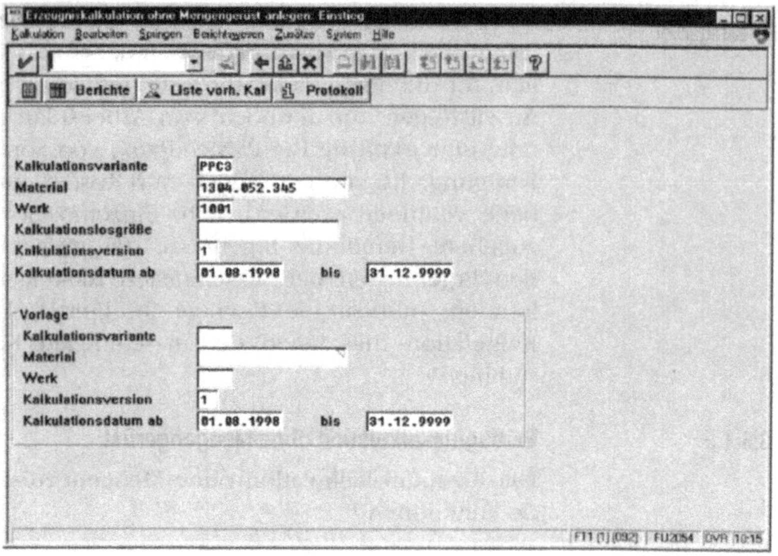

Im unteren Teil der Bildschirmmaske besteht die Möglichkeit eine Vorlage-Kalkulation auszuwählen. Die vorgegebenen Daten können übernommen oder modifiziert werden.

3.5.2 Bauteilkalkulation

Die Bauteilkalkulation, wie auch die Erzeugniskalkulation ohne Mengengerüst, benutzen die Funktionalität der Einzelkalkulation.

Einzelkalkulation

Die Einzelkalkulation ist ein Werkzeug zur Kostenplanung und Preisbildung. Über die Einzelkalkulation können die Kosten für verschiedene Objekte geplant werden. Für manche Objekte können die Kosten nur über die Einzelkalkulation geplant werden (z. B. Kostenträger-Identnummer, Fertigungsauftrag im Controlling). Die Kalkulationswerte können sich entweder auf die Gesamtlaufzeit des Objektes oder auf ein bestimmtes Geschäftsjahr beziehen.

Die Einzelkalkulation hat den **Vorteil**, dass die Kosten nicht nur auf Kostenartenebene, sondern auch pro Materialkomponente und pro Eigenleistung geplant werden können. Es kann auch eine Losgröße eingetragen und die Auswirkung der Losgrößenänderung auf die einzelnen Kalkulationspositionen überprüft werden.

In der Einzelkalkulation können folgende Bezugsobjekte angelegt werden:

Bezugsobjekte

- Material (Erzeugniskalkulation ohne Mengengerüst)
- Kostenträger-Identnummer
- Fertigungsauftrag im Controlling (CO-Fertigungsauftrag)
- Verkaufsbelegposition (Anfrage, Angebot, Kundenauftrag)
- Projekt (PSP-Element) Projekt-Struktur-Plan
- Innenauftrag
- Primärkostenart
- andere Bauteile

Die Bauteilkalkulation erlaubt es, Produktkosten ohne Zugriff auf Stücklisten und Arbeitspläne zu ermitteln und die Kosten zur Erbringung einer Leistung ohne Zugriff auf Netzpläne, Wartungspläne oder Arbeitspläne zu ermitteln. Folgender Pfad führt zur Bauteilkalkulation:

Rechnungswesen ⇨ Controlling ⇨ Produktkosten ⇨ Rechnung ⇨ Bauteilkalkulation

Einsatzmöglichkeiten

Die **Bauteilkalkulation** kann im R/3-System auf folgende Weise eingesetzt werden:

1. als Tabellenkalkulation ohne Zugriff auf Daten im R/3-System;
2. als Tabellenkalkulation mit Zugriff auf Daten im R/3-System;
3. als Position (Bauteil) in einer weiteren Kalkulation im R/3-System;
4. als Vorlage bei der Planung von bestimmten Bezugsobjekten im R/3-System.

3.5.3 Visualisierung der Kalkulationsergebnisse

Zur Visualisierung sämtlicher durch das System erstellten Berichte bietet R/3 das Informationssystem an. Um Berichte zur Kalkulation abzurufen, ist folgender **Pfad** notwendig:

Infosysteme ⇨ Rechnungswesen ⇨ Produktkosten ⇨ Produktkalkulation ⇨ Erzeugniskalkulation bzw. *⇨ Bauteilkalkulation*

Erzeugniskalkulation

Mit den Standardberichten im Informationssystem werden die über die Erzeugniskalkulation ermittelten Kosten in folgenden Formen angezeigt:

- als Kostenelemente;
- als Kostenarten;
- als Einzelnachweis;
- als Einzelnachweis gemäß der Fertigungsstruktur (bewertete Strukturstückliste).

Objekte

Zusätzlich können folgende Objekte verglichen werden:

- zwei Erzeugniskalkulationen;
- Auftrag und Erzeugniskalkulation;
- zwei Aufträge.

Mit den Standardberichten im Informationssystem werden die über die **Bauteilkalkulation** ermittelten Kosten in folgenden Formen angezeigt:

- Kostenarten/Herkunft
- Kalkulationspositionen

Mit weiteren Standardberichten zur Bauteilkalkulation können

- Bauteile gesucht werden,
- die Verwendung von Bauteilen ermittelt werden und
- die Kalkulationspositionen eines Bauteils, das mehrere Bauteile enthält, hierarchisch dargestellt (mehrstufige Auflösung) werden.

Die Berichte zur Erzeugniskalkulation und zur Bauteilkalkulation können aus **Berichtsbäumen** im Informationssystem selektiert werden.

Abb. 3.30
Berichtsbaum der Erzeugniskalkulation

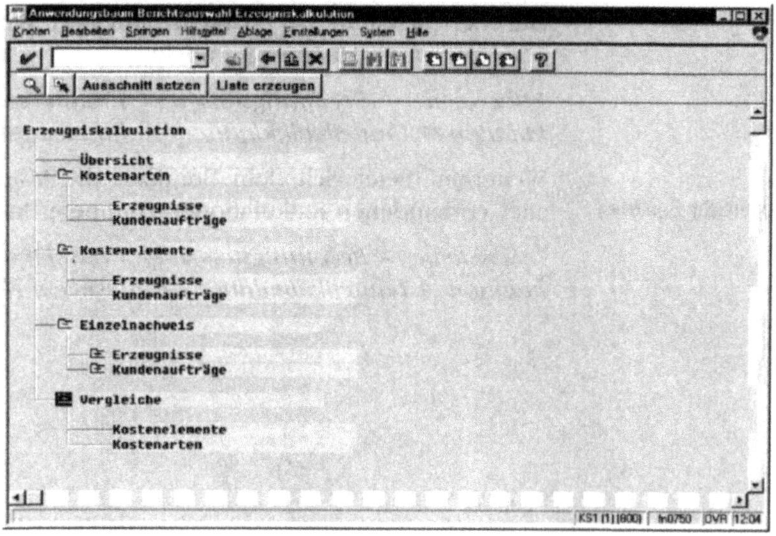

Menüpfad, über den der Berichtsbaum erreicht werden kann:

Infosysteme ⇨ Rechnungswesen ⇨ Produktkosten ⇨ Produktkalkulation ⇨ Erzeugniskalkulation ⇨ Infosystem ⇨ Berichtsauswahl

Abb. 3.31
Berichtsbaum der Bauteilkalkulation

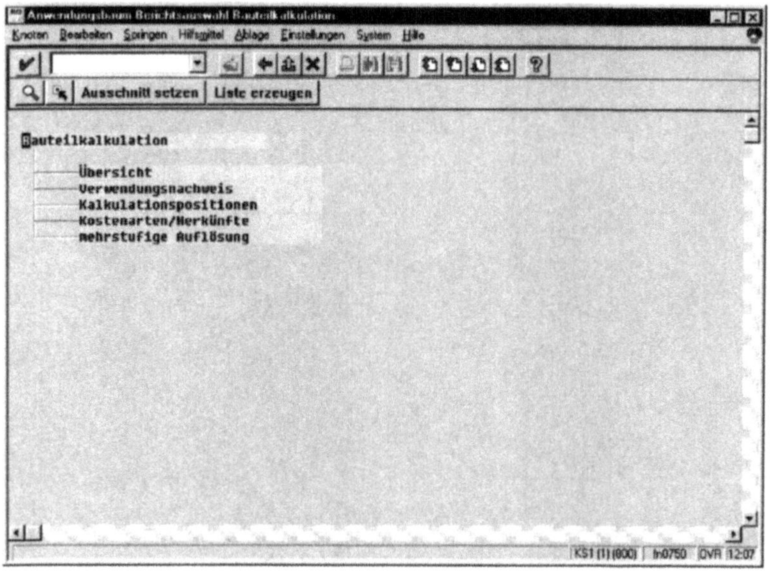

Der Berichtsbaum der Bauteilkalkulation wird vom Anwender über folgenden Menüweg erreicht:

Infosysteme ⇨ Rechnungswesen ⇨ Produktkosten ⇨ Produktkalkulation ⇨ Bauteilkalkulation ⇨ Infosystem ⇨ Berichtsauswahl

Übersicht: Bauteile

Weiterhin bietet sich dem Benutzer die Möglichkeit, eine Liste aller vorhandenen Kalkulationen zu einem Bauteil aufzurufen.

Infosysteme ⇨ Rechnungswesen ⇨ Produktkosten ⇨ Produktkalkulation ⇨ Bauteilkalkulation ⇨ Infosystem ⇨ Übersicht Bauteile

3.6 Ergebnisrechnung

Die Ergebnis- und Marktsegmentrechnung (CO-PA) des R/3-Systems ist in das Modul **CO** (Controlling) integriert. Mit diesem System ist der Benutzer in der Lage, die Beurteilung von Marktsegmenten, nach verschiedenen Gesichtspunkten gegliedert, vorzunehmen.

Ein leistungsfähiges Controlling wird durch die **modulare** und **durchgängige** Integration des R/3-Systems gewährleistet, da die Ergebnisrechnung vollständig in den integrierten Wertefluss der verschiedenen Module eingebunden ist.

Formen der Ergebnisrechnung

Die Ergebnisermittlung erfolgt nach dem **Umsatzkostenverfahren**. Weiterhin können zwei Formen der Ergebnisrechnung ausgewählt werden: die kalkulatorische und die buchhalterische Ergebnisrechnung. Kosten und Erlöse werden in der **kalkulatorischen Ergebnisrechnung** nach frei definierbaren Wertfeldern gegliedert und zum Teil auf der Basis kalkulatorischer Ansätze gebucht; d. h. abgegrenzte und kalkulatorische Werte können gebucht werden, die nicht mit der Finanzbuchhaltung abgestimmt werden können. Die **buchhalterische Ergebnisrechnung** hingegen gliedert die Kosten und Erlöse in Kontenform und bucht diese nach buchhalterischem Wertansatz.

Ziel der Ergebnisrechnung ist es - aus der Sicht des Marktes - die Bereiche Vertrieb, Marketing, Produkt-Management und Unternehmensplanung mit Informationen für das Controlling und die Entscheidungsfindung zu unterstützen.

Zum einfacheren Verständnis der folgenden Kapitel werden eingangs einige SAP-spezifische Begriffe erläutert, die nach Meinung des Verfassers zum weiteren Verständnis der Ausführungen notwendig sind, wobei kein Anspruch auf Vollständigkeit erhoben wird.

3.6.1 Begriffserläuterungen

Der Begriff **Objekt** wird im R/3-System universell genutzt. Ein Objekt bezeichnet jede „Sache“, die im R/3 angelegt und gepflegt werden kann. Objekte können bspw. sein: Materialien, Fertigungsaufträge, Projekte.

Ein **Mandant** ist eine für sich handelsrechtlich, organisatorisch und datentechnisch abgeschlossene Einheit innerhalb des R/3-Systems mit getrennten Stammsätzen und einem eigenständigen Satz von Tabellen.

Unter einem **Buchungskreis** - im Sinn von SAP - versteht man die kleinste organisatorische Einheit des externen Rechnungswesens, die das Unternehmen aus der Sicht der Finanzbuchhaltung gliedert und für die eine vollständige, in sich abgeschlossene Buchhaltung abgebildet werden kann (einschließlich der Erstellung aller Nachweise für einen gesetzlichen Einzelabschluss).

Ein **Kostenrechnungskreis** ist eine organisatorische Einheit innerhalb eines Konzerns, für die eine vollständige, in sich geschlossene Kostenrechnung durchgeführt werden kann.

Der **Ergebnisbereich** gliedert das Unternehmen aus Sicht der Ergebnisrechnung und stellt eine organisatorische Einheit des Rechnungswesens dar. Weiterhin ist er als ein Teil eines Konzerns anzusehen, für den eine einheitliche Segmentierung des Absatzmarktes vorliegt.

Die klassifizierenden Merkmale (z. B. Artikel, Kundengruppe, Vertriebsbereich) des Ergebnisbereichs mit ihren Merkmalsausprägungen stellen die **Ergebnisobjekte** dar. Ein Ergebnisobjekt wird manchmal auch als Segment bezeichnet.

Unter **Customizing** versteht man eine Methode, die Werkzeuge für Systemeinstellungen und deren Dokumentation zur Verfügung stellt. Diese Methode soll den Anwender bei Einführung und Erweiterung des R/3-Systems unterstützen. Zugleich stellt das Customizing auch Werkzeuge für den Release-Wechsel und den System-Upgrade zur Verfügung. Weiterhin lässt sich das System R/3 über das Customizing an die unternehmensspezifischen Bedürfnisse anpassen (keine Modifikation der Standardfunktionen).

3.6.2 Benötigte Stammdaten

Ein zentraler Begriff in der Ergebnisrechnung ist der **Ergebnisbereich** mit seinen **Merkmalen** und **Wertfeldern**. Er „stellt eine organisatorische Einheit eines Unternehmens dar, für die eine einheitliche Struktur bzw. Segmentierung des Absatzmarktes vorliegt".[1]

1 SAP AG [Hrsg.]: Schulungsunterlagen Ergebnis- und Marktsegmentrechnung AC605, Release 3.1G, Walldorf 1997, S. 2-3

Merkmale bilden die **charakterisierenden Felder** des Ergebnisbereichs, nach denen die Daten in der Ergebnis- und Marktsegmentrechnung ausgewertet werden können. Standardmäßig sind schon einige Merkmale in jedem Ergebnisbereich enthalten, von denen die SAP AG annimmt, dass diese häufig gebraucht werden. Zusätzlich zu den festen Merkmalen lassen sich bis zu **30 Merkmale** definieren, die dann die spezifischen Controllinganforderungen der einzelnen Firmen abdecken sollen.

Um die zu berichtenden Werte bzw. Mengen in der kalkulatorischen Ergebnisrechnung abbilden zu können, werden **Wertfelder** benötigt. In der buchhalterischen Ergebnisrechnung erfolgt die Erfassung der Werte auf Kontenebene.

Arten von Wertfeldern

Es wird zwischen zwei Arten von Wertfeldern unterschieden:

- Wertfelder, die Währungsbeträge enthalten. Diese Wertfelder werden auch als Betragsfelder bezeichnet. Alle Betragsfelder eines Einzelpostens in der Ergebnisrechnung haben die gleiche Währungseinheit.
- Wertfelder, die Mengen enthalten, werden auch als Mengenfelder bezeichnet. Zu jedem Mengenfeld existiert genau ein Feld mit der Mengeneinheit, so dass ein Einzelposten Mengen in unterschiedlichen Einheiten enthalten kann.

Auch bei den Wertfeldern wurden von der SAP AG schon die besonders häufig benötigte Wertfelder vordefiniert, wie z. B. Erlös, Absatzmenge, Eingangsfracht, Ausgangsfracht. Diese werden als Vorschlagswertfelder bezeichnet. Außer den vordefinierten Wertfeldern können weitere Wertfelder definiert werden. Die Definition der Wertfelder erfolgt unabhängig vom Ergebnisbereich und ist mandantenübergreifend. Um selber Wertfelder anlegen zu können, muss der Benutzer im Customizing wählen:

Strukturen ⇨ Ergebnisbereich definieren ⇨ Wertfelder pflegen

Zuordnung der Organisationseinheiten

Damit die Daten aus den anderen Modulen bzw. aus Fremdanwendungen richtig eingegliedert werden können, gibt es eine Zuordnung der organisatorischen Begriffe Buchungs- und Kostenrechnungskreis zum Ergebnisbereich. Der **Ergebnisbereich** leitet sich aus dem **Kostenrechnungskreis** ab. Mehrere Kostenrechnungskreise können einem Ergebnisbereich zugewiesen werden. Der Kostenrechnungskreis wiederum ist aus dem **Buchungskreis** ableitbar und dieser Kostenrechnungskreis bezieht seine Daten aus mehreren Buchungskreisen.

Ergebnisbereich anlegen

Um einen **Ergebnisbereich** anzulegen, muss der Benutzer im Customizing folgenden **Menüpfad** wählen:

Controlling ⇨ Ergebnis- und Marktsegmentrechnung ⇨ Grundeinstellungen ⇨ Ergebnisbereich pflegen

Der Ergebnisbereich ist in die zwei Bereiche **Attribute** und **Datenstrukturen** untergliedert. Die Customizing-Einstellungen des Ergebnisbereichs sind **mandantenunabhängig**, wobei in jedem Mandanten die Attribute des Ergebnisbereichs neu angelegt werden müssen.

Attribute

Auf dem Einstiegsbild wird ein **4-stelliger Name** für den Ergebnisbereich vergeben. Zuerst müssen die Attribute des Ergebnisbereichs gepflegt werden. Dazu muss bei Teilobjekt *„Attribute“* ausgewählt werden und anschließend die Drucktaste 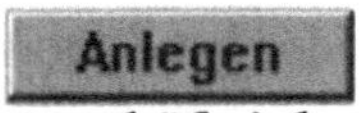

betätigt werden. Hier wird die **Währung** und die **Geschäftsjahresvariante** eingestellt. Die Währung ist für alle Buchungen bestimmend, d. h. alle Buchungen der Ergebnisrechnung werden in die hier eingestellte Währung umgerechnet. Die Geschäftsjahresvariante legt für den Ergebnisbereich die **Anzahl** der **Buchungsperioden** im Geschäftsjahr fest. Wird die kalkulatorische Ergebnisrechnung eingesetzt, so muss unter bestimmten Voraussetzungen die Geschäftsjahresvariante des Ergebnisbereichs mit der des Kostenrechnungskreises identisch sein. Jedoch müssen die beiden Geschäftsjahresvarianten bei Einsatz der buchhalterischen Ergebnisrechnung immer gleich sein.

Nachdem die Attribute gespeichert sind, müssen die Datenstrukturen angelegt werden.

Zu den **Datenstrukturen** gehören die Merkmale und Wertfelder. Zuerst werden die Merkmale definiert.

Abb. 3.32
Anlegen/Ändern der Merkmale eines Ergebnisbereichs

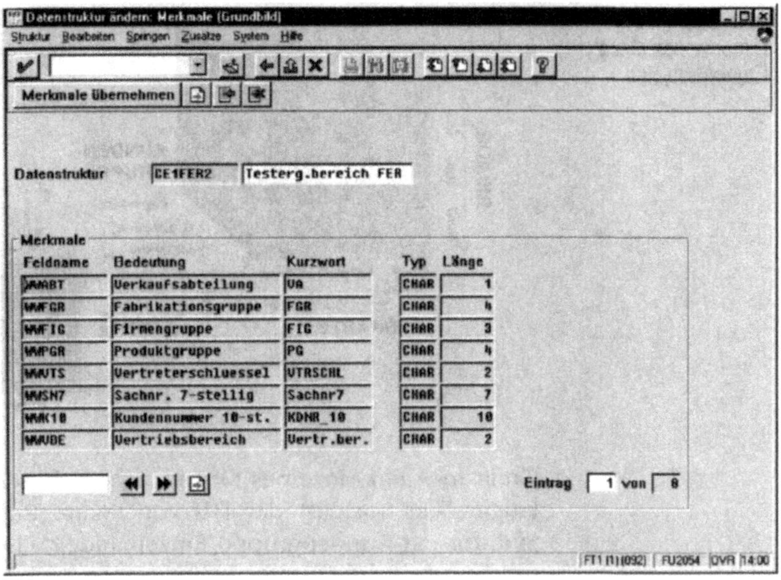

Durch den Einsatz von Merkmalen in der Ergebnisrechnung ist ein differenzierter Ergebnisausweis und eine differenzierte Absatz- und Ergebnisplanung möglich. Durch Kombinieren der einzelnen Merkmalswerte ergeben sich die sog. Ergebnisobjekte.

Merkmale zur Bildung eines Ergebnisobjekts können sein:

- **Artikel** (Artikel, Artikelgruppe, Sortiment)
- **Kunden** (Kunde, Kundengruppe, Branche)
- **Vorgang** (Auftragsart, Auftragsgröße)
- **Organisation** (Vertriebsweg, Profit Center)

Folgendes Schaubild (Abb. 3.33) soll die Dimensionen eines Ergebnisobjekts darstellen, im Beispiel drei Dimensionen:

Abb. 3.33
Dimensionen eines Ergebnisobjekts

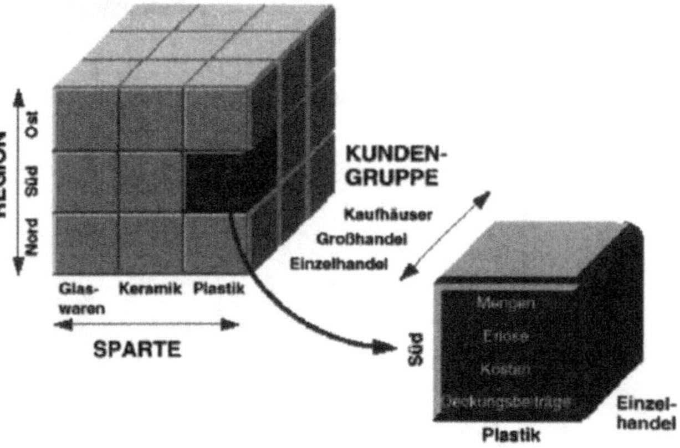

Greift man ein einzelnes Objekt heraus, beschreibt dies z. B. die Frage „Wie hoch ist der DB von Sparte Plastik, in der Region Süd, für die Kundengruppe Einzelhandel?". Das gleiche lässt sich mit Kosten, Erlösen usw. realisieren.

Definition Merkmale

Über den Button **Merkmale übernehmen** lässt sich der **Feldkatalog** der bereits definierten Merkmale aufrufen. Hier bietet sich dem Benutzer die Möglichkeit ein bzw. mehrere Merkmale auszuwählen und diese in den zu definierenden Ergebnisbereich zu übernehmen. Falls diese Fixmerkmale nicht ausreichend sind, kann sich der Benutzer **eigene Merkmale definieren**, die nur in der Ergebnisrechnung verwendet werden können. Für solche Felder gibt es folgende **Namenskonventionen**: die Feldlänge beträgt fünf Zeichen und die ersten zwei Stellen müssen ein „W" sein („WWXXX", wobei „XXX" vom Benutzer vergeben werden kann). Der Inhalt der selbstdefinierten Felder kann entweder direkt bei der Buchung gefüllt werden oder aus R/3-Stammdatentabellen gezogen werden (genauere Erläuterung erfolgt unten). Nachdem die Merkmale des Ergebnisbereichs definiert sind, können die Wertfelder gepflegt werden.

Definition Wertfelder

Um von der Merkmalsübersicht in die Wertfelderübersicht zu wechseln, ist ein Betätigen der -Taste notwendig. Analog zur Definition der Merkmale gibt es auch in dieser Übersicht einen **Feldkatalog**, der die bereits definierten Wertfelder beinhaltet (Taste **Wertfelder übernehm.**).

Zur Vermeidung von Namenskonflikten müssen manuell eingegebene Wertfelder vier oder fünf Zeichen lang sein und mit „VV" beginnen. Weiterhin muss über einen Radio-Button kenntlich gemacht werden, ob es sich um ein Mengen- oder Wertfeld handelt.

Aktivierung und Generierung

Nachdem die Merkmale und Wertfelder definiert wurden, muss eine Speicherung erfolgen. Im Anschluss daran wird über das Menü

Struktur ⇨ Aktivieren

der Ergebnisbereich aktiviert und generiert.

Stammdatentabellen

Zu beachten ist, dass für alle eigendefinierten Merkmale Tabellen angelegt werden (Tabellen T25xx). Diese müssen gepflegt und mit Werten gefüllt werden, damit eine Überprüfung bei z. B. der Einzelpostenbuchung stattfinden kann. Das Pflegen dieser Tabellen kann, je nach Anzahl der Merkmalsausprägungen, mit einem enormen Zeitaufwand verbunden sein.

Merkmalsableitung

Wie bereits erwähnt, können eigendefinierte Merkmale aus bestehenden Merkmalen abgeleitet werden, sofern sie nicht anderweitig mit Merkmalswerten gefüllt werden. Zwischen den meisten Merkmalen der Ergebnisrechnung bzw. des einzelnen Ergebnisbereichs bestehen in der Regel logische Abhängigkeiten, die im R/3-System durch sog. Merkmalsableitungen genutzt werden können. Prinzipiell stehen zwei verschiedene Möglichkeiten zur Verfügung, um Merkmale abzuleiten.

Ableitungsstrukturen und -regeln

Über Ableitungsstrukturen und Ableitungsregeln bietet sich eine Möglichkeit. Zuerst müssen für die eigendefinierten Merkmale Ableitungsstrukturen angelegt werden. Diese beschreiben, welche Merkmale (Zielfelder) von welchen anderen Merkmalen (Quellfelder) abgeleitet werden. Aus maximal drei Quellmerkmalen können bis zu fünf Zielmerkmale abgeleitet werden. Als Quellfelder können bereits abgeleitete Merkmale und mit Werten gefüllte Merkmale verwendet werden. Damit es keinen Konflikt gibt, wenn aus bereits abgeleiteten Merkmalen neue abgeleitet werden, gibt es eine Reihenfolgennummer in der Ableitungsstruktur, die die richtige Reihenfolge regelt.

Ableitungsstrukturen bilden die Grundlage für die Ableitungsregeln. In den **Ableitungsregeln** wird beschrieben, welche Zielmerkmalswerte aus welchen Quellmerkmalswerten abgeleitet werden. Ableitungsregeln werden immer für ein bestimmtes Zeitintervall gepflegt, um flexibel auf z. B. Strukturveränderungen reagieren zu können.

Ableitungstabellen

Über Ableitungstabellen können Felder aus Stammdatentabellen in die Merkmalswerte des Ergebnisbereichs aufgenommen werden. Voraussetzung dabei ist allerdings, dass das übernommene Merkmal der Stammdatentabelle kein Schlüsselfeld dieser Tabelle ist. Zusätzlich müssen die Schlüsselfelder der Vorlagentabelle als Merkmale im Ergebnisbereich enthalten sein. Die Stammdatentabelle darf weiterhin nur fünf Schlüsselfelder besitzen.

Das Anlegen der Ableitungsstrukturen erfolgt im **Customizing** des CO-PA unter dem Pfad:

Ableitungsstrukturen anlegen

Controlling ⇨ Ergebnis- und Marktsegmentrechnung ⇨ Stammdaten ⇨ Merkmale ⇨ Merkmalsableitung ⇨ Ableitungsstrukturen festlegen

Nach dem Betätigen der -Taste vor *„Ableitungsstrukturen festlegen"* erscheint ein Dialogfenster, in dem der Benutzer auswählen kann, ob er anlegen, ändern oder anzeigen der Ableitungsstrukturen möchte.
Durch Positionieren des Cursors auf der gewünschten Aktion und Drücken des 

-Buttons gelangt der Bediener zur gewünschten Transaktion. Wird *„anlegen"* gewählt, muss der Benutzer eine dreistellige Bezeichnung für die Ableitungsstruktur vergeben. Diese kann numerisch oder alphanumerisch sein. Eine Kurzbezeichnung für die betreffende Struktur muss ebenfalls noch vergeben werden. Durch Betätigen der [Enter]-Taste wird die **Erfassungsmaske** zum Aufbau der Struktur angezeigt.

Abb. 3.34 Erfassungsmaske Ableitungsstruktur anlegen

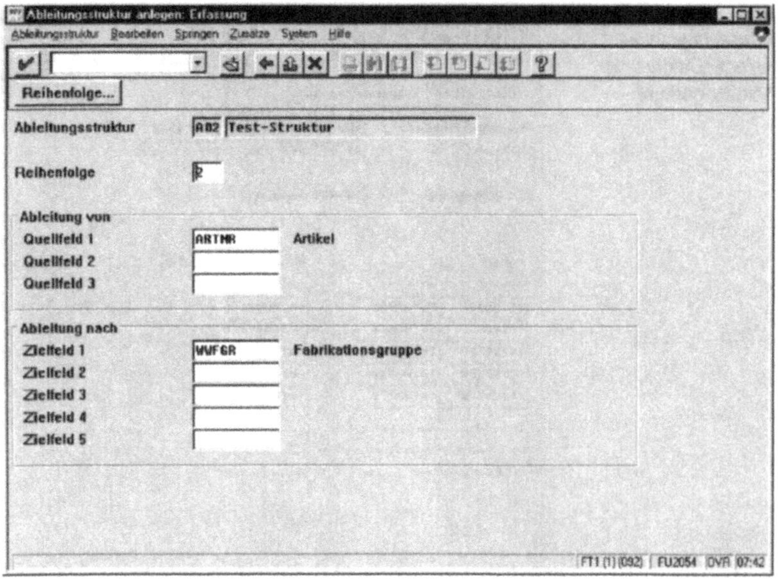

Reihenfolge

Zur Regelung der richtigen Reihenfolge der Ableitungen muss das Feld *„Reihenfolge"* ausgefüllt werden. Falls als Quellfeld ein Merkmal verwendet wird, das in einer anderen Ableitungsstruktur aus einem anderen Merkmal abgeleitet wurde, so ist es erforderlich, dass die erste Struktur eine kleinere Reihenfolgennummer besitzt als die zweite.

Quellfelder

Als Feldauswahl bei den Quellfeldern erscheint eine Liste, die alle **eigendefinierten** Felder des Ergebnisbereichs und **zusätzliche Merkmale** enthält. Positioniert der Benutzer den Cursor auf das gewünschte Feld und drückt die **Auswählen**-Taste, so wird das betreffende Merkmal als Quellfeld übernommen.
Bis zu drei verschiedene Merkmale können ausgewählt werden. Bei der Festlegung des/der Zielfeldes/r ist das Vorgehen analog. Nachdem alle Quell- und Zielfelder ausgewählt wurden, muss die Ableitungsstruktur über die -Taste gesichert werden.

Ableitungsregeln anlegen

Damit ist die Grundlage für die Ableitungsregeln geschaffen. Die Ableitungsregeln werden allerdings nicht im Customizing, sondern im Anwendungsmenü gepflegt:

Rechnungswesen ⇨ Controlling ⇨ Ergebnisrechnung ⇨ Stammdaten ⇨ Ableitungsregeln ⇨ anlegen/ändern/anzeigen

Abb. 3.35
Erfassungsmaske Anlegen/Ändern der Ableitungsregel

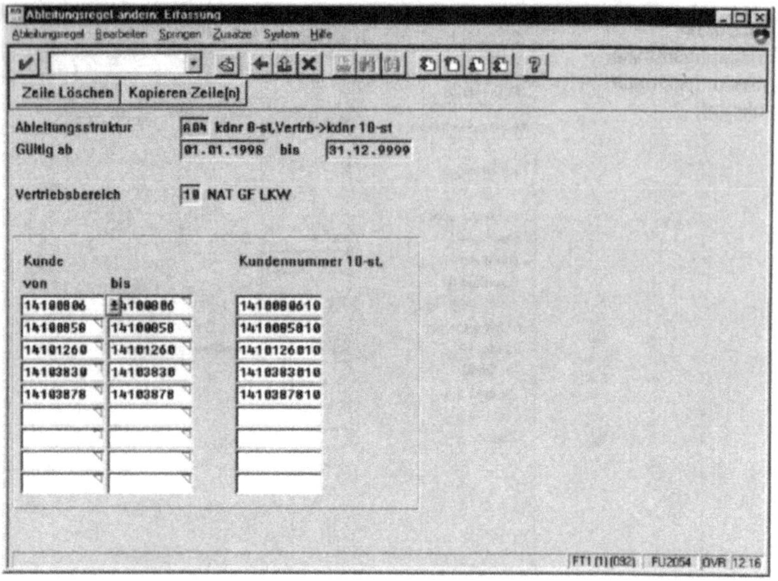

Wird der Menüpunkt „*anlegen*" gewählt, können Ableitungsregeln angelegt werden. Bei „*Ableitungsregel zur Ableitungsstruktur*" muss der Bediener den **Namen** der Ableitungsstruktur angeben, für die er eine Regel aufstellen möchte. Über das **Gültigkeitsdatum** kann die Zeitspanne gepflegt werden, für die diese Regel ihre Gültigkeit behalten soll. Ist die Ergebnisrechnung bereits aktiv, so empfiehlt es sich, den Gültigkeitszeitraum nicht in die Vergangenheit zu datieren, da sonst sämtliche Vergangenheitsdaten nicht mehr korrekt sind. Nach dem Betätigen der [Enter]-Taste erscheint, je nach Komplexität der Ableitungsstruktur, entweder gleich die Eingabemaske (bei nur einem Quellfeld) oder ein Pop-Up, das die Eingabe eines bzw. zweier Werte verlangt (bei zwei bzw. drei Quellfeldern). Die Erfassungsmaske beim Anlegen und Ändern der Ableitungsregel ist jeweils identisch.

Die Ableitungsstruktur der hier gezeigten Ableitungsregel besteht aus zwei Quellfeldern und einem Zielfeld. Das Merkmal „*Vertriebsbereich*" wurde im vorher erschienenen Pop-Up bereits eingegeben. Nachdem die benötigten Merkmalswerte eingegeben wurden, kann die Ableitungsregel gespeichert werden.

Falls es sich um eine **Ableitungsstruktur** handelt, die aus **zwei** bzw. **drei Quellfeldern** besteht und der Benutzer noch andere Merkmalswerte für das erste Quellfeld pflegen möchte, so muss er über den Menüpunkt *„anlegen"* operieren. Besteht nur ein Quellfeld, lassen sich über die Transaktion *„ändern"* alle weiteren Einträge pflegen.

Ableitungstabellen

Die Ableitung von Merkmalen über Ableitungsstrukturen und -regeln stellt eine Möglichkeit dar; über die Ableitungstabellen bietet sich dem Benutzer eine weitere Möglichkeit nicht übergebene Merkmale mit Werten zu füllen. Die Pflege der Ableitungstabellen erfolgt im **Customizing** unter folgendem Menüpfad:

Controlling ⇨ Ergebnis- und Marktsegmentrechnung ⇨ Stammdaten ⇨ Merkmale ⇨ Merkmalsableitung ⇨ Ableitungstabellen pflegen

Durch Betätigen der -Taste vor *„Ableitungstabellen pflegen"* gelangt der Benutzer in die Transaktion, die für das Anlegen bzw. Ändern der Tabellen zuständig ist. Um neue Ableitungstabellen anlegen zu können, muss der Benutzer den Button **Neue Einträge** drücken.

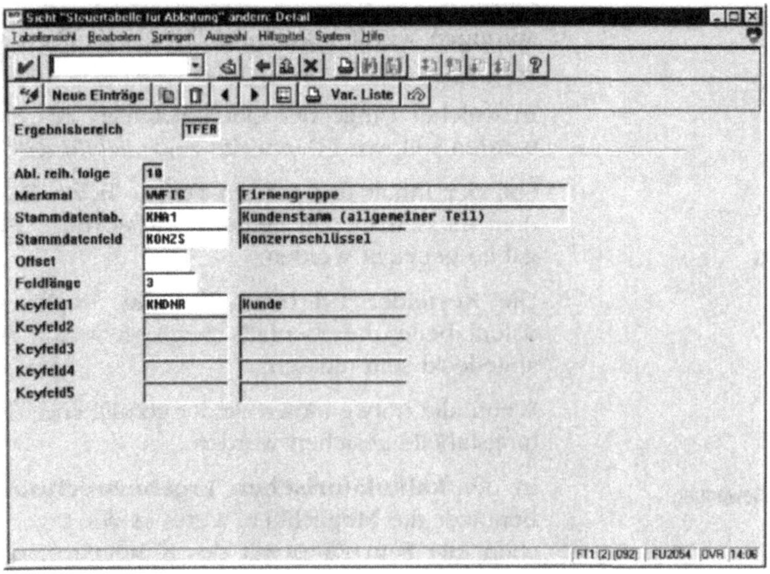

Abb. 3.36
Erfassungsmaske Ableitungstabellen

Ableitungsreihenfolge

Das Feld Ableitungsreihenfolge gibt die Reihenfolge der Bearbeitung der Ableitungstabellen an. Die Beachtung der Reihenfolge ist nur dann notwendig, wenn z. B. aus einem abgeleiteten Merkmal in einer anderen Tabelle ein Keyfeld wird. Ist dies der Fall, muss die Tabelle, die das Merkmal ableitet, eine niedrigere

Nummer erhalten als die Tabelle, in der das Merkmal als Keyfeld benutzt wird.

Das abzuleitende Merkmal wird in das Feld „*Merkmal*" gestellt. Über eine Auswahlliste erhält der Benutzer u. a. die eigendefinierten Merkmale des Ergebnisbereichs.

In das Feld „*Stammdatentabelle*" kann eine R/3-Stammdatentabelle eingetragen werden, die zur Merkmalsableitung herangezogen werden kann; d. h. die ein Feld enthält, das abgeleitet werden soll. Allerdings muss die Stammdatentabelle gewisse **Restriktionen** erfüllen: Die Tabelle darf **maximal fünf Schlüsselfelder** besitzen, die durch Merkmale des Ergebnisbereichs abgedeckt werden müssen.

Das Quellfeld der Stammdatentabelle wird in das Feld „*Stammdatenfeld*" eingetragen, wobei zu beachten ist, dass dieses Feld kein Schlüsselfeld der Tabelle ist.

Der **Offset** des Quellfeldteils, der in das abzuleitende Merkmal übernommen wird, wird in das Feld „*Offset*" geschrieben. Ein Offset von n bedeutet, dass n Positionen des Quellfeldes übersprungen werden sollen; d. h. das Zeichen ab der Position n+1 wird als erstes Zeichen in das Zielfeld übernommen.

In welcher Länge der Quellfeldteil in das Zielfeld übernommen werden soll, wird durch das Feld „*Feldlänge*" bestimmt.

Soll der Inhalt des ganzen Feldes in ein Zielfeld gebracht werden, müssen in den Feldern „*Offset*" und „*Feldlänge*" keine Angaben gemacht werden.

Die Keyfelder 1-5 beinhalten die Schlüsselfelder der Stammdatentabelle, die ebenfalls durch Merkmale des Ergebnisbereichs abgedeckt sein müssen.

Wenn alle notwendigen Felder gefüllt sind, dann muss die Ableitungstabelle gesichert werden.

Bewertung

In der **kalkulatorischen Ergebnisrechnung** besteht für den Benutzer die Möglichkeit Werte in der Ergebnisrechnung zu buchen, die zum Zeitpunkt des Kundenauftragseingangs oder der Faktura noch nicht bekannt sind (z. B. Skonti, Provisionen, Standardherstellkosten). Da diese Werte jedoch für die Auswertung des Verkaufsvorganges interessant sein können, kann eine kalkulatorische Ermittlung erfolgen.

Seitens des R/3-Systems werden drei Methoden unterstützt, um die unterschiedlichen Bewertungen durchzuführen: Bewertung über **Konditionen** und **Kalkulationsschema**, Bewertung über **Erzeugniskalkulation** und Bewertung über **Customer-Exit**.

In der Planung ist das Instrumentarium der Bewertung ebenfalls verfügbar, wenn z. B. erwartete Absatzmengen mit der Plankalkulation bewertet werden.

3.6.3 Fortschreibung paralleler Währungen

Da heutzutage viele Unternehmen in mehreren Ländern tätig sind, kann man Daten in der Ergebnisrechnung in parallelen Währungen fortschreiben. Zum einen in einer globalen (Konzern-) Währung, zum anderen in einer lokalen (Firmen-) Währung.

Bei der Nutzung paralleler Währungen hat man die Möglichkeit entweder alle Geschäftsvorfälle wie bisher nur in einer zentralen Ergebnisbereichswährung oder zusätzlich in der Währung des jeweiligen Buchungskreises zu führen. Dies wird in den Attributen des Ergebnisbereichs festgelegt. Damit man die Fortschreibung nutzen kann, muss man zuerst im Customizing unter

Strukturen ⇨ Ergebnisbereich definieren ⇨ Ergebnisbereich pflegen ⇨ Attribute

das entsprechende Kennzeichen setzen.

Durch den sogenannten Währungstyp werden diese Daten bei der Fortschreibung unterschieden. Welche Währung für die einzelnen organisatorischen Einheiten relevant sind, wird im SAP-System durchgängig durch den Währungstyp bestimmt. So ergibt sich z. B. die Buchungskreiswährung aus den Einstellungen, die im jeweiligen Buchungskreis hinterlegt sind. Analoges gilt für die Ergebnisbereichswährung.

Im CO-PA werden zwei Währungstypen unterstützt:

- **B0 (Ergebnisbereichswährung)** und
- **10 (Buchungskreiswährung)**

Ein typisches Beispiel einer Konzernergebnisrechnung könnte wie folgt dargestellt werden: Die Zentrale eines international tätigen Konzerns hat ihren Sitz in Deutschland. Eine Tochterfirma hingegen ihren Sitz in Frankreich. Die Ergebnisbereichswährung lautet Deutsche Mark und die Buchungskreiswährung der Tochtergesellschaft Französische Francs.

Durch den Einsatz von parallelen Währungen im CO-PA werden alle Geschäftsvorfälle der Tochtergesellschaft, die (im FI) in Buchungskreiswährung gebucht werden, im CO-PA sowohl in der Ergebnisbereichswährung als auch in der Buchungskreiswährung fortgeschrieben. Die Werte werden in beiden Währungen zum Transaktionszeitpunk in die Ergebnisrechnung übernommen, um die direkte Abstimmung der Ergebnisse im CO-PA mit der Finanzbuchhaltung zu erzielen und Kursdifferenzen zu vermeiden. Die Ergebnisplanung kann entweder in der Ergebnisbereichs- oder Buchungskreiswährung erfolgen. Die zweite Währung kann durch Umrechnung bspw. von einer in Buchungskreiswährung geführten Version in eine Version in Ergebnisbereichswährung zu einem Plankurs ermittelt werden.

Im Berichtswesen können Berichte sowohl in Ergebnisbereichs- als auch in Buchungskreiswährung erstellt werden.

3.6.4 Istdatenbuchungen

Die **Integrität** des SAP R/3-Systems durch modulübergreifenden Datenaustausch und Wertefluss kommt auch der Ergebnisrechnung zugute, falls die benötigten Module eingesetzt werden. Bei allen primären und ergebnisrelevanten Buchungen bzw. Vorgängen aus den Modulen **SD** (Kundenauftrag), **MM** (Rechnungseingang, Bestellung) und **FI** (Sachkontenbuchung) werden Kontierungen auf Ergebnisobjekte unterstützt. Was den sekundären Sektor anbelangt können innerbetriebliche Leistungen auf Ergebnisobjekte kontiert und Kostenstellenkosten auf Ergebnisobjekt umgelegt werden. Weiterhin können Aufträge, Projekte und Kostenträger an Ergebnisobjekte abgerechnet werden.

Sollen aus dem Modul SD Daten in irgendeiner Weise in die Ergebnisrechnung übernommen werden, muss der Ergebnisbereich, in dem die Fakturadaten gebucht werden sollen, vollständig definiert, generiert und aktiviert sein. Zusätzlich muss dieser im Kostenrechnungskreis aktiv sein.

Die **Aktivierung** des Ergebnisbereichs im Kostenrechnungskreis wird über folgenden Menüpfad des **Customizing** getätigt:

Unternehmensstruktur ⇨ Zuordnung ⇨ Controlling ⇨ Kostenrechnungskreis ⇨ Ergebnisbereich zuordnen

Übernahme Kundenauftragseingang

Liegt zwischen dem Kundenauftrag und dessen Fakturierung eine gewisse Zeitstrecke, ist es für das Unternehmen oft von Wichtigkeit, auffällige Konstellationen, die sich auf das Ergebnis bzw. die Ergebnisentwicklung auswirken, frühzeitig zu erkennen.

Durch die Integration aller Module bietet SAP die Möglichkeit bewerte Kundenauftragseingänge in das CO-PA zu übernehmen.

Ist diese Funktionalität vom Anwender gewünscht, wird bei jedem Anlegen und Ändern eines Kundenauftrags online in der Ergebnisrechnung pro Auftragsposition ein Einzelposten geschrieben.

Bei der Fortschreibung der Daten muss berücksichtigt werden bzw. muss sich der Anwender im Klaren darüber sein, dass der Auftragseingang in der Ergebnisrechnung immer in der Periode des Entstehens gebucht wird. Dies ist besonders dann von Bedeutung, wenn ein Auftragseingang mit einer bestimmten Stückzahl gebucht wurde und die Stückzahl in einer darauffolgenden Periode bspw. erhöht wird. Die Differenz zwischen alter und neuer Stückzahl wird dann in der neuen Periode fortgeschrieben. Möchte man für eine vergangene und noch laufende Periode Ergebnisdaten einspielen, ist dies durch das Nachbuchen von bereits vorhandenen Kundenaufträgen möglich. Dies empfiehlt sich im speziellen dann, wenn die Ergebnisrechnung erst nach dem Modul SD produktiv wird.

Übernahme Fakturadaten

Neben der Übernahme der Kundenauftragsdaten können die Fakturadaten ebenfalls in die Ergebnisrechnung übernommen werden. Der Transfer der Werte aus den Fakturen erfolgt **online** bei der Fakturabuchung. Dies ist jedoch nur möglich, wenn das Aktivkennzeichen für den zu bearbeitenden Kostenrechnungskreis des Ergebnisbereichs im Customizing-Projekt gesetzt wurde.

Im Fakturabeleg sind die Erlöse, die bei der Fakturierung durch das operierende Logistiksystem unter Verwendung eines Preisfindungsmechanismus ermittelt wurden, enthalten. Fallen Erlösschmälerungen (z. B. Skonti, Rabatte) an, erfolgt ebenfalls eine Übernahme dieser Daten in den Beleg. Weiterhin können der **Einstandspreis** (bei Handelsware) bzw. die **Herstellkostensumme** (bei Eigenfertigung) errechnet werden. Die Merkmalsfelder *„Kunden-* und *Artikelnummer"* werden auf jeden Fall in die Ergebnisrechnung übernommen.

Weitere Merkmale werden, soweit auf dem Beleg vorhanden, direkt überführt oder über die Merkmalsableitungen ermittelt, damit das Ergebnisobjekt so gut wie möglich ausgefüllt wird. Wird die Online-Übernahme der Fakturadaten ausgewählt, dann wird bei jeder angelegten Rechnung im Vertriebssystem SD ein Einzelposten in der Ergebnisrechnung erzeugt.

Eine **Nachbuchung** in die Ergebnisrechnung der bereits vorhandenen Fakturadaten im Vertriebssystem ist ebenfalls möglich, wenn diese in der Buchhaltung bereits gebucht worden sind, in der Ergebnisrechnung jedoch noch nicht. Auch hier ist dies wieder dann sinnvoll, falls die Ergebnisrechnung erst nach dem SD produktiv wird.

Um eine **Verbindung** zwischen dem Vertriebssystem **SD** und der **Ergebnis- und Marktsegmentrechnung** für den Datentransfer herzustellen, müssen im Customizing einige Einstellungen getätigt werden.

Zuordnung von Wertfeldern

Im Vertriebssystem SD sind alle Erlöse, Erlösschmälerungen und sonstige Werte in sog. Konditionen gespeichert, die mit den Wertfeldern des Ergebnisbereichs in Verbindung gebracht werden müssen. Um die Werte aus dem SD in die Wertfelder der Ergebnisrechnung zu übernehmen, muss über das **Customizing** eine Zuordnung erfolgen:

Controlling ⇨ Ergebnis- und Marktsegmentrechnung ⇨ Istbuchungen ⇨ SD-Schnittstelle ⇨ Wertfelder zuordnen

Seitens SD werden nur bestimmte, als Konditionen angelegte, Wertfelder übernommen. Es werden Sachkonten, die im CO mit dem Kostenartentyp 11 (Erlösart) oder 12 (Erlösschmälerung) angelegt sind, transferiert. Weiterhin werden als statistisch gekennzeichnete Konditionen, z. B. Verrechnungswert, ebenfalls übertragen.

Zuordnung von Mengenfeldern

Sind im Ergebnisbereich neben den Wertfeldern auch Mengenfelder definiert, die mit Mengen aus den Fakturen gefüllt werden sollen, besteht ebenfalls die Möglichkeit einer Zuordnung der Mengenfelder des Ergebnisbereichs zu den Mengenfeldern des Vertriebssystems über das **Customizing**:

Controlling ⇨ Ergebnis- und Marktsegmentrechnung ⇨ Istbuchungen ⇨ SD-Schnittstelle ⇨ Mengenfelder zuordnen

Kostenstellen-umlage

Damit eine geschlossene Ergebnisrechnung erstellt werden kann - alle in der Kostenstellenrechnung angefallene Kosten werden in die Ergebnisrechnung übertragen - existiert die Möglichkeit, Kostenstellenkosten über eine sog. Umlage an die Ergebnisrechnung zu übermitteln.

Über sogenannte **Zyklen**, die im Customizing definiert werden, werden die Sender-/Empfängerbeziehungen sowie die Umlageregeln festgelegt. Ein Zyklus besteht aus einem bzw. mehreren Segmenten. Ein **Segment** beinhaltet einen bzw. mehrere Sender, deren dazugehörigen Empfänger und die Verteilungsregeln. Ein solcher Zyklus hat als Bezugsbasen *entweder* Werte aus der kalkulatorischen *oder* aus der buchhalterischen Ergebnisrechnung.

Die Umlage der Kosten ist sowohl im Ist als auch im Plan verfügbar.

Anlegen eines Zyklus

Ein Zyklus und die dazugehörigen Segmente werden im **Customizing** unter folgendem Menü definiert:

Controlling ⇨ Ergebnis- und Marktsegmentrechnung ⇨ Istbuchungen ⇨ Aufbau der Kostenstellenkostenumlage festlegen

Im Einstiegsbild muss der Benutzer einen 6-stelligen Namen für den Zyklus und das Anfangsdatum definieren. Das Anfangsdatum beschreibt den frühestmöglichen Gültigkeitszeitpunkt für diesen Zyklus. Durch Betätigen der [Enter]-Taste gelangt der Bediener in die Erfassungsmaske *„Zyklus anlegen"*.

Abb. 3.37 Erfassungsmaske Zyklus anlegen

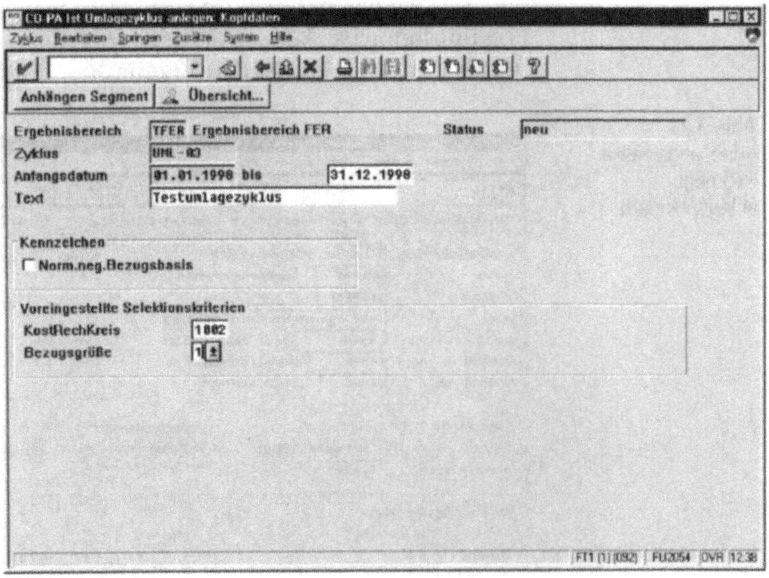

In dieser Maske kann der Anwender durch das **Endedatum** den **Gültigkeitsraum** für diesen Zyklus bestimmen und es muss ein **Erläuterungstext** angegeben werden. Als Kostenrechnungskreis wird jener angegeben, dem der gewünschte Ergebnisbereich angegliedert ist. Die Bezugsgröße gibt an, ob sich der Zyklus auf die kalkulatorische oder die buchhalterische Ergebnisrechnung bezieht.

Tab. 3.1
Unterteilung der Bezugsgröße

Bezugsgröße	Bezeichnung
1	kalkulatorische Ergebnisrechnung
2	buchhalterische Ergebnisrechnung

Segment anlegen

Nach dem Speichern des Zyklus können über die Drucktaste 

neue Segmente angelegt werden. In der Erfassungsmaske zum Anlegen eines Segmentes muss dem Segment zuerst ein Name und eine Beschreibung (optional) zugewiesen werden. Als nächstes Feld ist die *„Umlagekostenart“* zu füllen. Die Umlagekostenart muss als **Sekundärkostenart** mit dem **Kostenartentyp 42** (Umlagekostenart) angelegt werden. Zur Übernahme der variablen und fixen Kostenstellenkosten muss das *„Wertfeld fix“* und das *„Wertfeld variabel“* gefüllt werden, das jeweils mit dem gewünschten Wertfeld des betreffenden Ergebnisbereichs korrespondiert. Als Feldauswahl stehen alle Wertfelder des betreffenden Ergebnisbereichs zur Verfügung.

Abb. 3.38
Erfassungsmaske Segment anlegen/ändern

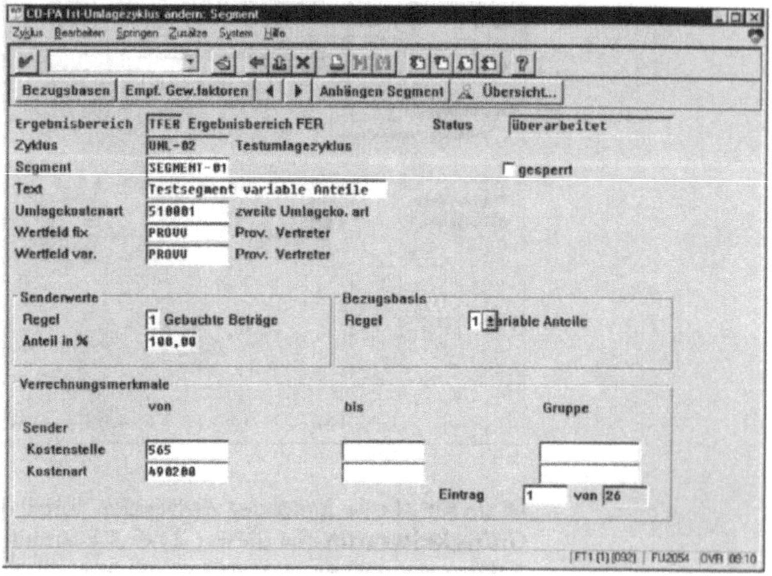

Sendereinstellungen

Die Senderkostenstellen werden durch die Umlagekostenart im Zyklus entlastet. Der Sender jedes Segments wird durch **drei Werte** definiert: **Kostenstelle** oder Kostenstellengruppe, **Kostenart** oder Kostenartengruppe und dem **Senderwert**.

Über die Regel im Senderwert lässt sich bestimmen, ob gebuchte (1) oder feste Beträge (2) oder feste Tarife (3) vom Sender umgelegt werden sollen. Das Feld *„Anteil in %“* gibt den Prozentanteil des Senderwertes an, um den der Sender entlastet werden soll. Trägt der Anwender einen Wert kleiner 100 Prozent ein, verbleibt ein Restwert auf der sendenden Kostenstelle.

Empfänger-einstellungen

Der Empfänger der Kostenstellenkosten wird durch eine **Kombination von Merkmalen** beschrieben. Er wird um den Betrag belastet, um den der Sender entlastet wird. Um von der Pflege der Senderwerte zur Pflege der Empfängerwerte zu wechseln, ist ein Drücken der -Taste notwendig. Dadurch wird im Bereich *„Verrechnungsmerkmale“* von den Senderdaten zu den Empfängerdaten gewechselt. Durch mehrmaliges Betätigen der oben beschriebenen Taste werden alle Merkmale des Empfängers angezeigt. Der Anwender trägt bei den entscheidenden Merkmalen die entsprechenden Werte ein. Die **Aufteilung der Kosten** kann auf Basis von variablen Anteilen (1), festen Beträgen (2), festen Prozentsätzen (3) oder festen Anteilen (4) erfolgen und wird im Bereich *„Bezugsbasis“* über das Feld *„Regel“* ausgewählt. Aus der angegebenen Merkmalskombination des Empfängers leiten sich die Kombinationen für die Verteilung der Kosten ab.

Ausführen der Umlage

Die Umlage der Kosten erfolgt nicht automatisch, sondern muss angestoßen werden. Im **Ist** erfolgt dies über das Menü:

Rechnungswesen ⇨ Controlling ⇨ Ergebnisrechnung ⇨ Istbuchungen ⇨ Umlage Kostenstellen

Im **Plan** lautet der Menüpfad:

Rechnungswesen ⇨ Controlling ⇨ Ergebnisrechnung ⇨ Planung ⇨ Umlage Kostenstellen

Neben der Datenübernahme aus dem Modul SD und der Kostenstellenumlage können Aufträge und Projekte auf die Ergebnisobjekte abgerechnet werden. Zur Abrechnung stehen Innenaufträge (Modul CO), Kundenaufträge (Modul SD), Projekte (Modul PS), Instandhaltungsaufträge (Modul PM) sowie Fertigungs- und Serienaufträge mit Produktionskostensammlern (System PP) zur Verfügung.

Unter **Innenaufträgen** versteht man Aufträge, die zur Planung, Sammlung und Abrechnung der Kosten innerbetrieblicher Maßnahmen und Aufgaben dienen. Die anfallenden Kosten werden zunächst auf dem Auftrag kontiert und nach Abschluss der Maßnahme auf die betroffenen Ergebnisobjekte abgerechnet.

Instandhaltungsauftrag

An einem **technischen Objekt** (z. B. einer Produktionsmaschine) kann ein Schaden oder eine Fehlfunktion auftreten, der/die beseitigt werden muss. Ein Instandhaltungsauftrag dient dazu, die erforderliche schadensregulierende Maßnahmen zu planen, deren Ausführung zu überwachen und die anfallenden Kosten zu sammeln.

Fertigungsauftrag

Zur Verrechnung innerbetrieblicher Leistungen eines Unternehmens werden Fertigungsaufträge verwendet. Diese werden erteilt, um die Produktion zu steuern und zu überwachen (welches Material, welche Ressource, wann etc.).

Auftragsabrechnung

Damit ein Auftrag oder ein Projekt an ein Ergebnisobjekt abgerechnet werden kann, müssen vorher einige Einstellungen getätigt werden. Für den betreffenden Auftrag bzw. das betreffende Projekt muss eine **Abrechnungsvorschrift** gepflegt werden, die ein Ergebnisobjekt als Empfänger deklariert. Diese Einstellung ist im Customizing im Abrechnungsprofil des jeweiligen Auftrags bzw. Projekts vorzunehmen.

Das **Abrechnungsprofil** enthält ebenso Angaben über das Abrechnungsschema und das Ergebnisschema. Die Verknüpfung zwischen Auftrag und Abrechnungsprofil erfolgt über die Auftragsart, die beim Anlegen eines Auftrages angegeben werden muss.

Um verschiedene Kostenartengruppen weiter verrechnen zu können, werden im **Abrechnungsschema** je nach Empfängertyp (z. B. Auftrag, Sachkonto, Kostenstelle, etc.) verschiedene Kostenarten bestimmt, auf die die aufgelaufenen Kosten der Kostenart bzw. Kostenartengruppe umverteilt werden sollen.

Das **Ergebnisschema** bestimmt, welche Kostenartengruppe welchem Wertfeld des Ergebnisbereichs zugeordnet ist. Es kann zwischen den variablen und fixen Kosten und der Summe aus beiden unterschieden werden.

Werden die Aufträge ins CO-PA abgerechnet, so erfolgt die **Kontierung** auf ein Ergebnisobjekt, das über die Abrechnungsvorschrift und das Ergebnisschema festgelegt wurde.

Aus jeder Aktion entsteht ein **Einzelposten** in der Ergebnis- und Marktsegmentrechnung.

Anzeige Einzelposten

Der Benutzer kann sich diesen Einzelposten entweder über das **Informationssystem** oder über die **Istbuchungen** der Ergebnis- und Marktsegmentrechnung anzeigen lassen:

Rechnungswesen ⇨ Controlling ⇨ Ergebnisrechnung ⇨ Istbuchungen ⇨ Einzelposten anzeigen

oder:

Rechnungswesen ⇨ Controlling ⇨ Informationssystem ⇨ Einzelposten anzeigen ⇨ Ist

Damit die Abrechnung der Aufträge auf Ergebnisobjekte erfolgen kann, sind zusätzlich zu den oben genannten Einstellungen der zu **bearbeitende Ergebnisbereich** und der **entsprechende Kostenrechnungskreis** zu **setzen**. Diese beiden Aktionen müssen im **Customizing** erfolgen.

Controlling ⇨ Ergebnis- und Marktsegmentrechnung ⇨ Grundeinstellungen ⇨ Ergebnisbereich setzen bzw. Kostenrechnungskreis setzen

Direktkontierung aus FI

Durch die hohe Integrität des R/3-Systems können Erlöse, Erlösschmälerungen und Kosten über das Modul FI direkt auf Ergebnisobjekte der Ergebnis- und Marktsegmentrechnung kontiert werden. Die Funktion *„Beleg buchen"* aus dem Modul FI bietet die Möglichkeit, **direkt** auf ein Ergebnisobjekt zu kontieren. Hierbei ist allerdings zu beachten, dass diese Kontierung nur selektierbar ist, wenn im Customizing des Moduls FI die notwendigen Einstellungen dazu getätigt werden.

Diese Kontierungsfunktion bietet die Möglichkeit Erlösschmälerungen oder Istkosten, die zu einem späteren Zeitpunkt anfallen als der Periodenabschluss stattfindet, noch auf das zugehörige Ergebnisobjekt zu buchen. Dadurch werden Beträge, die zunächst kalkulatorisch angesetzt wurden (z. B. Jahresboni, Frachtkosten), um die realen Werte ergänzt.

Durch das im Customizing des FI festgelegte **Ergebnisschema** erfolgt die Zuordnung von Kostenarten bzw. -gruppen zu Feldern der Ergebnisrechnung.

Wie bei der Auftragsabrechnung wird pro Buchung bzw. Kontierung ein Einzelposten in der Ergebnisrechnung geschrieben. Als Anzeigemöglichkeiten bieten sich dieselben, wie bereits in der beschriebenen Auftragsabrechnung an.

Leistungsverrechnung aus CO

Als letzte Möglichkeit der Datenübernahme bzw. Kontierung steht die Leistungsverrechnung aus CO zur Verfügung. Hierbei erfolgt eine **direkte Verrechnung** der innerbetrieblichen Leistungen an die Ergebnisobjekte. Der **Vorteil** dieser Vorgehensweise ist, dass bestimmte Leistungen ohne Umweg über eine Kostenstelle oder einen Auftrag direkt gebucht werden können. Die geleistete Menge wird erfasst und mit den Planpreisen der betreffenden Leistungsart bewertet. Die sendende Kostenstelle wird mit dem daraus errechneten Betrag entlastet, während das empfangende Ergebnisobjekt belastet wird.

Fremddatenübernahme

Wird nicht das gesamte SAP R/3-System eingesetzt, stellt die Anwendung CO-PA eine Schnittstelle für die Übernahme externer Daten bereit. Ist z. B. das Modul SD nicht im Einsatz, müssen die Kundenauftragseingänge bzw. die Fakturadaten aus einem Fremdsystem übernommen werden. Die von SAP zur Verfügung gestellten **Schnittstelle** leitet die Daten aus der Fremddatenübernahme **direkt** an die entsprechenden Dateien der **Ergebnisrechnung** weiter. Diese Schnittstelle zur Datenübernahme ist allerdings nicht nur zur Übernahme von Vertriebsdaten gedacht, sondern für jede Art von Fremddaten benutzbar.

Für diese Fremddatenübernahme muss kein Batch-Input-Programm geschrieben werden, da dies von SAP bereitgestellt wird. Um die Fremddatenübernahme auszuführen, müssen einige Einstellungen im **Customizing** der Ergebnis- und Marktsegmentrechnung getätigt werden.

Vorgangsart für Fremddatenübernahme

Zu Beginn muss eine neue Vorgangsart, die später die Daten der Fremddatenübernahme kennzeichnet, angelegt werden.

Controlling ⇨ Ergebnis- und Marktsegmentrechnung ⇨ Stammdaten ⇨ Vorgangsarten definieren

Damit die angelegte Vorgangsart verwendet werden kann, d. h. eine Möglichkeit der Vergabe von Belegnummern, muss mindestens ein **Nummernkreis** dafür gepflegt werden. Dies geschieht ebenfalls im **Customizing**.

Controlling ⇨ Ergebnis- und Marktsegmentrechnung ⇨ Istbuchungen ⇨ Nummernvergabe für Istbuchungen einrichten

Strukturdefinition

Danach können die eigentlichen Einstellungen für die Fremddatenübernahme getätigt werden. Als erstes ist es notwendig, die Struktur der Daten zu definieren, die übernommen werden sollen.

Das Fremdsystem muss die importierten Daten exakt in dieser Struktur bereitstellen. Der Menüpfad im **Customizing** lautet wie folgt:

Controlling ⇨ Ergebnis- und Marktsegmentrechnung ⇨ Werkzeuge ⇨ Fremddatenübernahme ⇨ Struktur externer Daten definieren

Es besteht hier die Möglichkeit entweder die Beispielstruktur von SAP zu verändern oder eine neue Struktur als interne Tabelle mit dem Tabellentyp „INTTAB" anzulegen. Wird eine neue Struktur angelegt, ist zu beachten, dass die Felder **Vorgangsart, Buchungskreis** und ein **Datumsfeld** darin enthalten sind.

Abb. 3.39
Definieren der externen Struktur

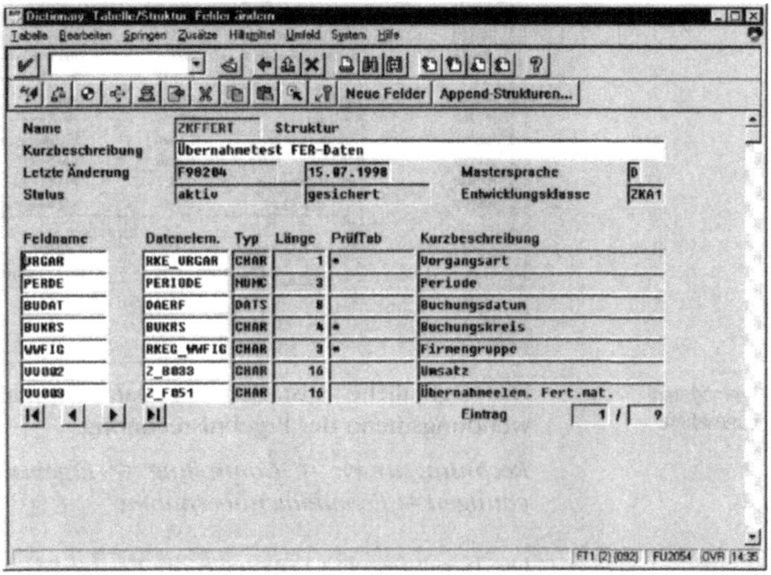

Definition Zuordnungsgruppe

Nach dem Aufstellen der externen Struktur muss eine Zuordnungsgruppe definiert werden. Diese verknüpft die Tabelle der externen Struktur mit einem Ergebnisbereich und somit mit einer Einzelpostentabelle, da pro Ergebnisbereich eine gesonderte Tabelle für Einzelposten generiert wird. Die Zuordnungsgruppe wird im **Customizing** unter folgendem Strukturpunkt definiert:

Controlling ⇨ Ergebnis- und Marktsegmentrechnung ⇨ Werkzeuge ⇨ Fremddatenübernahme ⇨ Zuordnungsgruppe definieren

Feldzuordnung

Damit eine Verbindung der einzelnen Felder (Merkmale und Wertfelder) des Ergebnisbereichs mit den Feldern der externen Struktur hergestellt wird, muss im Customizing die Feldzuordnung gepflegt werden.

Controlling ⇨ Ergebnis- und Marktsegmentrechnung ⇨ Werkzeuge ⇨ Fremddatenübernahme ⇨ Feldzuordnung festlegen

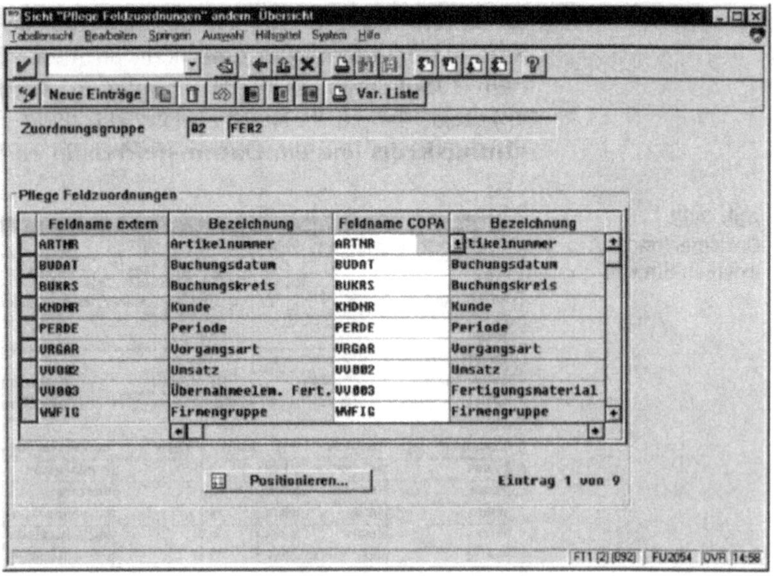

Abb. 3.40 Erfassungsmaske Feldzuordnung festlegen

Fremddaten-übernahme

Das eigentliche Anstoßen der Datenübernahme erfolgt im Anwendungsmenü der Ergebnisrechnung.

Rechnungswesen ⇨ Controlling ⇨ Ergebnisrechnung ⇨ Istbuchungen ⇨ Fremddatenübernahme

Die bereitgestellte Datei, die die Fremddaten zur Übernahme beinhaltet, muss im **sequentiellen Format** vorliegen, damit SAP diese verarbeiten kann. Um das Übernahmeprogramm zu starten, ist die Eingabe der Zuordnungsgruppe und des vollständigen Pfadnamens und Dateinamens des bereitgestellten Datenbestandes vorzunehmen. Weiterhin muss der Benutzer einen Namen für die **Fehlerdatei** vergeben, in die während der Verarbeitung die fehlerhaften Sätze eingestellt werden. Im Unterschied zu einer regulären Batch-Input-Verarbeitung erfolgt bei der Erkennung von falschen oder fehlenden Daten kein Programmabbruch, sondern eine Zurückschreibung der fehlerhaften Sätze auf den sequentiellen Datenbestand oder in eine Batch-Input-Mappe.

Während des Einspielens der Fremddaten wird ein **Fehlerprotokoll** erzeugt, auf dem die aufgetretenen Fehler festgeschrieben werden. Nach Bereinigung der Fehler können die Sätze erneut abgespielt werden oder aus der Batch-Input-Mappe über:

System ⇨ Dienste ⇨ Batch-Input

in die Ergebnisrechnung übertragen werden.

Falls für den Ergebnisbereich, in den die Daten übernommen werden, Merkmalsableitungen und eine Bewertung gepflegt sind, greifen diese Einstellungen auch bei der Fremddatenübernahme. Eine Fremddatenübernahme ist jedoch nur möglich, wenn das Aktivkennzeichen des entsprechenden Kostenrechnungskreises gesetzt wurde. Dies wird im Customizingobjekt realisiert.

Manuelle Datenerfassung

In der Regel erfolgt die Einspielung der Daten in die Ergebnisrechnung maschinell. Falls jedoch bspw. Korrekturbuchungen anstehen, besteht die Möglichkeit der manuellen Datenerfassung.

Dies erfolgt im Anwendermenü über:

Istbuchungen ⇨ Einzelposten erfassen

Die Daten werden einzeln erfasst. Für jeden so entstanden Einzelposten werden mehrere Erfassungsbilder angezeigt, die man die Hilfe der [Enter]-Taste wechseln kann. Auch die Direktanwahl von Bildern ist möglich.

Bei Buchung der Daten über die manuelle Erfassung stehen die Merkmalsableitungen des Ergebnisbereichs und die Bewertung zur Verfügung. Im Gegensatz zur maschinellen Bearbeitung erfolgen diese Funktionen nicht automatisch, sondern müssen vom Benutzer manuell angestoßen werden.

Top-Down-Verteilung

Erlöse, Erlösschmälerungen und Herstellkosten werden im Rahmen des Umsatzkostenverfahrens in der Ergebnis- und Marktsegmentrechnung auf Kunden- und Artikelebene gespeichert. Da Frachtrechnungen, Versicherungen oder Werbeausgaben in der Ergebnisrechnung nicht einer detaillieren Ebene zugeordnet werden können, werden sie auf einer verdichteten Ebene, wie beispielsweise Sparte, Verkaufsorganisation oder Buchungskreis, gebucht. Durch die Nutzung der Top-Down-Verteilung kann es aufgrund der Aufteilung in viele Ergebnisobjekte zu einem sehr hohen Datenvolumen kommen.

3.6.5 Ermittlung der Planung

Die Planung der Ergebnis- und Marktsegmentrechnung bietet eine Fülle von Möglichkeiten an, wie die Planung konkret vorgenommen werden kann. Soll ein Ergebnisobjekt beplant werden, für das bereits eine Planung vorhanden ist und weiterhin für niedrigere Aggregationszustände bereits Planungen getätigt wurden, so werden die bereits vorhandenen Daten derselben Ebene berücksichtigt und die Planung der darunterliegenden Objekte bottom-up aufsummiert. Dadurch ist es möglich, die Planungsebene frei zu wählen, da von allen Ebenen aus auf denselben Datenbestand zugegriffen wird.

Planversionen

Weiterhin kann der Benutzer verschiedene Planversionen beplanen, wodurch unterschiedliche Plandaten für das gleiche Objekt parallel im System geführt werden können. Die Erfassungsmaske (Planungslayout) zur Eingabe der Plandaten kann über das Customizing frei gestaltet werden.

Automatische Bewertung

In der Planung steht zudem eine automatische Bewertung der Plandaten zur Verfügung, die bspw. abhängig von der geplanten Absatzmenge, die Erlöse, Erlösschmälerungen und die Herstellkosten bestimmt.

Prognosemodelle

Aufgrund vorhandener **Referenzdaten** (Vergangenheitsdaten) können Planwerte mit unterschiedlichen Trendmodellen prognostiziert werden. Unterstützt werden verschiedene Prognosemodelle, wie z. B. **Konstant-, Trend- und Saisonmodelle**, die mit ihren Prognoseparametern in sog. Prognoseprofilen im Customizing gepflegt werden.

Maschinelle Planung

Neben der manuellen Planung bietet sich zusätzlich die maschinelle Planung an, die allerdings nicht alle Funktionen der manuellen Planung, jedoch weitere Funktionalitäten anbietet. Dazu gehört das **Kopieren von Istdaten** in Plandaten bzw. das Kopieren zwischen einzelnen Planversionen sowie die **Top-Down-Verteilung** der Daten auf eine detailliertere Planungsebene. Einzelne Planungsfunktionen, die manuell möglich sind, können über die maschinelle Bearbeitung auf den Gesamtplan angewendet werden. Sämtliche Funktionalitäten der Planung werden, ausgehend von folgendem Menüpunkt, gestartet:

Rechnungswesen ⇨ Controlling ⇨ Ergebnisrechnung ⇨ Planung

Planungslayout

Bevor der Benutzer mit der eigentlichen manuellen Planung starten kann, ist es erforderlich, ein Planungslayout im Customizing zu definieren. Mit dem Planungslayout wird der Aufbau des Planungsbildschirms bzw. der Erfassungsmaske festgelegt. Dies betrifft sowohl die Positionierung der Eingabefelder (Wertfelder), als auch die Planungsebene. Die Definition erfolgt über folgenden Pfad im **Customizing**:

Controlling ⇨ Ergebnis- und Marktsegmentrechnung ⇨ Planung ⇨ Manuelle Planung ⇨ Planungslayout definieren

Abb. 3.41
Planungslayout anlegen/ändern

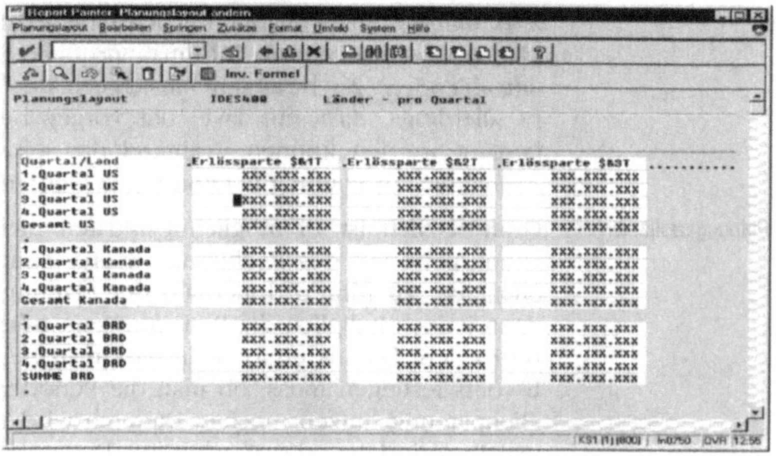

Aufbau des Planungslayouts

Das Planungslayout besteht aus **Schlüssel-** (rote Überschrift) **und Wertspalten** (schwarze Überschrift) und aus einem Kopfbereich. Die Schlüsselspalte kann durch ein einzelnes Merkmal definiert werden, wobei es zulässig ist, dass mehrere Schlüsselspalten nebeneinander definiert sind. Es kann aber auch jede einzelne Zeile des Planungslayouts individuell geplant werden (Einsteuerung von Merkmal, Wertfeld oder einer Formel). Die Wertspalten bestehen aus den Komponenten Wertfeldern, Merkmalen, Attributen oder Formeln. Durch die Angaben im Kopfbereich werden die zu beplanenden Ergebnisobjekte beschrieben.

Die Wertspalten bestehen aus **Wertfeldern, Merkmalen, Attributen** oder **Formeln**. Bei der Definition des Layouts wird verbindlich entschieden, ob **Wertfelder** in den Zeilen oder Spalten des Planungslayouts stehen. Der Rahmen eines Ergebnisobjektes wird durch die Auswahl von **Merkmalen** festgelegt. Die zugehörigen Wertfelder sowie der gewünschte Zeithorizont fließt ebenfalls mit ein. Bei den **Attributen** stehen dem Benutzer der Verteilungsschlüssel, die Einheit der Wertfelder (Währung oder Mengeneinheit), das Aktionsfeld, das Langtextkennzeichen sowie alle Merkmale zur Verfügung. Einen direkten Bezug zu einer Datenquelle besitzen aber nur der Verteilungsschlüssel, Einheit und Aktion.

Bei der Definition des Planungslayouts können die Merkmalsfelder **Version**, **Vorgangsart** (nur bei der kalkulatorischen Ergebnisrechnung) und **Plan-/Istkennzeichen** als normale Merkmale verwendet werden. Dadurch erhält der Bediener die Möglichkeit, z. B. mehrere Planversionen gleichzeitig anzuzeigen bzw. zu beplanen oder Istdaten als Informationsquelle bei der Planung mit einzublenden. Zu beachten hinsichtlich des Feldes Vorgangsart ist allerdings, dass nur zwei der vorgegebenen Vorgangsarten beplant werden können, während die selbst angelegten ohne Ausnahme zur Planung herangezogen werden können.

Planungszeitraster

Grundsätzlich ist es möglich Plandaten nicht nur in den Buchungsperioden des Rechnungswesens, sondern auch auf Wochenbasis zu führen. Innerhalb der Planungssitzung kann man dann jedoch lediglich die Periodenwerte **oder** die Wochenwerte bearbeiten. Daraus ergibt sich, dass man bei der Definition des Layouts festlegen muss, ob man die Periodenplanung oder Wochenplanung nutzen möchte. Dadurch wird entweder das Merkmal Periode/Jahr oder Woche/Jahr Bestandteil des Planungslayouts.

Rechenzeilen und -spalten

Zusätzlich zu den eigentlichen Planungsspalten können Rechenzeilen oder Rechenspalten definiert werden. Für deren Benutzung gibt es zwei Möglichkeiten: entweder es werden die Rechenfelder aus den eigentlichen Planungswerten ermittelt oder es werden bereits gerechnete Werte eingegeben, um die entsprechenden Wertfelder daraus ermitteln zu können.

Fortschreiben paralleler Währungen

Ob man in einer zentralen Währung (konzernweit) des Ergebnisbereiches oder in der Landeswährung des Buchungskreises planen will, muss man jeweils pro Planversion entscheiden. Der gewünschte Währungstyp wird als Attribut in der entsprechenden Planversion hinterlegt (Ergebnisbereichswährung oder Buchkreiswährung). Da in einer Planversion die Plandaten nur in einer Währung geführt werden, können sie durch Kopieren zwischen Versionen in andere Währungen umgewandelt werden. Die Umrechnung erfolgt automatisch im Rahmen der Anwendungsfunktion *Planung ⇨ Maschinelle Planung ⇨ Kopieren.*

Planerprofil

Optional kann in der Planung der Ergebnis- und Marktsegmentrechnung ein sog. Planerprofil eingesetzt werden, anhand dessen gewisse Voreinstellungen für die manuelle Planung getroffen werden können. Beispielsweise kann eine Zuordnung von Planerprofil und Planungslayout erfolgen, wodurch der Ablauf der Planung beeinflusst wird. Weiterhin kann das Planerprofil einer Berechtigungsgruppe zugeordnet werden, somit ist es nicht für jeden Benutzer zugänglich. Durch eine Kombination von Berechtigungsgruppe und nicht überschreibbarer Vorparametrisierung (einmal festgelegte Variablen dürfen nicht mehr geändert werden) kann eine detaillierte Berechtigungsvergabe für die Plandatenerfassung an die Benutzer erfolgen. Das Planerprofil wird über das **Customizing** gepflegt.

Controlling ⇨ Ergebnis- und Marktsegmentrechnung ⇨ Planung ⇨ manuelle Planung ⇨ Planerprofile definieren

Abb. 3.42
Planerprofile ändern

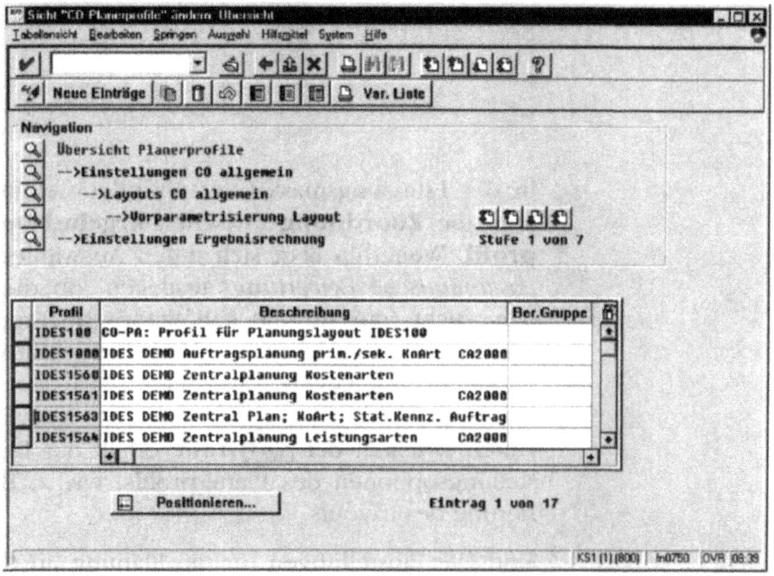

Durch Markieren eines Profils mit der linken Maustaste in der ersten Spalte und anschließendem Drücken der -Taste vor ***„Einstellungen Ergebnisrechnung"*** gelangt der Benutzer in die Erfassungsmaske der Grundeinstellungen für die Ergebnisrechnung (bzgl. des Planerprofils).

Abb. 3.43
Erfassungsmaske: Grundeinstellungen für CO-PA ändern

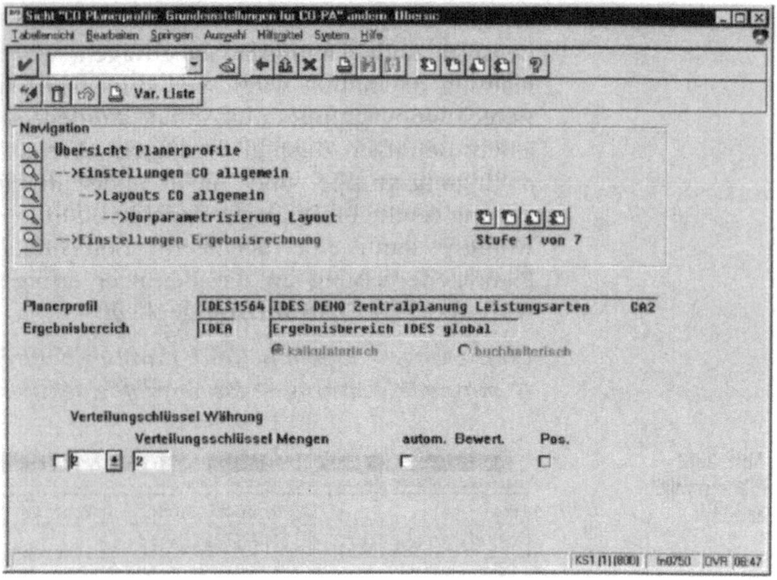

In der Erfassungsmaske der Grundeinstellungen für CO-PA erfolgt die **Zuordnung** zwischen **Ergebnisbereich** und **Planerprofil**. Weiterhin lässt sich durch Auswählen des Kennzeichens *„automatische Bewertung"* festlegen, ob diese gewünscht wird oder nicht (nur für die kalkulatorische Ergebnisrechnung relevant). Als letztes kann der Verteilungsschlüssel für Währungen und Mengen angegeben werden.

Durch Drücken der [Symbol]-Taste erhält der Benutzer weitere Einstellungsoptionen des Planerprofils, wie z. B. die Vorparametrisierung des Layouts.

Sind alle Einstellungen für die Planung im Customizing getätigt, kann über das Anwendungsmenü der Ergebnis- und Marktsegmentrechnung mit der eigentlichen Planung begonnen werden.

Durchführung der Planung

Rechnungswesen ⇨ Controlling ⇨ Ergebnisrechnung ⇨ Planung ⇨ Plandaten ändern

Auf dem Einstiegsbild muss das entsprechende **Planungslayout** ausgewählt werden. Dies entfällt jedoch, wenn der Bediener mit einem Planerprofil arbeitet. In der Merkmalübersicht, deren aufgezeigte Merkmale sich aus dem Planungslayout ergeben, kann der Benutzer nun eine endgültige Bestimmung des zu beplanenden Ergebnisobjekts vornehmen, indem er Merkmalswerte eingibt.

Der Bediener kann bei der eigentlichen Erfassung der Planzahlen zwischen zwei Darstellungen wählen: **Übersichtsbild** und **Periodenbild**. Das Übersichtsbild, das mit der Drucktaste  aufgerufen wird, beinhaltet die vom Benutzer definierte Erfassungsmaske (Planungslayout). Das Periodenbild wird durch Betätigen der -Taste aufgerufen. Darunter versteht SAP eine Art Planungslayout, das sämtliche Perioden in den Zeilen darstellt und die ursprünglichen (ausgehend vom Übersichtsbild) Zeilendimensionen im Kopfbereich ergänzt.

Maschinelle Bearbeitung eines Gesamtplans

Neben der oben betrachteten manuellen Planung wird die maschinelle Bearbeitung des Gesamtplans angeboten, dies ermöglicht es eine Vielzahl von bereits geplanten Ergebnisobjekten maschinell zu bearbeiten.

Es stehen die Funktionen *Gesamtplan kopieren*, *Gesamtplan ändern*, *Gesamtplan löschen*, *Prognose durchführen* und *Top-Down-Verteilung durchführen* zur Verfügung. Alle Funktionen können sowohl im Hintergrund als auch online ablaufen.

Über die Funktion *„Gesamtplan kopieren"* bietet sich die Möglichkeit, bereits vorhandene Referenzdaten in Plandaten zu kopieren.

Will der Benutzer für mehrere Objekte bereits vorhandene Plandaten ändern, muss er die Funktion *„Gesamtplan ändern"* auswählen.

Sollen die Planzahlen auf Null gesetzt werden, muss der Bediener die Funktion *„Gesamtplan löschen"* selektieren. Löschen bedeutet aber kein Löschen der Sätze aus der Datenbank.

Damit für mehrere Objekte Planwerte anhand des angegebenen Prognoseprofils prognostiziert werden können, wurde die Funktion *„Prognose durchführen"* geschaffen. Mit Bezug auf vorhandene Referenzdaten werden die zu prognostizierenden Plandaten erzeugt.

Über die Funktion *„Top-Down-Verteilung"* können Daten von einer höheren Planungsebene auf darunterliegende Ebenen verteilt werden. Die Verteilung findet analog zu den vorhandenen Referenzdaten statt und kann entweder nach kumulierten Periodenwerten, um Schwankungen zu vermeiden oder periodengenau durchgeführt werden. Als Referenzdaten können sowohl Istdaten als auch Plandaten herangezogen werden.

Über folgenden **Menüpfad** können alle Funktionen der **Gesamtplanung** aufgerufen werden:

Rechnungswesen ⇨ Controlling ⇨ Ergebnisrechnung ⇨ Planung ⇨ Gesamtplanung kopieren/Prognose/Top-Down/ändern/löschen

Stellvertretend für alle fünf Bearbeitungsmöglichkeiten eines Gesamtplans soll die Funktion *„Gesamtplan kopieren"* näher erläutert werden.

Abb. 3.44
Erfassungsmaske: Gesamtplan kopieren

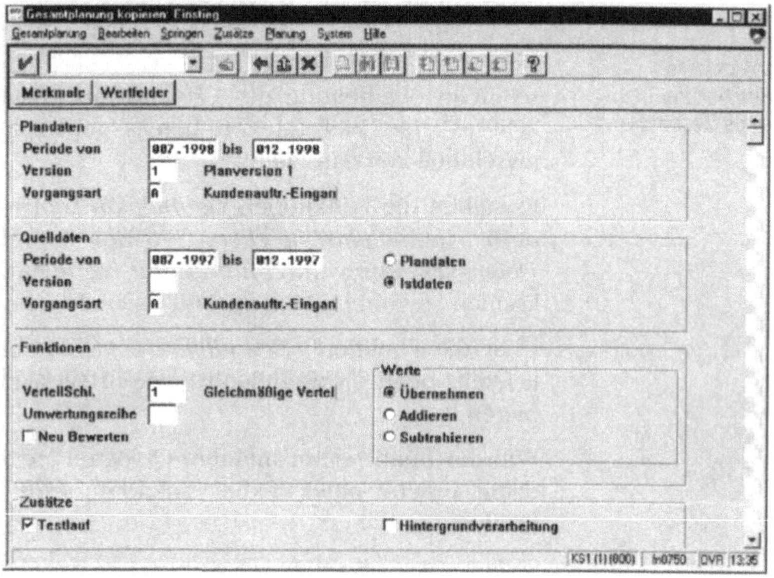

Plandaten

In dem Abschnitt *„Plandaten"* werden die zu planenden Buchungsperioden angegeben. Weiterhin muss der Benutzer die Planversion und die Vorgangsart selektieren, in die bzw. mit der die kopierten Daten übernommen werden sollen.

Quelldaten

Im Abschnitt *„Quelldaten"* werden die Referenzdaten genauer spezifiziert. Zunächst muss festgelegt werden, aus welchen Perioden die Referenzdaten kopiert werden sollen. Über die Radiobuttons kann der Benutzer auswählen, ob er als Referenz Ist- oder Plandaten möchte. Falls Plandaten ausgewählt wurden, wird die Eingabe einer Planversion gefordert, aus der die Daten selektiert werden sollen.

Funktionen

In dem Bereich *„Funktionen“* können die Werte durch die Angabe eines Verteilungsschlüssels neu auf die Perioden verteilt werden. Im Feld *„Umwertungsreihe“* können Wertfelder mit Zu- und Abschlagsprozentsätzen korrigiert werden. Im obigen Beispiel könnte der Plan für Juli-Dezember 1998 aus den um 7% erhöhten Istdaten aufgebaut werden. Die individuellen und möglichen Umwertungsreihen und die Verteilungsschlüssel legt der Benutzer im **Customizing** fest.

Controlling ⇨ Ergebnis- und Marktsegmentrechnung ⇨ Planung ⇨ Planungshilfen ⇨ Verteilungsschlüssel bzw. Umwertungsreihen festlegen

Automatische Bewertung

Soll eine automatische Bewertung der Wertfelder erfolgen, ist es notwendig, das Feld *„Neu Bewerten“* zu selektieren. Bei *„Werte“* legt der Bediener fest, wie die zu kopierenden Daten in die Planversion behandelt werden sollen. Die Referenzdaten können entweder zu den schon vorhandenen Daten addiert oder subtrahiert werden oder der vorhandene Plan kann komplett mit Referenzdaten überschrieben werden (Übernehmen).

Zusätze

Im Bereich *„Zusätze“* kann ausgewählt werden, ob ein Lauf mit Datenbank-Update oder ohne Datenbankveränderungen stattfindet (Testlauf). Bei einer großen Anzahl von kopierenden Objekten empfiehlt es sich, die Hintergrundverarbeitung zu wählen, da dann das System nicht so enorm belastet wird.

Fremddaten-übernahme

Wie bereits bei den Istdaten können auch in der Planung Daten aus einem Fremdsystem übernommen werden. Die Einstellungen zur Datenstruktur, zur Zuordnungsgruppe und zur Feldzuordnung erfolgen analog der Fremddatenübernahme für Istdaten. Gestartet wird die Datenübernahme über das Menü:

Rechnungswesen ⇨ Controlling ⇨ Ergebnisrechnung ⇨ Planung ⇨ Fremddatenübernahme

Umlage Plankostenstellen

Wird in der Kostenstellenrechnung auf Kostenstellen geplant, besteht die Möglichkeit diese geplanten Kosten mit der gleichen Funktion wie im Ist in die Ergebnisrechnung zu übernehmen.

3.6.6 Visualisierung der Ergebnisrechnung

Um die in der Ergebnisrechnung gesammelten Daten auswerten zu können, stellt das System CO-PA ein **dialogorientiertes Informationssystem** zur Verfügung, welches in der Lage ist, alle in einem Ergebnisbereich enthaltenen Merkmale bzw. deren Werte zu analysieren.

Rechenschema

In der Ergebnisrechnung gibt es eine Fülle von **Kennzahlen**, die ausgewertet werden sollen. Diese Kennzahlen lassen sich entweder eins zu eins aus den entsprechenden Wertfeldern ermitteln oder sie werden in irgendeiner Weise aus den bereits bekannten Kennzahlen errechnet. Das Modul CO-PA besitzt ein Rechenschema, das über das **Customizing** gepflegt werden kann und als Formelsammlung für alle Auswertungen (Berichte) dient.

Controlling ⇨ Ergebnis- und Marktsegmentrechnung ⇨ Infosystem ⇨ Berichtsbestandteile ⇨ Rechenschema definieren

Die aufgestellten Formeln werden als Elemente des Rechenschemas bezeichnet. Jede Formel, die sich hinter den Elementen verbirgt, kann entweder aus Wertfeldern des Ergebnisbereichs oder aus bereits definierten Elementen des gleichen Rechenschemas bestehen.
Nach Ausführen des Menüpfades im Customizing kann ein neues Rechenschema angelegt werden oder ein vorhandenes erweitert werden. Über die Taste Neue Einträge kann ein **neues Rechenschema angelegt** werden. Ist der Benutzer schon eine Stufe tiefer, d. h. hat er bereits ein Rechenschema ausgewählt, kann er über die gleiche Taste neue Elemente des Rechenschemas anlegen. Um ein vorhandenes Rechenschema oder ein vorhandenes Element zu bearbeiten, muss die -Taste (Detail) bedient werden.

Abb. 3.45
Element eines Rechenschemas anlegen/ändern

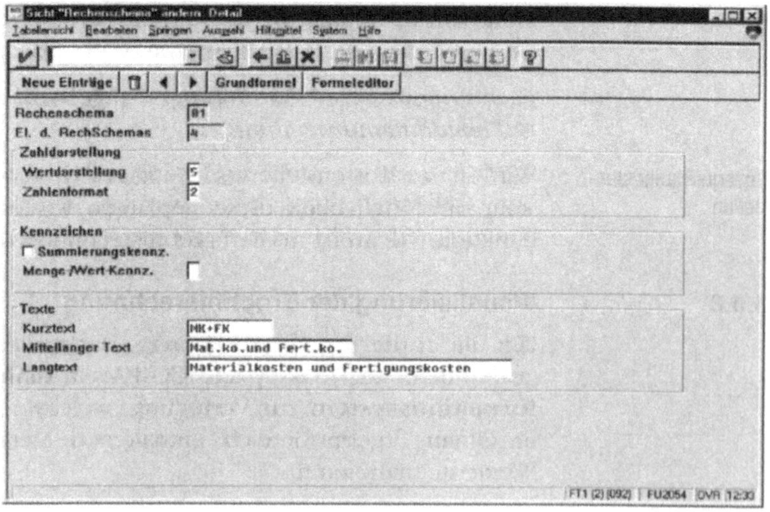

Elementnummer

Für das entsprechende Rechenschemaelement muss eine Elementnummer vergeben werden. Diese darf zwischen **1** und **9000** liegen, während die Datenbankfelder (Ergebnisbereichfelder) allen Rechenschematas gleichermaßen zugeordnet sind und Elementnummern von 9001 und 9999 für sich reserviert haben.

Beim Anlegen eines neuen Elements für das Rechenschema hat der Benutzer die Möglichkeit, Texte zu hinterlegen und, falls gewünscht, Ausgabeformate pro Element anzugeben.

Zahlenformat

Im Bereich *„Zahlendarstellung“* lässt sich die *„Wertdarstellung“* (z. B. in Tausend DM) und das *„Zahlenformat“* angeben (z. B. mit oder ohne Nachkommastellen).

In dem Abschnitt *„Texte“* verlangt das System eine Bezeichnung für das jeweils neue Element, wobei die Eingaben bei *„Kurztext“* und *„Mittellanger Text“* als Mussfelder definiert sind.

Formeln

Um die Formeln zu definieren, die sich hinter den Elementen verbergen, gibt es zwei Möglichkeiten. Handelt es sich nur um **Additionen** und **Subtraktionen**, sollte der Menüpunkt bzw. die Drucktaste **Grundformel** ausgewählt werden. In dem erscheinenden Pop-Up in Listenform können alle zu addierenden und oder subtrahierenden Elemente eingetragen werden. Über die Funktionstaste **Ausw. Einträge** werden alle in Frage kommenden Elemente zur Auswahl angeboten.

Beinhaltet die zu hinterlegende Formel Rechenoperationen, die über die Addition und Subtraktion hinausgehen, ist es erforderlich den Formeleditor zu benutzen (Drucktaste **Formeleditor**).

Merkmalsgruppe

Damit bei der Definition von Berichten nicht alle Merkmale des Ergebnisbereiches angeboten werden, stehen die Merkmalsgruppen zur Verfügung. Gibt man eine Merkmalsgruppe an, so werden nur die Merkmale der Gruppe angezeigt; z. B. eine Gruppierung kunden- und regionalbezogene Merkmale für die Vertriebsabteilung. Merkmalsgruppen werden im Customizing unter:

System ⇨ Benutzervorgaben ⇨ Eigene Daten ⇨ Parameter

angelegt.

Berichte

Das **Informationssystem** der Ergebnis- und Marktsegmentrechnung zieht zur Auswertung der Daten hauptsächlich Berichte heran, wobei R/3 zwei verschiedene Berichtsarten anbietet. Zum einen der **Ad-hoc-Bericht**, der sich zur Analyse der Daten nach irgendwelchen Besonderheiten und Auffälligkeiten eignet. Zum anderen der **Bericht mit Formular**, bei dem der Bildschirmaufbau vom Benutzer gestaltet werden kann. Diese Art ist besonders zum Drucken von Berichten geeignet.

Anlegen von Berichten

Der Bediener kann zum Anlegen der Berichte entweder über das Customizing oder über das Anwendungsmenü des CO-PA einsteigen.

Menüweg in der **Anwendung**:

Rechnungswesen ⇨ Controlling ⇨ Ergebnisrechnung ⇨ Informationssystem ⇨ Bericht definieren ⇨ anlegen/ändern/anzeigen

Pfad im **Customizing**:

Controlling ⇨ Ergebnis- und Marktsegmentrechnung ⇨ Infosystem ⇨ Bericht ⇨ Ergebnisbericht anlegen

Bericht mit Formular

Ist ein Bericht mit Formular gewünscht, lässt sich das Formular ebenso wie der Bericht im Customizing und im Anwendungsmenü anlegen. Das Formular wird mit dem von SAP entwickelten **Report-Painter** erstellt. Das Formular kann in verschiedenen Dimensionen gewählt werden, z. B. einkoordinatig mit oder ohne Kennzahl oder zweikoordinatig mit Kennzahl.

Die Funktionalität der Recherche an dieser Stelle würde den Rahmen sprengen, in dem dieses Kapitel gehalten werden soll. Genauere und tiefergreifende Informationen findet der Leser in der Online-Dokumentation zum allgemeinen Recherchebuch, da die Recherche von SAP nicht nur in dem Modul CO verwendet wird.

Im **Anwendungsmenü**:

Rechnungswesen ⇨ Controlling ⇨ Ergebnisrechnung ⇨ Informationssystem ⇨ Bericht definieren ⇨ anlegen/ändern/anzeigen ⇨ Umfeld ⇨ Formular ⇨ anlegen/ändern/anzeigen

Im **Customizing**:

Controlling ⇨ Ergebnis- und Marktsegmentrechnung ⇨ Infosystem ⇨ Berichtsbestandteile ⇨ Formulare für das Infosystem definieren

Der Umfang der Auswertung (Dimension des Datenwürfels) wird durch die Auswahl der Merkmale des Ergebnisbereiches festgelegt. Falls Merkmalsgruppen angelegt wurden, wird auch das Eingabefeld **Merkmalsgruppen** angezeigt. Ist dies der Fall, sind nach der Eingabe in diesem Feld die Merkmale des Ergebnisbereiches sind mehr verfügbar, sondern nur noch die in den entsprechenden Merkmalsgruppen enthaltenen Merkmale.

Spezifische Einstellungen

Bei der Erstellung der Berichte bzw. bei der Änderung kann bzw. muss der Benutzer allerdings noch eine CO-PA-spezifische Einstellung tätigen. Da in dieser Anwendung das Datenvolumen sehr groß werden kann und Daten ebenfalls auf ein hohes Niveau verdichtet werden können, ist es notwendig, in dem Bericht über das **Menü**

Zusätze ⇨ Verdichtungsebenen

einzustellen, ob aktuelle Daten oder nur Daten des letzten Aufbaus der Verdichtungsebene angezeigt werden sollen. Weiterhin kann festgelegt werden, wie sich der Bericht beim Ausführen verhalten soll, falls die getroffene Einstellung bezüglich der auszuwertenden Daten nicht vorliegt (keine Meldung, Warnung, Fehlermeldung). Diese Einstellung sollte sehr genau getroffen werden, da es Konstellationen gibt, in denen die betreffenden Berichte nicht mehr online ausgeführt werden können.

Neben der Anzeige in Berichtsform gibt es die **Einzelpostenliste**, die alle im System gebuchten Einzelposten in Listenform darstellt. Es besteht die Möglichkeit, sowohl **Plandaten** als auch **Istdaten** anzeigen zu lassen.

Berichte ändern und anzeigen

Beim Ändern oder Anzeigen von Berichten geht man über:

Informationssysteme ⇨ Bericht definieren ⇨ Ändern/Anzeigen

Abb. 5.46
Elemente eines Berichtes

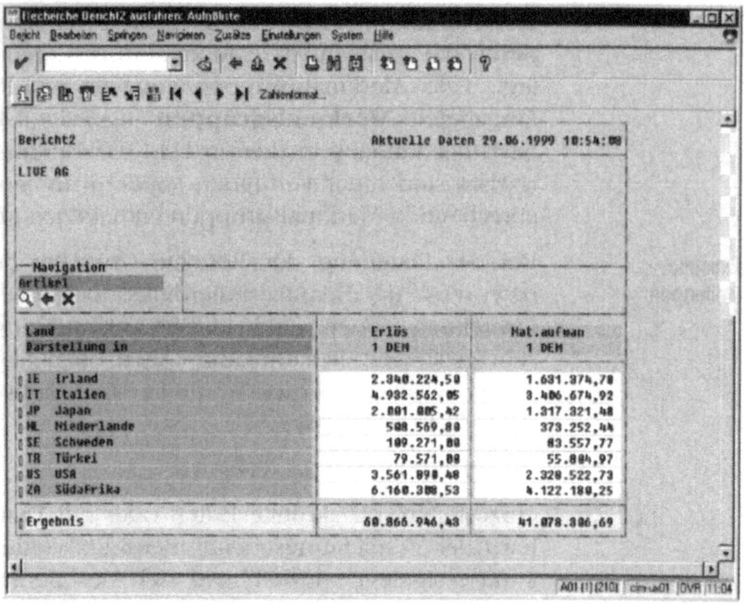

Will man einen Bericht löschen, ist dies aus der Änderungsaktion möglich. Um eine ganze Gruppe von Berichten zu löschen, empfiehlt es sich dies im Customizing über *Berichte reorganisieren* zu tun.

Bericht ausführen

Um das Ausführen eines Berichts für den Benutzer möglichst einfach zu gestalten, werden die Einstellungen zum größten Teil schon in der Berichtsdefinition vorgenommen. Damit verbleiben dem Anwender nur noch wenige Möglichkeiten den Berichtsaufbau zu steuern. Stehen mehrere Alternativen zur Auswahl, so erscheint ein entsprechendes Dialogfenster. Ist das Ablegen von Sicherungsdaten auf Benutzerebene erlaubt, so besteht die Möglichkeit aus der Berichtsliste heraus über:

Bericht ⇨ Sichern

den gerade angezeigten Stand eines Berichtes als Sicherungsdaten zu speichern. Über ein Selektionsbild erfolgt das Ausführen eines Berichtes. In diesem Selektionsbild legt man fest, welche Daten gelesen werden sollen. Eine Selektionsvariante kann zur Vereinfachung über:

Springen ⇨ Variante ⇨ Als Variante sichern

angelegt werden.

Einzelpostenlayout definieren

In dem Einzelpostenlayout, das im Standard mitausgeliefert wird, sind alle möglichen anzuzeigenden Felder ausgewählt. Angesichts der Listenbreite von 254 Zeichen werden am Bildschirm aber nur einige wenige Spalten angezeigt. Allerdings können über das **Customizing eigen definierte Einzelpostenlayouts** erstellt werden.

Controlling ⇨ Ergebnis- und Marktsegmentrechnung ⇨ Infosystem ⇨ Berichtsbestandteile ⇨ Einzelpostenlayout festlegen

Achtung!

Das Layout ist vom Ergebnisbereich abhängig.

Nach Vergabe eines Namens für das neu anzulegende Layout befindet sich der Benutzer im **Report Painter** von R/3. Über die Drucktaste  (Element definieren) kann der Benutzer weitere Spalten anlegen. Nach Betätigen dieser Taste erscheinen die möglichen auszuwählenden Merkmale in einem Pop-Up. Nachdem alle gewünschten Spalten durch den Bediener definiert wurden, kann das Layout gespeichert werden.

Der Aufruf der Einzelpostenliste kann über verschiedene Transaktionen der **Anwendung CO-PA** (*Rechnungswesen ⇨ Controlling ⇨ Ergebnisrechnung*) erfolgen:

- *Istbuchungen ⇨ Einzelposten anzeigen*
- *Informationssystem ⇨ Einzelposten anzeigen ⇨ Ist*
- *Informationssystem ⇨ Einzelposten anzeigen ⇨ Plan*
- *Plandaten ändern ⇨ Zusätze ⇨ Einzelpostennachweis*

Im Bereich **Layout** der Einstiegsmaske *„Einzelposten anzeigen"* kann vom Bediener das gewünschte Layout ausgewählt werden.

3.6.7 Werkzeuge

Unter den Bereich Werkzeuge der Ergebnis- und Marktsegmentrechnung fällt die Verwendung von Verdichtungsebenen.

Unter **Verdichtungsebenen** versteht SAP eine Aggregierung der Daten auf verschiedenen vorher bestimmten Stufen. Diese Verdichtung der Daten wird in einer gewissen Weise gesichert und bereitgestellt (Erläuterung folgt später).

Beim Aufruf einer Auswertung, die eine gewisse Verdichtung der Daten verlangt, muss der gesamte Datenbestand gelesen werden. Da jede Buchung in der Ergebnisrechnung einen Einzelposten zur Folge hat, kann der zu lesende Datenbestand sehr groß sein und somit ein Performance-Problem entstehen. Aus diesem Grund wurden die Verdichtungsebenen geschaffen. Die Merkmale eines jeden Ergebnisbereichs lassen theoretisch eine Vielzahl von möglichen Datenverdichtungen zu. In der betrieblichen Praxis hat sich allerdings gezeigt, dass sich die ständig genutzten Auswertungen auf eine überschaubare Menge reduzieren lassen. Für diese häufig geplanten Auswertungen können Verdichtungsebenen angelegt werden.

Definition der Verdichtungsebene

Die Definition der Verdichtungsebenen erfolgt über das **Customizing**.

Controlling ⇨ Ergebnis- und Marktsegmentrechnung ⇨ Werkzeuge ⇨ Verdichtungsebenen definieren

Anlegen neuer Verdichtungsebenen

Über die Taste Neue Einträge kann eine neue Verdichtungsebene mit entsprechender Stufennummer und Bezeichnung angelegt werden. Über das Selektionskriterium *„Merkmale"* kann angegeben werden, über welche Merkmale mit welchem Merkmalswert verdichtet werden soll.

Wird die Definition der Verdichtungsebene gesichert, erfolgt eine Generierung von zwei Tabellen (Keytabelle und Summentabelle) im Data Dictionary. Diese Tabellen enthalten nur die für die jeweilige Verdichtung benötigten Felder.

Jede Verdichtungsebene ist mit einem Status versehen, der Auskunft über die Benutzung dieser Ebene gibt. Prinzipiell gibt es drei Verdichtungsebenen:

- **Neu anzulegen** (temporärer Status, der vor dem Sichern der Verdichtungsebenen aktiv ist; es wurden noch keine Data Dictionary Tabellen angelegt)
- **Aktiv, ohne Daten** (noch keine Verwendung durch die Anwendung möglich, da die Tabellen noch keine Daten enthalten)
- **Aktiv** (Verwendung durch die Anwendung möglich)

Verdichtungsebenen finden ihre Anwendung nicht nur im Berichtswesen, sondern auch in der Dialog- und Gesamtplanung. Weiterhin können sie als Bezugsbasis bei der Kostenstellenumlage verwendet werden.

Datenversorgung von Verdichtungsebenen

Da die Versorgung der Verdichtungsebenen mit Daten asynchron und nicht vorgangsbezogen erfolgt, kann die Aufbauzeit der Verdichtungsebenen in Zeiten mit niedriger Auslastung z. B.

nachts erfolgen. Nach der Definition einer Verdichtungsebene bleibt diese solange im Status „Aktiv, ohne Daten", bis ein Neuaufbau durchgeführt wurde. Dabei werden die Daten aus der Objektebene gelesen. Dadurch wird der Status in „Aktiv" geändert und die Verdichtungsebene kann von den Anwendungen verwendet werden. Damit die Verdichtungsebenen immer auf dem aktuellen Stand stehen, müssen sie regelmäßig aktualisiert werden. Bei der Aktualisierung werden aber nur noch die Änderungen seit dem letzten Programmlauf hinzugefügt (**„Delta Verfahren"**). Sollten sehr viele neue Daten aufgenommen werden, z. B. nach einer Massendatenübernahme, kann es durchaus sinnvoll sein die Verdichtungsebene zu löschen und neu aufzubauen.

Anwendungsgebiete von Verdichtungsebenen

In folgenden Bereichen werden die Verdichtungsebenen nachdem sie angelegt und mit Daten versorgt wurden, verwendet:

- Recherche
- Ermittlung der Bezugsbasis bei Kostenstellenumlage
- manuelle Planung

Recherche

Entsprechend der Standarteinstellung werden in Berichten Verdichtungsebenen gelesen, aktuelle Daten angezeigt und eine Warnmeldung ausgegeben falls keine geeignete Verdichtungsebene vorhanden ist. Bei der Definition eines Berichtes kann diese Einstellung über

Zusätze ⇨ Performance

je nach Bedarf verändert werden. Um Zahlen aus der aktuellen Periode zu betrachten, muss man *Auswahl aktuelle Daten* markieren. Falls sich die Zahlen nicht mehr ändern (am Periodenende) wird *Auswahl aktuelle Daten* nicht markiert. Wurde **Verdichtungsdaten führen** in einem Bericht ausgewählt, wird der Neuaufbau der Verdichtungsdaten aus Verdichtungsebenen durchgeführt. Die Zeit, die der Neuaufbau benötigt, hängt hierbei von der Anzahl der Merkmale, die im Bericht verwendet wurden, ab. **Je weniger Merkmale, desto schneller der Neuaufbau von Verdichtungsdaten.**

Kostenstellenumlage

Zur Ermittlung der Bezugsbasis werden in der Kostenstellenumlage die Verdichtungsebenen verwendet, wobei jedem Zyklus eine Verdichtungsebene zugeteilt wird. In einem Zyklus sollte man wenn möglich keine Segmente zusammenfassen, die in der Bezugsbasis eine andere Detaillierung benötigen; z. B. Segment A verwendet als Bezugsbasis Kundengruppen, Segment B Artikelgruppen. Ist dies der Fall, so muss für den Zyklus eine Verdichtungsebene mit Kundengruppe und Artikelgruppe vorhanden sein. Verwendet man zwei Zyklen, so werden zwei Verdichtungsebenen gesetzt: eine mit der Detaillierung Kundengruppe und eine mit Detaillierung Artikelgruppe.

Manuelle Planung

Da in der Planung immer die aktuellen Zahlen angezeigt werden und die Verdichtungsebene nur die Daten des letzten Verdichtungslaufes enthält, müssen die fehlenden Einzelposten nach dem Lesen der Verdichtungsebene manuell hinzugefügt werden. Da mit jeder Änderung der Plandaten mehr Einzelposten entstehen, die noch nicht in der Verdichtungsebene enthalten sind, erhöht sich auch der Aufwand für das Nachlesen. Durch das Aktualisieren der beteiligten Verdichtungsebenen wird dieser Aufwand wieder reduziert. Eine Alternative hierzu ist es die Aktualisierung im Hintergrund durchzuführen (z. B. stündliche Aktualisierung).

3.7 Profit-Center

Ein Profit-Center ist ein ergebnisverantwortlicher Teilbereich eines Unternehmens. Ziel des Profit-Center ist es, Teilbereiche eines Unternehmens zu analysieren und wie selbständig am Markt operierende Einheiten erscheinen zu lassen.

Um einen solchen Überblick zu erhalten, wird jeder ergebnisrelevante Geschäftsvorfall online auf die Profit-Center abgebildet. Somit werden Lieferungs- und Leistungsflüsse innerhalb eines Unternehmens zwischen Profit-Centern transformiert.

3.7.1 Profit-Center-Rechnungen und -Hierarchien

Es gibt zwei Arten von Profit-Center-Rechnungen:

1. **Kalkulatorische Profit-Center-Rechnungen**

   Sie ermöglichen die Ergebnisdarstellung in der Systematik einer Herstellkostenschichtung.

2. **Buchhalterische Profit-Center-Rechnungen**

   Die Darstellung ist sachkontenorientiert und entspricht daher dem formalen Gliederungsprinzip der Finanzbuchhaltung. Es existiert ein einheitliches Berichtsschema, welches eine kostenartenbezogene Abstimmung der Daten des internen und des externen Rechnungswesen ermöglicht.

Aktivieren eines Profit-Centers

Jedes Profit-Center ist einem Kostenrechnungskreis zugeordnet, was man als sachkontenorientierte Darstellungsform bezeichnet. Die Übernahme der Daten in die Profit-Center-Rechnungen geschieht in Form der ursprünglich kontierten Sachkontennummer.

Werden gleiche Kontenpläne, gleiche Geschäftsjahresvarianten und eine einheitliche Währung verwendet, ist eine Übernahme von Daten möglich.

Dummy-Profit-Center

Sollten Daten vorhanden sein, die den bestehenden Profit-Centern nicht ordnungsgemäß zugewiesen werden können, so werden diese dem sogenannten Dummy-Profit-Center zugeordnet. Es wird damit eine Vollständigkeit der Daten gewährleistet. Später besteht die Möglichkeit, diese Daten auf echte Profit-Center umzulegen.

Profit-Center-Hierarchien

Profit-Center sind in größeren Firmen hierarchisch aufgebaut. Es können mehrere Profit-Center auf einer Hierarchie sein, genauso existieren über- und untergeordnete Profit-Center (siehe Abb. 3.47). Es besteht die Möglichkeit, dass die Hierarchie des Profit-Centers stark an die Hierarchie der Kostenstellen angelehnt ist. Daher ist die Möglichkeit gegeben durch das Customizing die Kostenstellen-Hierarchie komplett in die Profit-Center-Hierarchie zu übernehmen. Die so erzeugte Profit-Center-Hierarchie kann dann mit Hilfe der **Pflegetransaktionen** den speziellen Anforderungen der Profit-Center-Rechnung angepasst werden.

Abb. 3.47 Standardhierarchie

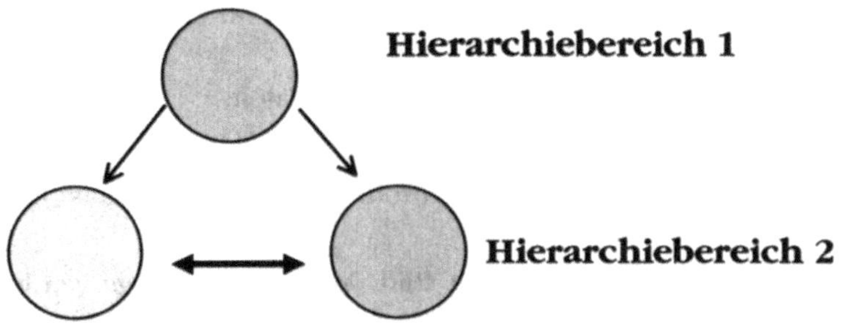

In der Standardhierarchie werden alle zu einem Kostenrechnungskreis gehörenden Profit Center in einer Baumstruktur gegliedert. Sie orientiert sich i. d. R. an der Organisationsstruktur der Profit-Center-Rechnung.

Anlegen der Profit-Center-Hierarchie

Profit-Center, die demselben Kostenrechnungskreis zugeordnet sind, werden in mindestens einer hierarchischen Struktur zusammengefasst. Somit werden Auswertungen über Profit-Center-Bereiche im Reporting möglich.

Für die Pflege von Profit-Center-Hierarchien gilt die Beschreibung der Erlös- und Kostenartenhierarchien analog. Zusätzlich zur Standardhierarchie können beliebig viele andere Hierarchien aufgebaut werden. Die Zuordnung von Einzelwerten zu den Endknoten erfolgt in der Hierarchiepflege mit Doppelklick auf den Endknoten und Eingabe der einzelnen Profit-Center.

Teilbäume einer Hierarchie können in andere Hierarchien eingebaut werden. D. h., auch wenn ein Teilbaum in einer Hierarchie geändert wird, ist diese Änderung automatisch in allen Hierarchien, in denen dieser Teilbaum vorkommt, wirksam.

Profit-Center-Gruppen

Eine Profit-Center-Gruppe ist eine alternative Profit-Center-Hierarchie zur Standardhierarchie. Als Alternative oder Ergänzung zu der Standardhierarchie können sog. Profit-Center-Gruppen erstellt werden. Diese Gruppen finden hauptsächlich im Berichtswesen oder in der Planung eine Verwendung.

3.7.2 Stammdaten

Die Stammdaten sind Oberbegriffe in der Profit-Center-Rechnung, anhand derer werden die Daten gebucht und anschließend ausgewertet.

Stammdaten enthalten Informationen über:

- den zugeordneten Kostenrechnungskreis;
- den zugehörigen Hierarchiebereich;
- Adressdaten;
- Kommunikationsdaten;
- die für den Profit-Center verantwortliche Person.

Anlegen des Profit-Centers

Um einen Profit-Center anzulegen, ist folgendermaßen vorzugehen:

Im ersten Bild des Feldes *Vorlage* werden die Grunddaten des Profit-Centers eingegeben. Zu den Grunddaten zählt das Eingeben der für das Profit-Center verantwortlichen Person sowie die Bestimmung des Kostenrechnungskreises für Profit-Center. Außerdem muss noch die Standardhierarchie und das Zeitintervall, in dem das Profit-Center gültig ist, bestimmt werden.

Angegeben werden muss ferner auch, ob es sich um ein normales Profit-Center oder um ein Dummy-Profit-Center handelt.

Ändern und anzeigen des Profit-Centers

Über *Stammdaten* ⇨ *Profit Center* ⇨ *Ändern* bzw. *Anzeigen* kann man sowohl Profit Center wie auch das Dummy-Profit-Center ändern bzw. anzeigen.

Falls die Datensätze eines Profit Centers in verschiedenen Zeitintervallen vorliegen, erhält man eine Liste, in der die zu bearbeitenden Zeiträume ausgewählt werden können.

Um eine Liste der geänderten Felder im Stammdatensatz zu erzeugen, muss wie folgt vorgegangen werden:

Umfeld ⇨ *Änderungsbelege* ⇨ *Zum Profit Center.*

Mit *Stammdaten* ⇨ *Profit Center* ⇨ *Änderungen*

kann sich der User über die geänderten Felder informieren.

Zuordnungen

Dem Profit-Center können folgende Faktoren als **Stammdaten** zugeordnet werden:

- **Material**
- **Kostenstelle**
- **Kundenauftrag**
- **innerbetrieblicher Auftrag**
- **Produktionsaufträge**
- **Innenaufträge**
- **Geschäftsprozesse**
- **Instandhaltungsaufträge**
- **Immobilienobjekte**
- **Zuordnungsübersicht**

Abb. 3.48
Zuordnung zu einem Profit Center

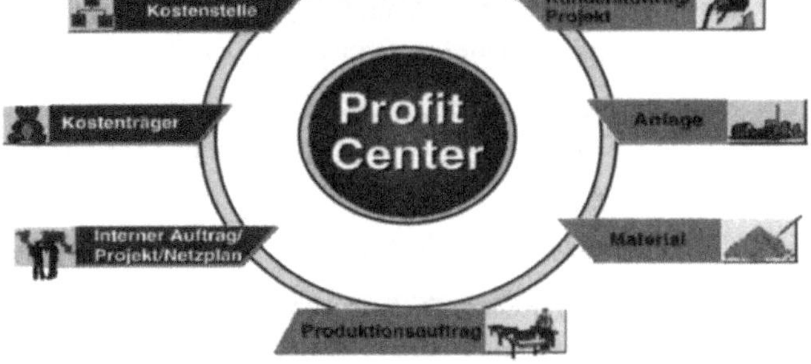

Zuordnung von Material

Die Stammdaten des Materials sind unterteilt in Vertriebsdaten und Werkdaten. Die Zuordnung von Material ist notwendig, um die Bestandsveränderungen zu erkennen. Bei Kundenaufträgen müssen die dafür benötigten Materialien erkannt werden.

Zuordnung von Kostenstellen

Alle **primären Kosten** aus der Finanzbuchhaltung sowie die **sekundären Verrechnungen** innerhalb der Kostenstellenrechnung können mit der Profit-Center-Rechnung abgebildet werden.

Es muss überprüft werden, ob der Kostenrechnungskreis der Kostenstelle mit dem Kostenrechnungskreis des Profit-Centers übereinstimmt, bevor die Daten dem Grunddatenbild des Profit-Centers zugewiesen werden.

Die Zuordnung wird dafür benötigt, um die primären Kosten aus der Finanzbuchhaltung und die sekundären Kosten aus der Kostenstellenrechnung auf die Profit-Center-Rechnung abzubilden. Damit dies möglich ist, muss eine Übereinstimmung des Kostenkreises des Profit-Centers mit dem Kostenkreis der Kostenstellen gegeben sein. Des Weiteren müssen sich die Gültigkeitszeiträume decken.

Zuordnung von Innenaufträgen

Aus dem Buchungskreis des Auftrages wird der Kostenrechnungskreis abgeleitet und bei der Zuordnung berücksichtigt. Hiermit können die aus der Finanzbuchhaltung kommenden Gemeinkosten im Rechnungswesen analysiert werden. Es muss überprüft werden, ob der Kostenrechnungskreis der Kostenstelle mit dem Kostenrechnungskreis des Profit-Centers übereinstimmt, bevor die Daten dem Grunddatenbild des Profit-Centers zugewiesen werden.

Zuordnung von Produktionsaufträgen

Zum Anlegen eines Produktionsauftrag wird das Profit-Center üblicherweise aus dem Stammsatz des zu fertigenden Materials vorgeschlagen und muss daher nicht manuell erstellt werden. Die auf den Produktionsauftrag gebuchten Kosten und Leistungsverrechnungen werden wie die bei der Bestandsveränderung durch Ablieferung und Abrechnung des Produktionsauftrags gebuchte Preisdifferenz dem Profit-Center zugeordnet.

Die Produktionsaufträge werden jeweils den Werken zugeordnet. Durch die Zuordnung entsteht eine Hierarchie, die wie folgt aussieht:

Werk ⇨ Buchungskreis ⇨ Kostenrechnungskreis

Der Kostenrechnungskreis muss mit dem des Profit-Centers identisch sein. Über den Stammsatz des Produktionsauftrags erfolgt die Zuordnung zum Profit-Center.

Die Zuordnung der Innenaufträge ist dafür da, um die Gemeinkosten aus der Finanzbuchhaltung innerhalb des internen Rechnungswesens des Profit-Centers nachzuvollziehen. Diese Zuordnung ist notwendig, um aus der Sicht des Profit-Centers die primären Kosten und Erlöse aus der Finanzbuchhaltung und deren Weiterverrechnung zu verfolgen. Ein Geschäftsprozess kann auf dem Teilbild *Org.einheiten* einem Profit-Center zugeordnet werden.

Zuordnung von Geschäftsprozessen

Zuordnung von Instandhaltungsaufträgen

Durch die Zuordnung von Instandhaltungsaufträgen können die gesammelten Kosten aus der SAP Komponente *Instandhaltung* genau so wie die Innenaufträgen einem Profit-Center zugeordnet werden; dies erfolgt über *Kopf* ⇨ *Kopf Zusatzdaten.*

Zuordnung von Immobilienobjekte

Diese Vorgehensweise ist notwendig, um aus der Sicht des Profit-Centers die primären Kosten aus der Finanzbuchhaltung und deren Weiterverrechnung innerhalb des CO zu verfolgen.

Die folgenden Immobilienobjekte können einem Profit-Center zugeordnet werden:

- Abrechnungseinheit
- Gebäude
- Verwaltungsvertrag
- Grundstück
- Mieteinheit
- Mietvertrag
- Wirtschaftseinheit

Zuordnungsübersicht

Die Zuordnungsübersicht gibt einen Überblick über getätigte Zuordnungen und hilft bei der Pflege der Zuordnungen.

Zuordnung von Kundenaufträgen

Die Kundenaufträge werden dem Profit-Center zugewiesen, da für das Profit-Center die Verkaufserlöse interessant sind.

Der Kundenauftrag wird in der logischen Reihenfolge: *Kundenauftrag* ⇨ *Lieferschein* ⇨ *Warenausgang* ⇨ *Faktura* behandelt. Über eine Fakturaschnittstelle werden die Erlöse übernommen.

Die aktuellen Zuordnungen von ergebnisrelevanten Objekten zu Kundenaufträgen geschieht über folgende Kostenträger:

- Kostenträger
- Projekte
- Anlagen
- Ergebnisobjekte

Zuordnung von Kostenträgern

Die Kostenträger werden zur Zeit in der Produktkostenrechnung verwendet. Der Kostenträger dient dort zur Sammlung und Aufnahme von Kosten, die Objekten auf einer feineren Ebene nicht zugeordnet werden können.

Zuordnung von Projekten

Der Projektdefinition wird das Profit-Center zugeordnet. Dort sind auch die Angaben zu Buchungs- und Kostenrechnungskreis zu finden.

Zuordnung von Anlagen

Die Abbildung von Mehr- und Mindererlösen auf Profit-Center beim **Anlagenverkauf** mit Erlös geschieht durch Zuordnung einer Kostenstelle oder eines innerbetrieblichen Auftrages im Anlagenstammsatz. Das dafür geeignete Profit-Center muss im Kostenstellenstammsatz angegeben werden.

Zuordnung von Ergebnisobjekten

Der Ergebnisrechnung werden die Ergebnisobjekte zugeordnet. Das Ergebnisobjekt bezeichnet eine gewisse Merkmalskombination, die als Nummer abgebildet wird.

3.7.3 Istdaten

Unter Istdaten versteht man die Erfassung aller anfallenden Kosten und Erlöse auf einem Profit-Center, wobei diese über die erweiterte Hauptbuchhaltung realisiert wird.

Dies wird auch als **„Extended General Ledger“** bezeichnet. Über das Einstellmenü muss jedoch ein Ledger für die Profit-Center-Rechnung generiert werden.

Jede Faktura besitzt eine Zuordnung zu einem Profit-Center über die Verbindung: *Kundenauftrag ⇨ Lieferschein ⇨ Faktura*. Der Kundenauftrag wird somit bis in die Faktura durchgereicht.

Istdatenfluss

Die Istdaten werden aus folgenden Applikationen übernommen:

Abb. 3.49 Fremddatenübernahme

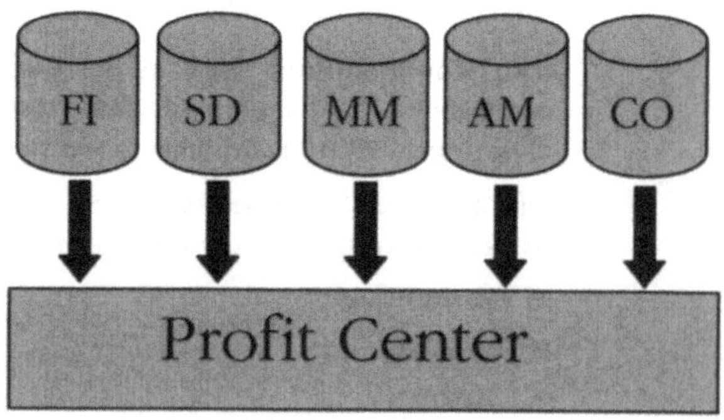

FI: Hieraus erfolgt die Übernahme von primären Kosten sowie Erlösen aus der Debitorenrechnungsbearbeitung.

SD: Über die Fakturadatenübernahme werden Erlöse und Erlösschmälerungen (Frachten, Rabatte) sowie Rückstellungen (z. B. aus Bonusabsprachen) übernommen.

MM: Alle Kosten aus Warenbewegungen (Verbrauchsbuchungen, Materialzugang, Rechnungseingang, Preisänderungen/Umbewertung, Inventurdifferenzen)

AM: Selektion aller ergebnisrelevanten Daten aus Erstellung, Nutzung und Verkauf von Anlagengütern.

CO: Über das Controlling werden alle sekundären Verrechnungen zwischen CO-Objekten selektiert und auf den zugeordneten Profit Centern abgebildet (Auftragsabrechnung, Umlage/Verteilung, Leistungsverrechnung, Umbuchungen, Abgrenzungen, Zuschläge) Istdatenfluss.

Erlöse

Die Erlöse werden durch einen Preisfindungsmechanismus ermittelt, wobei nur durch ein Konto repräsentierte Werte in ein Profit-Center übernommen werden. Bei dem Konto muss es sich allerdings um ein Erlösartenkonto handeln. Die Daten, die aus der Finanzbuchhaltung kommen, werden auf das Profit-Center kontiert. Die Daten für das Profit-Center werden in den eigens dafür angelegten Ledger übernommen.

Primärkosten

Die Erfassung der Primärkosten auf ein Profit-Center kann somit ohne zusätzlichen Aufwand geschehen. Das Kontierungsbild ist das gleiche wie in einem gewöhnlichen Geschäftsablauf.

Sekundärkosten

Bei den **innerbetrieblichen Verrechnungen** findet gleichzeitig eine Verrechnung zwischen den zugeordneten Profit-Centern statt (siehe Abb. 3.50):

Abb. 3.50 Innerbetriebliche Leistungsverrechnung

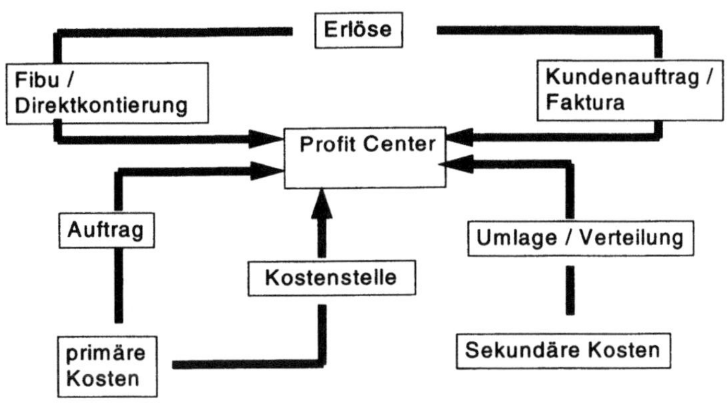

Es muss, wie auch bei den primären Kosten, kein zusätzlicher Erfassungsaufwand betrieben werden, da die Kosten automatisch auf dem Profit-Center abgebildet werden. Es ist unbedingt notwendig, alle sekundären Kosten auf den einzelnen Profit-Center abzubilden.

5.7.4 Profit - Center - Planung

Die Profit-Center-Planung gehört zur Gesamtunternehmensplanung. Es wird innerhalb der Planung zwischen Erlösarten und Kostenarten unterschieden.

Es ist Aufgabe der Profit-Center-Planung Einzelkosten, Gemeinkosten und Erlöse in erfolgsverantwortlichen Einheiten zusammenzufassen. Dabei ist es unbedingt erforderlich, betriebswirtschaftliche als auch technische Anforderungen in der Planung zu berücksichtigen.

Die Profit-Center-Planung ist Element der kurzfristigen **Unternehmensplanung**. Es werden somit folgende Teilpläne erstellt:

Planarten

- Absatzplan
- Produktionsplan
- Kostenplan
- Umsatzplan

Der **Absatzplan** ist wichtig für die kurzfristige Unternehmensplanung. Vom Vertriebscontrolling wird festgelegt, wie viel Mengeneinheiten in einem bestimmten Zeitraum am Markt abgesetzt werden sollen.

Die Daten werden an die **Produktionsplanung** weitergeleitet, die dann die Plankapazitäten und Planleistungen darauf abstimmen.

Zusammen mit dem Absatzplan wird ein Plan erstellt, der die Kapazitäten und die Menge der benötigten Roh-, Hilfs- und Betriebsstoffe ermittelt. Das Ergebnis wird an die Kostenplanung weitergeleitet.

Die **Kostenplanung** muss geeignete Kapazitäten in Form von Leistungseinheiten bereitstellen. Die Berechnungen des Produktionsplanes gehen von den Daten des Absatzplanes aus. Es werden hier die voraussichtlichen Kosten geplant. Die Leistungseinheiten, die erstellt werden sollen, werden hier auch geplant.

Die Kostenstellenplanung erstreckt sich somit auf folgende zwei Bereiche:

- Planung der Leistungseinheiten und
- Planung der voraussichtlich anfallenden Kosten.

Die Kostenplanung sowie die Absatzplanung ist Ausgangspunkt für die **Umsatzplanung**. Durch die verschiedenen Pläne können nun die Erlöse ermittelt und die Plandeckungsbeträge abgeleitet werden. Hierfür werden die Kosten des Kostenplans und des Absatzplans herangezogen.

3.7.5 Berichtswesen

Es werden alle Buchungen, die sich auf das Betriebsergebnis auswirken, erfasst. Diese Daten können dann einzeln, wie auch zusammen analysiert werden. Die Rückmeldung von Informationen und von Vorschauwerten an das Management bezeichnet man als Berichtswesen.

Man unterscheidet drei **Arten von Berichten** (siehe Abb. 3.51):

Abb. 3.51 Berichtsarten

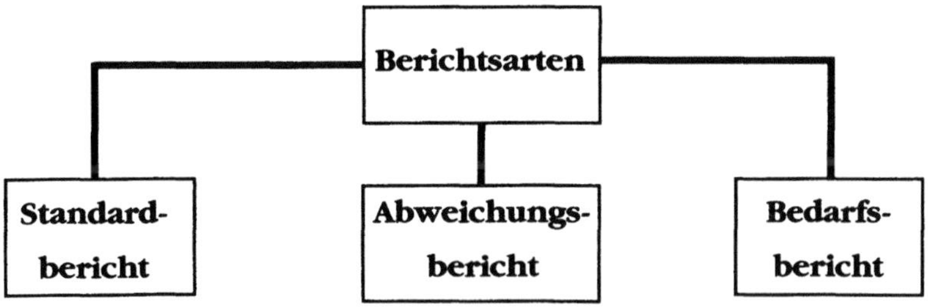

Wenn ein Bericht regelmäßig geschrieben wird, spricht man von einem **Standardbericht**. Er wird nach einem festgelegten Schema gestaltet und wird meistens an die gleichen Empfänger geschickt. Dabei wird immer die gleiche Anzahl von Informationen an den Empfänger übermittelt. Man spricht von einer vollständigen Berichterstattung, da das Management offiziell über alles informiert wird.

Es gibt aktuelle Geschehnisse, die es erfordern, dass das Management informiert wird; z. B. wenn Vorgaben nicht erreicht bzw. die erlaubten Toleranzgrenzen weit überschritten werden, wird ein **Abweichungsbericht** erstellt.

Es werden hier auch bedeutsame Routinefälle übernommen, die dann je nach Notwendigkeit von dem Berichtsempfänger angefordert werden können.

Sollte das Informationsmaterial des Standardberichtes oder des Abweichungsberichtes nicht ausreichen, so kann ein **Bedarfsbericht** angefordert werden. Bedarfsberichte sind sehr genau, behandeln ein Thema detailliert und sind deshalb meist umfangreich.

Gestaltung von Berichten

Bei der Gestaltung von Berichten ist folgendes zu beachten:

- **Format,** z. B. immer DIN A4
- **Gliederung,** z. B. Inhaltsverzeichnis, Zusammenfassung
- **Darstellungen**
  - Tabellen
  - Schaubilder
  - Kennzahlen
  - Verbale Erläuterungen

Informationsabfrage

Der Benutzer kann mit Hilfe des Computers auf die Informationen der Datenbasis zugreifen. Unter Datenbasis versteht man z. B. die Dateien, in denen sämtliche Geschäftsvorgänge abgespeichert sind.

Unterstützt wird er dabei von Abfrage- bzw. Dialogsprachen. Solche Systeme werden als Management-Informations-Systeme bezeichnet und erweitern die Möglichkeiten der Informationsbeschaffung erheblich.

3.7.6 Logistikdaten

Logistikdaten können für ein Profit Center direkt aus dem SAP-Logistik-Informationssystem überführt werden, da das Profit Center in den Stammdaten der Logistik verankert ist (z. B. Kundenauftrag, Bestellung, Fertigungsauftrag).

Somit sind weitere Informationen, wie Auftragsbestand oder Fertigungsdurchlaufzeiten, pro Profit Center darstellbar, wodurch zur Entscheidungsunterstützung zusätzlich Logistikkennzahlen verwendet werden können.

Die Berichte aus dem Logistikinformationssystem können in einen benutzer-individuellen Berichtsbaum, zusammen mit den Ergebnisberichten der Profit-Center-Rechnung, eingebunden werden.

3.8 Investitionsmanagement (IM)

Der Zugang zum Modul IM erfolgt immer über den Pfad *Rechnungswesen ⇨ Invest.-Management.* Abb. 3.52 zeigt ausschnittsweise die Einstiegsseite, wie sie beim Einstieg ins System SAP R/3 erscheint. Es werden die Menüpunkte *Programme*, *Aufträge*, *Projekte* und *Anlagen* angeboten. Nachfolgend soll erläutert werden, was sich hinter diesen Optionen verbirgt und wie „Programme", „Aufträge" und „Projekte" angelegt werden.

Abb. 3.52 Zugang zum Modul IM

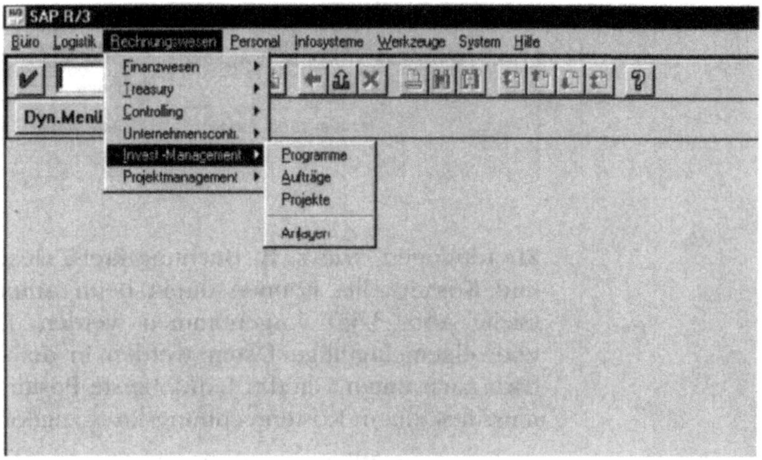

Definition Investitionsprogramm

Grundsätzlich stellt ein Investitionsprogramm „nur" eine hierarchisch aufgebaute Struktur des Unternehmens dar, wobei nicht Organisationseinheiten wie Geschäftsbereiche o. ä. abgebildet werden, sondern das Unternehmen nach Investitionsmaßnahmen bzw. nach Einheiten, in denen sie anfallen, aufgegliedert wird.

Investitionsprogrammstruktur

Abbildung 3.53 zeigt ein Beispiel für eine Investitionsprogrammsstruktur. Es wäre allerdings auch eine völlig andersartige Strukturierung, z. B. nach Größenordnung der zugeordneten Maßnahmen, denkbar.

Ziel dieser Betrachtungsweise ist die saubere Steuerung, Kontrolle und Verwaltung der Investitionstätigkeit eines Unternehmens.

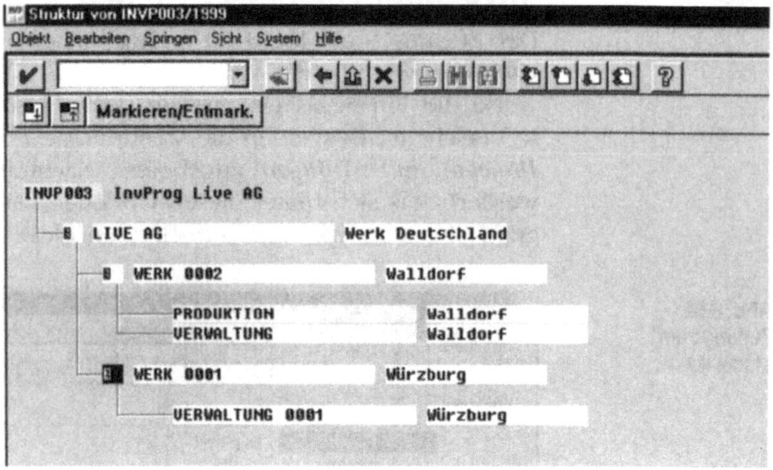

Abb. 3.53
Beispiel: Investitionsprogrammstruktur

Zuordnungen, wie z. B. Buchungskreis, Geschäftsbereich, Werk und Kostenstelle, können direkt beim Anlegen der Positionen (siehe Abb. 3.53) vorgenommen werden. Diese Zuordnungen und allgemeingültige Daten werden in der Hierarchie automatisch nach unten vererbt. Jede oberste Position eines Programms muss fest einem Kostenrechnungskreis zugeordnet werden.

Für die sog. Blätter (unterste Position in der Hierarchie) muss zuerst bestimmt werden, welche Art von Investitionsmaßnahmen für diese Position angelegt werden darf. Schließlich können den Blättern Investitionsmaßnahmen zugeordnet werden, wobei die anfallenden Kosten i. d. R. bottom-up geplant und top-down budgetiert werden. Investitionsmaßnahmen können sein:

- PSP-Elemente
- Innenaufträge

Ferner können weitere Daten für jede Programmposition gepflegt werden:

- verantwortliche Person
- Priorität, Investitionsgrund
- Anwenderstatus (*System ⇨ Anwenderstatus*)
- Langtexte zur detaillierteren Beschreibung
- AfA-Planwerte zur späteren Simulation der in der Zukunft zu erwartenden AfA

Kostenrechnungs-kreisübergreifende Programme

In R/3 ist es möglich, kostenrechnungskreisübergreifende Investitionsprogramme zu definieren. Voraussetzung dafür ist allerdings, dass alle Kostenrechnungskreise die gleiche Geschäftsjahresvariante und Kostenrechnungskreiswährung verwenden.

Anlegen eines Investitionsprogramms

Über *Rechnungswesen ⇨ Invest.-Management ⇨ Programme ⇨ Stammdaten ⇨ Programmdefinition ⇨ Anlegen* können Investitionsprogramme angelegt werden. Nachfolgend einige begleitende Erläuterungen zum **Anlegen eines Investitionsprogramms**:

- **Genehmigungs – GJ**
  Das Jahr, in dem das Investitionsprogramm genehmigt wurde.
- **Programmart**
  Beim Customizing des R/3-Systems sind beliebig viele Programmarten definierbar. Sie dienen der Klassifizierung des Investitionsprogramms und implizieren u. a. die CO-Objektklasse, die angibt, zu welchem Controlling-Bereich das Investitionsprogramm gehört. Mögliche Bereiche sind: das Gemeinkosten-Controlling, das Produktkosten-Controlling, das Investitions-Controlling und das Vertriebs-Controlling.
- **Budgetarten**
  Das Kontrollfeld Budgetarten muss aktiviert werden, wenn man in dem Investitionsprogramm mehrere Budgetarten verwalten möchte. Voraussetzung dafür ist, dass beim Customizing mehrere Budgetarten eingerichtet wurden.
- **Verantwortlich**
  Verantwortlicher für das Investitionsprogramm (wirkt wie Zugriffsberechtigung zum Manipulieren der Positionen eines Programms, d. h. nur der Verantwortliche kann Programmpositionen verändern).
- **Geschäftsjahresvariante**
- **Währung**
  Währung, in der das Investitionsprogramm erstellt werden soll.

Im Folgenden wird die **hierarchische Struktur** bestimmt über:

Rechnungswesen ⇨ Invest.-Management ⇨ Programme ⇨ Stammdaten ⇨ Struktur bearbeiten

- **InvProgramm**
  Bezeichnung des angelegten Programms
- **Positions-ID**
  Feld freilassen, damit die Top-Position des Programms erscheint.

- **Genehmigungs – GJ**
  Genehmigungsjahr des Investitionsprogramms

Cursor auf die Position setzen, unter der eine Position angelegt werden soll!

Objekt ⇨ Anlegen

- **Positions – ID**
  Name der Position, die neu angelegt werden soll.
- **Bezeichnung**
  nähere Bezeichnung
- **KKrs**
  Kostenrechnungskreis

Auf eben angelegte Position doppelklicken, um weitere Einstellungen vorzunehmen:

- **Verantwortlich**
  Verantwortlicher für Programmposition (siehe oben)
- **BudgVerteilung**
  Wenn Maßnahmen dieser Programmposition ihr Budget nur über die Position erhalten dürfen, muss das Kontrollfeld markiert bleiben.
- **Buchungskreis**
  Kleinste organisatorische Einheit des externen Rechnungswesens, für die eine vollständige, in sich abgeschlossene Buchhaltung abgebildet werden kann (Def. laut SAP-Glossar).

Diesen Vorgang so oft wiederholen, bis die gewünschte Struktur aufgebaut ist.

Für die Blätter kann durch Klicken auf „*Erlaubte Maßnahmen*" festgelegt werden, welche Maßnahmen für diese Position erlaubt sind. Wie oben schon erwähnt, können dies Projekte und (Innen-) Aufträge sein.

3.8.1 Investitionsmaßnahmen

Investitionsmaßnahmen können Projekte oder Aufträge sein, die sich prinzipiell nicht von „gewöhnlichen" Projekten oder Innenaufträgen unterscheiden. Aufträge bzw. Projekte dienen zum Kontieren (=Buchen) von Beträgen. Beim Anlegen eines Investitionsauftrags wird automatisch eine Anlage im Bau (AiB) angelegt. Diese Anlage im Bau dient als Träger der bilanziellen Umbuchung auf das entsprechende Hauptbuchkonto. Das Hauptbuchkonto ist das Buch, das für die Erstellung der gesetzlich geforderten Abschlussberichte (Bilanz, GuV) geführt wird. Die AiB dient weiterhin zur Erstellung des Anlagengitters und zur Berechnung von Sonder-AfA und Investitionsförderungen. Das **Anlagengitter** dokumentiert die Entwicklung des Anlagevermögens vom Anfangsbestand über Zugänge/Abgänge bis zum Endbestand. **Investitionsförderungen** sind gewährte Zuschüsse für getätigte Investitionen.

Der Vorteil der Unterscheidung von Aufträgen und Projekten im Modul IM liegt darin, dass für Aufträge bzw. für Projekte jeweils der gesamte Funktionsumfang der Systeme Gemeinkostenaufträge (CO-OM-OPA) und Projektsystem (PS) zur Verfügung steht. Dies erleichtert und vereinfacht die Administration von Investitionsmaßnahmen.

3.8.1.1 Anlegen eines Investitionsprojektes

Es gibt zwei Arten, um ein Investitionsprojekt anzulegen. Man kann einen **Standard-PSP** zugrunde legen, bei dem Daten schon vorhanden sind, die dann angepasst werden oder man kann ein Investitionsprojekt manuell anlegen. In die Maske *Investitionsprojekt anlegen* gelangt man über: *Rechnungswesen ⇨ Invest.-Management ⇨ Projekte.*

Ein Investitionsprojekt besteht aus einer Projektdefinition, die man unter *Stammdaten ⇨ Projektdefinition ⇨ Anlegen* eingeben kann und aus einem Projektstrukturplan, den man unter *Stammdaten ⇨ PSP* ändern, anlegen und editieren kann.

3.8.1.2 Anbinden eines PSP-Elements an Programmpositionen

Wenn ein PSP-Element angelegt wurde, muss es an eine Programmposition eines Investitionsprogramms gebunden werden. Dies wird erreicht, indem man das Element mit der Hierarchiestufe 1 markiert, über *Zusätze ⇨ Inv.Programm* im Feld

Inv.Programm an das Zielinvestitionsprogramm und die *Positions-ID* an das PSP-Element bindet sowie das *Genehmigungs-GJ* des Investitionsprogramms eingibt.

3.8.1.3 Anlegen eines Investitionsauftrags

Grund für das Anlegen eines Investitionsauftrages kann sein, dass keine reine Direktaktivierung durchgeführt werden kann, da innerbetriebliche Arbeitsleistungen berücksichtigt und kostenrechnerisch exakt ermittelt und verbucht werden sollen.

Auch das Anlegen eines Investitionsauftrags vollzieht sich wiederum in zwei Stufen: als erstes muss ein Investitionsauftrag angelegt und somit eine AiB (Anlage im Bau) automatisch erzeugt werden, im zweiten Schritt wird die AiB auf Korrektheit geprüft.

1. Schritt: Investitionsauftrag anlegen und AiB automatisch erzeugen:

Der Einstieg erfolgt wie oben über *Rechnungswesen* ⇨ *Invest.-Management* ⇨ *Aufträge*, weiter mit *Stammdaten* ⇨ *Auftrag* ⇨ *Anlegen*.

- **Auftragsart**
  Unterscheidet Aufträge nach ihrem Zweck. Vorhandene Auftragsarten sind: Fertigungsaufträge, Instandhaltungsaufträge, Marketingaufträge, Investitionsaufträge.

Durch Anwahl von *Grunddaten* können weitere Eingaben gemacht werden:

- **Verantwortliche KoStl**
  Für den Investitionsauftrag verantwortliche Kostenstelle.
- **Anfordernde KoStl**
  Kostenstelle, die den Investitionsauftrag beantragt hat.

Durch Aktivierung von *Steuerung* können Steuerungsdaten eingegeben werden:

- **Investitionsprofil**
  Steuert das automatische Anlegen der Anlage im Bau.
- **Abgrenzungsschlüssel**
  Das Feld muss frei bleiben, wenn die an Anlage abgerechneten Kosten zu 100 % aktiviert werden sollen.

Zum Schluss muss der Auftrag einem Programm bzw. einer Programmposition zugeordnet werden. Über *Zusätze* ⇨ *Inv.Programm* kann diese Zuordnung vorgenommen werden.

2. Schritt:

Automatisch erzeugte AiB überprüfen:

Rechnungswesen ⇨ Invest.-Management ⇨ Anlagen
Anlage ⇨ Anzeigen ⇨ Anlage

- **Anlage**
  Die Anlage muss durch Matchcode-Suche aufgefunden werden, da die Anlagennummer der automatisch angelegten AiB nicht bekannt ist.
- **Buchungskreis**

Falls Änderungen an der AiB vorgenommen werden müssen, kann dies über *Anlage ⇨ Ändern* durchgeführt werden.

Anbinden eines Auftrags an Programmpositionen

Das Anbinden eines Auftrags an Programmpositionen erfolgt über *Zusätze ⇨ Inv.Programm.*

3.8.1.4 Unterschiede zwischen Aufträgen und Projekten

Über Investitionsaufträge werden die Kosten einfacher, innerbetrieblicher Aufgaben geplant, gesammelt und abgerechnet. Projekte dagegen sind Aufgaben, die über gewisse Merkmale verfügen. Sie sind von Natur aus einmalig, i. d. R. recht komplex und beinhalten dadurch ein relativ hohes Risiko. Weiterhin bestehen für Projekte definierte Zielvorgaben und meist ein begrenzter zeitlicher Rahmen.

Folgende Graphik 3.54 soll in vereinfachter Form einen Überblick über den bisher beschriebenen Sachverhalt ermöglichen:

Abb. 3.54
Beispiel für Investitionsprogrammstruktur

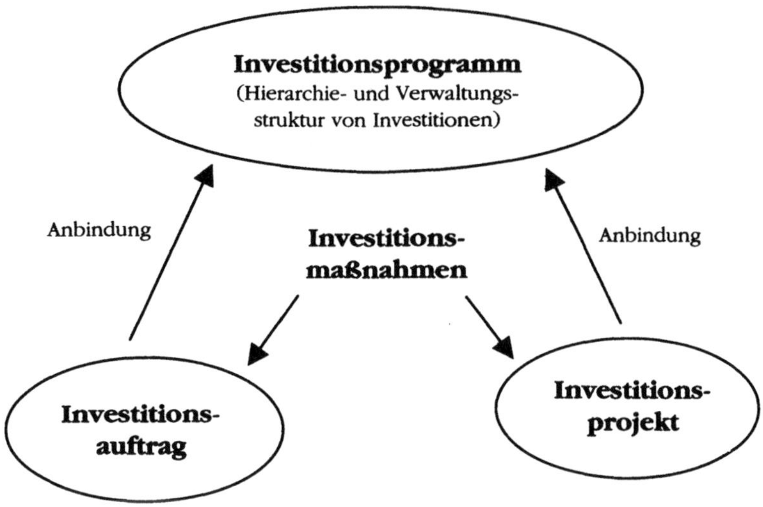

Anlagen im Bau (AiB)

Wie schon erwähnt, werden Anlagen im Bau automatisch beim Anlegen eines Investitionsauftrages generiert. Anlagen im Bau stellt eine Bilanzposition dar, die alle Anlagen, die sich noch im Fertigstellungsprozess befinden, repräsentiert. Über eben diese Bilanzposition können im R/3-System periodisch Investitionsmaßnahmen abgerechnet werden.

3.8.2 Planung und Budgetierung von Investitionsprogrammen

In der Planungsphase einer Investition wird versucht, die Kosten für die einzelnen Positionen nach dem bottom-up-Prinzip möglichst genau zu erfassen. In der Genehmigungsphase wird anschließend das Budget nach dem top-down-Prinzip verteilt. Aus diesem Grund lassen sich die einzelnen Programmpositionen budgetieren bzw. können ihnen Planwerte zugewiesen werden

Wertkategorien

In Bezug auf den Genehmigungszeitraum eines Investitionsprogrammes enthält das System verschiedene Wertkategorien für die Plan- und Budgetwerte:

- **Wert des Genehmigungsjahres**
  Hier unterscheidet man Gesamtwerte und Jahreswerte. Unter einem Jahreswert versteht man den Betrag, welcher für ein bestimmtes Jahr geplant bzw. budgetiert wurde. Mit Gesamtwert ist die Summe aller Jahreswerte gemeint.
- **Vorträge aus Vorjahren**
  Hierbei handelt es sich um Budgets von Maßnahmen, welche noch vor dem aktuellen Genehmigungsjahr genehmigt, jedoch noch nicht verbraucht wurden.

Vorausschau

Für Maßnahmen, die erst in der Zukunft genehmigt werden, kann ein Budget geschätzt werden. Welche der Wertkategorien man in den Planungs- und Budgetierungstransaktionen bearbeiten möchte, kann man über *Einstellungen ⇨ Genehmigungszeitraum* festlegen.

Definition des Plan-/Budgetprofils

Mit der Definition der Plan-/Budgetprofile kann man den gültigen Zeitraum für die Planung- bzw. Budgetierung von Jahreswerten zu einem Investitionsprogramm steuern. Zudem lässt sich auch die Darstellung der Plan- und Budgetwerte in den Planungs- bzw. Budgetierungstransaktionen festlegen.

Stellt man über *Einstellungen ⇨ Genehmigungszeitraum* in den Planungs- und Budgetierungsfunktionen den Genehmigungszeitraum auf *Vorschau*, so können in den Auswertungen, außer den Vorgenehmigungsjahren und dem laufenden Jahr, auch zukünftige Jahre erfasst werden. Dies geschieht über eine Schätzung der Investitionen kommender Genehmigungsjahre.

Wird diese Einstellung genutzt, so kann man einen Überblick über alle anfallenden Ausgaben einer Investition in einem bestimmten Geschäftsjahr erhalten. Voraussetzung hierfür ist, dass man bei einem Jahreswechsel stets die Werte vergangener Genehmigungszeiträume vorgetragen hat.

3.8.2.1 Budgetverteilung

Bezüglich der Budgetverteilung in Investitionsprogrammen gibt es im System IM mehrere Möglichkeiten der Steuerung.

Budgetverteilung über Programmpositionen

Um sicherzustellen, dass die Summe des Maßnahmengesamtbudgets das Gesamtbudget der übergeordneten Programmposition nicht übersteigt, sollte in den Stammdaten der Programmposition *Budgetverteilung* gesetzt werden. Dies entspricht der top-down Budgetierung, da die zugeordneten Maßnahmen ihr Budget nur noch von dieser Programmposition erhalten können.

Abb. 3.55
Positionsübersicht des Originalbudgets

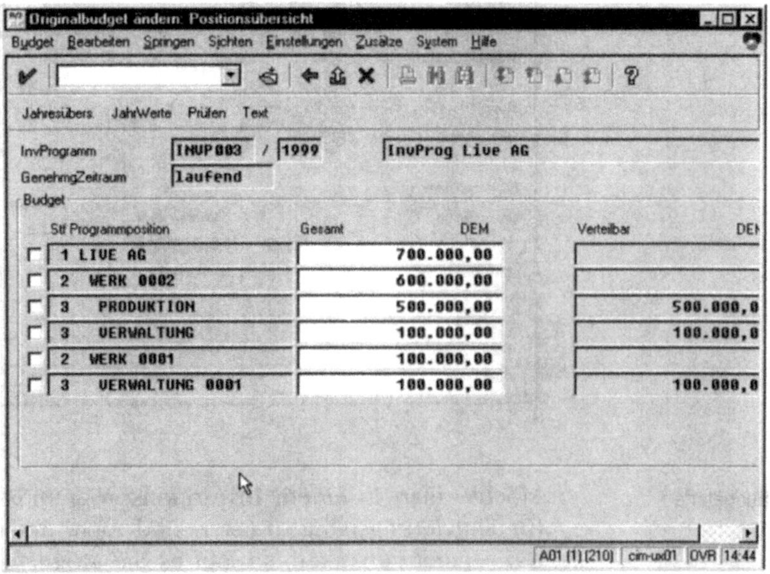

Separate Budgetierung der Maßnahmen

Falls man einer Maßnahme keine genauen Kosten zuordnen will oder kann, sollte man das Kennzeichen *Budgetverteilung* nicht setzen. In diesem Fall sind die Maßnahmen einzeln budgetierbar. Der Vergleich des Investitionsmaßnahmenbudgets mit dem Budget der Programmposition ist durch Reporting weiterhin möglich.

Um sicherzustellen, dass jede Investitionsmaßnahme einem Investitionsprogramm zugeordnet ist, sollte man in den Budgetprofilen für diese Maßnahmen eine Programmart für Investitionsprogramme hinterlegen. Dadurch kann das Budget der Maßnahme nur bearbeitet bzw. erfasst werden, wenn die Maßnahme einer Position im Investitionsprogramm zugeordnet ist. Das Programm, das der Maßnahme zugeordnet ist, muss wiederum der Programmart entsprechen, die im Budgetprofil hinterlegt ist.

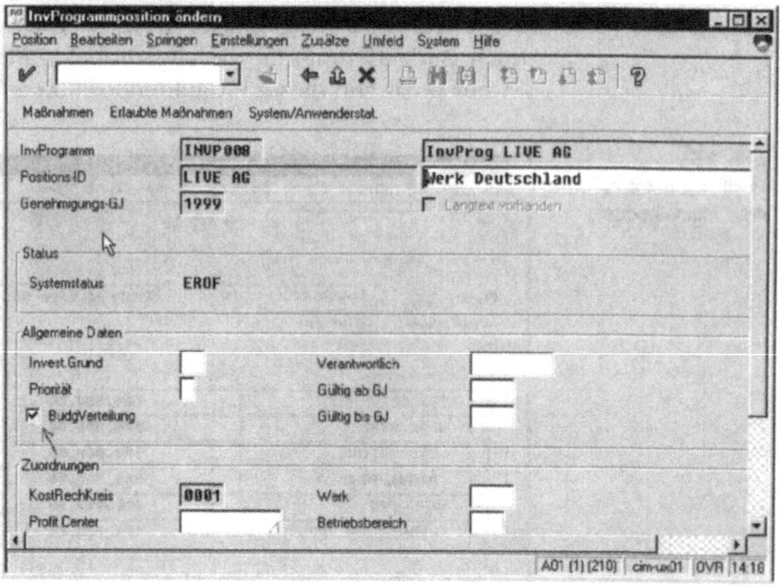

Abb. 3.56 Programmpositionen des Investitionsprogramms

Budgetarten

Möchte man in einem Investitionsprogramm die Budgets, z. B. für aktivierungsfähige Kosten und nicht aktivierbare Nebenkosten separat verwalten, so gibt es die Möglichkeit Budgetarten zu definieren. Dies geschieht im Customizing des Systems.

Die Budgetarten:

- aktivierungsfähige Kosten und
- nicht aktivierbare Nebenkosten

sind standardmäßig enthalten.

Nachdem die Definition erfolgt ist, muss den Budgetarten ein Verwendungskennzeichen zugeordnet werden, damit die angefallenen Istwerte nach den Budgetarten getrennt werden können. Die Werte müssen bei jeder Programmbudgetierung nun nach Budgetierungsart getrennt erfasst werden. Gleiches ist bei den Planwerten zu beachten.

Differenzierte Werterfassung auf Maßnahmen

Möchte man die differenzierte Werterfassung auch auf Maßnahmen übertragen, so muss man das Verhältnis der Plan- und Budgetwerte der Maßnahmen prozentual den definierten Budgetarten zuordnen. Werden die Maßnahmen anschließend den Programmpositionen zugeteilt, so sind sie über die Gewichtung den einzelnen Budgetarten zuordenbar.

3.8.2.2 Kostenplanung

Kostenplanung auf Maßnahmenebene

Auf der Maßnahmenebene werden zunächst alle Planwerte erfasst, was unabhängig vom Investitionsprogramm geschieht. Nachdem die verschiedenen Maßnahmen den entsprechenden Positionen im Investitionsprogramm zugeteilt wurden, kann man mit der Kostenplanung beginnen.

Abb. 3.57 Jahresübersicht der Kostenplanwerte

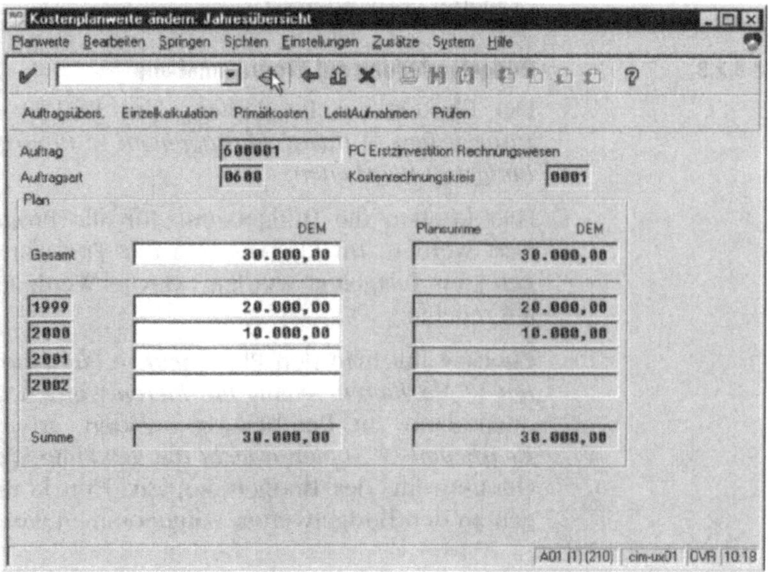

Über die Funktionen der Kostenplanung kann man die geplanten Kosten als Gesamt- und/oder Jahreswerte erfassen. Es stehen hierbei die Strukturplanung sowie die Kostenartenplanung und die Einzelkalkulation zur Auswahl.

Übertragung von Planwerten auf Programmpositionen

Ist die Planungsphase auf der Maßnahmenebene abgeschlossen, so können nun die erfassten Werte bottom-up auf die darüber liegenden Programmpositionen hochgerechnet werden. Dies geschieht über *Rechnungswesen ⇨ Invest. Management ⇨ Programme ⇨ Programmplanung ⇨ Vorschlag Planwerte.* Da auf Ebene der Investitionsmaßnahmen mit Planungsversionen gearbeitet wird, ist zu beachten, dass nur die Planwerte der Planungsversion Null auf die darüber liegenden Programmpositionen hochgerechnet werden können.

Korrektur von Planwerten

Die übertragenen Planwerte können anschließend über *Programmplanung ⇨ Bearbeiten* modifiziert werden. Über *Bearbeiten ⇨ Umwerten* besteht die Möglichkeit, einzelne oder alle Positionsplanwerte zu verändern.

Über *Einstellungen* im Eingangsbild der Transaktion sollte zuvor festgelegt werden, welche Wertkategorie man bearbeiten möchte.

Budgetierung

Durch die Budgetierung nach dem top-down Prinzip wird gewährleistet, dass auf die untergeordneten Programmpositionen kein größeres Budget verteilt werden kann als auf den übergeordneten vorhanden ist.

3.8.2.3 Budgetverteilung auf Programmebene

Der Einstieg zur Bearbeitung des Budgets erfolgt über *Rechnungswesen ⇨ Invest. Management ⇨ Programme ⇨ Programmbudget ⇨ Bearbeiten.*

Hier können die Budgetwerte für alle Programmpositionen erfasst werden. Im Eingangsbild der Transaktion über *Einstellungen* kann festgelegt werden, welche Wertkategorie man bearbeiten möchte.

Zuerst wählt man den Pfad *Sicht ⇨ Plansummen.* Über *Bearbeiten ⇨ Markieren ⇨ Alle markieren* werden die Programmpositionen dann zur Bearbeitung markiert, anschließend wird über *Bearbeiten ⇨ Kopieren Sicht* die gewählte Sicht in die originalen Gesamtwerte des Budgets kopiert. Nun können auch Änderungen an den Budgetwerten vorgenommen werden.

Abb. 3.58 Budgetverteilung ändern

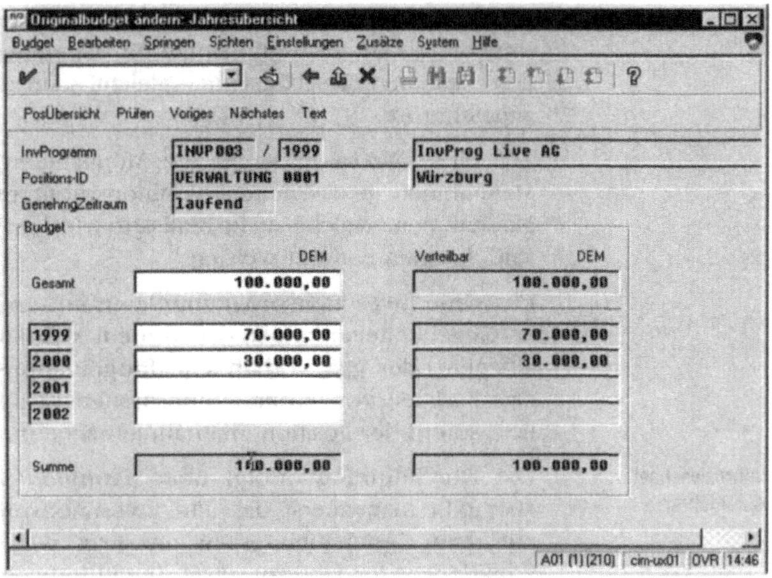

3.8.2.4 Budgetverteilung auf Maßnahmenebene

Als erstes ist zu beachten, dass die Budgetverteilung von Programmpositionen auf Maßnahmen nur durchführbar ist, wenn das Kennzeichen *Budgetverteilung* in den ausgewählten Programmpositionen auch gesetzt ist.

Nachdem man die Funktion *Budgetverteilung* ⇨ *Bearbeiten* gewählt hat, erfolgt die Auswahl der Art der Maßnahme (Aufträge, PSP-Elemente), welche man budgetieren möchte. Anschließend gibt man die Programmposition an, deren Maßnahmen budgetiert werden sollen. Anstelle einer Programmposition kann man auch einen Programmknoten angeben. Die sich darunter befindlichen Programmblätter werden dann automatisch vom System ausgewählt. Nun ist es möglich, die Gesamtbudgets auf die Maßnahmen zu verteilen, während Jahresbudgets auf diese Weise nicht verteilbar sind. Dies wird über die Budgetierungsfunktion der entsprechenden Aufträge bzw. Projekte durchgeführt.

3.8.3 Jahreswechsel

Über den Pfad *Stammdaten* ⇨ *Jahreswechsel* kann ein Investitionsprogramm für ein neues Geschäftsjahr angelegt werden. Über die genannte Funktion wird ein bestehender Investitionsplan in seiner Struktur kopiert, die zugehörigen Maßnahmen sowie die

Plan- und Budgetwerte werden ebenfalls vorgetragen. Dies ist sinnvoll, da der Investitionsplan für das neue Geschäftsjahr meist dem des alten Geschäftsjahres gleicht oder zumindest sehr daran angelehnt ist.

Auf diese Weise hat man die Möglichkeit, alle noch offenen Maßnahmen in das neue Investitionsprogramm zu übernehmen. Maßnahmen, welche nicht realisiert wurden bzw. abgeschlossen sind, können entfernt werden.

Das neue Investitionsprogramm kann in seiner Struktur den neuen Gegebenheiten angepasst werden. Man kann neue Positionen anlegen oder ggf. vorhandene Programmpositionen umhängen. Das Löschen von Programmpositionen ist auch hier nicht möglich, sofern der Position Maßnahmen zugeordnet sind.

Jahreswechsel durchführen

Die Durchführung erfolgt über *Stammdaten ⇨ Jahreswechsel*. Hier gibt man zuerst das alte Investitionsprogramm zusammen mit dem Genehmigungsjahr an. Jetzt wird festgelegt, welche Funktionen der Jahreswechsel durchführen soll. Hier stehen folgende Möglichkeiten zur Auswahl (siehe Abb. 3.59):

- Programm kopieren
- Maßnahmen übernehmen
- Gesamtwerte
- Jahreswerte vortragen

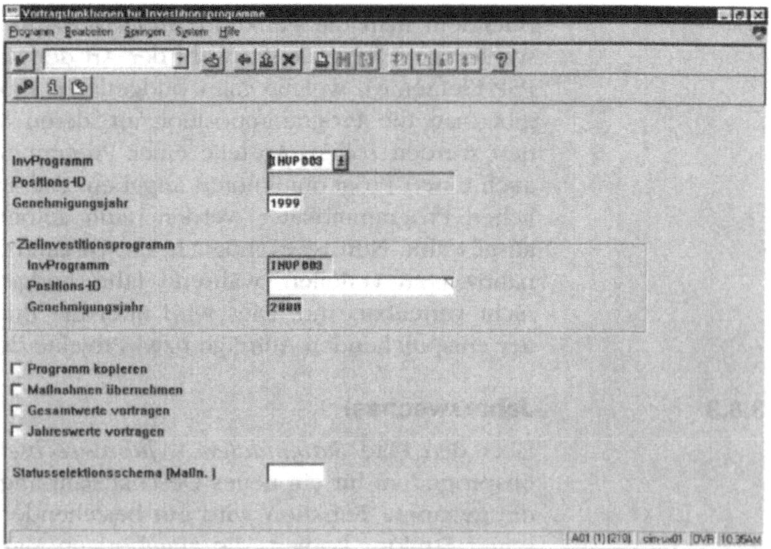

Abb. 3.59
Jahreswechsel durchführen

Wenn man erreichen möchte, dass nur Maßnahmen mit einem bestimmten Status übernommen werden, besteht die Möglichkeit, ein **Statusselektionsschema** anzugeben. Damit ein Jahreswechsel zu einem relativ frühen Zeitpunkt durchgeführt werden kann, besteht die Möglichkeit, oben genannte Funktionen getrennt voneinander beliebig oft zu wiederholen. So kann man einen groben Investitionsplan erstellen und die einzelnen Maßnahmen erst zu einen Zeitpunkt übernehmen, an dem sichergestellt ist, dass sie im alten Geschäftsjahr nicht mehr abgeschlossen werden.

Abb. 3.60
Jahreswechsel

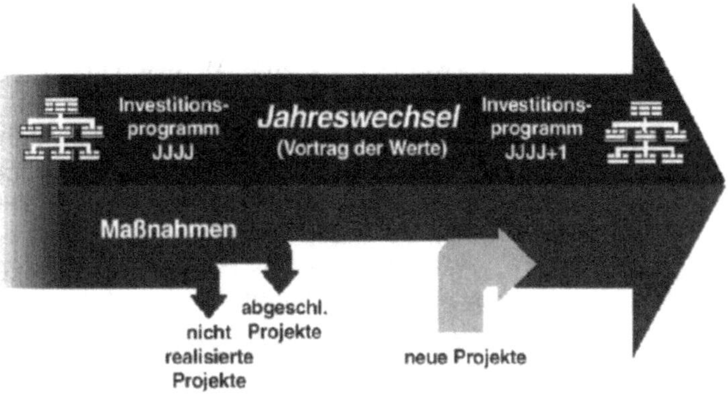

Nachträge

Sofern das Kennzeichen ***Budgetverteilung*** gesetzt ist, ist es möglich, dass noch nicht abgeschlossene Maßnahmen im neuen Geschäftsjahr Nachträge erhalten. Die Durchführung erfolgt in der entsprechenden Budgetverteilungsfunktion über *Einstellungen ⇨ Genehmigungszeitraum*, hier wählt man den entsprechenden Vorjahreszeitraum aus. Das System bietet dann die übernommenen Maßnahmen zur Nachbudgetierung an.

Auswertung

Bei der Auswertung der Investitionsprogramme hat man die Wahl, sich nur Maßnahmen und Werte des aktuellen Investitionsprogramms anzeigen zu lassen oder die übernommenen Vorgenehmigungsjahre einzubeziehen. Entscheidet man sich dafür, auch die Vorgenehmigungsjahre einzubeziehen, so kann man sich alle laufenden Investitionen in der Auswertung anzeigen lassen.

Nachfolgend werden einige Einstellungsmöglichkeiten zum Jahreswechsel kurz vorgestellt:

Mögliche Einstellungen zum Jahreswechsel

- **Programm kopieren**
  Hier werden die Programmdefinition, die Programmstruktur und die Programmpositionen mit den Langtexten und den Klassifizierungsdaten in das Investitionsprogramm des Folgegenehmigungsjahres kopiert.
- **Maßnahmen übernehmen**
  Gemeinsam mit „Programm kopieren" oder auch unabhängig davon, werden hier alle noch nicht abgeschlossenen Maßnahmen des Vorjahres in das neue Investitionsprogramm übernommen. Diese Maßnahmen werden dann im neuen Programm als „alte Maßnahmen" verwaltet. Diese Funktion kann beliebig oft ausgeführt werden. Dies hat den Vorteil, dass, wenn im alten Investitionsprogramm noch Maßnahmen hinzukommen, diese auch nachträglich ins neue Programm übernommen werden können. Maßnahmen, welche doch noch im alten Geschäftsjahr abgeschlossen werden, werden durch eine erneute Übernahme der Maßnahmen ins neue Investitionsprogramm wieder entfernt.
- **Gesamtwerte bzw. Jahreswerte vortragen**
  Auch das Vortragen der Gesamtwerte bzw. Jahreswerte kann gemeinsam oder unabhängig vom Kopieren des Programms durchgeführt werden. Für jede Programmposition werden die Summen der Gesamt- bzw. Jahreswerte der untergeordneten, noch nicht abgeschlossenen Maßnahmen ermittelt und auf die Positionen des neuen Programms vorgetragen. Gibt man über *Einstellungen ⇨ Genehmigungszeitraum* den Vorjahreszeitraum an, können die Vorträge mittels der Planungs- und Budgetierungsfunktionen weiterhin bearbeitet werden. Auch das Vortragen der Gesamt- bzw. Jahreswerte kann beliebig oft wiederholt werden.

3.8.4 Laufende Buchungen

Bei der Abrechnung von Investitionsmaßnahmen ist es im allgemeinen erforderlich, die gesammelten Kosten auf unterschiedliche Empfänger und auf verschiedene *Abrechnungsarten* weiterzuverrechnen.

Diese Abrechnung lässt sich mit Hilfe der eingestellten *Parameter für die Abrechnung* und der *Abrechnungsvorschriften* weitgehendst automatisiert durchführen.

Zuerst soll auf die Zusammenhänge eingegangen werden, die sich bei der Verwaltung von Investitionsmaßnahmen ergeben.

Die folgende Grafik zeigt die Wertströme bei der Abrechnung einer Investitionsmaßnahme:

Abb. 3.61 Abrechnung einer Investitionsmaßnahme

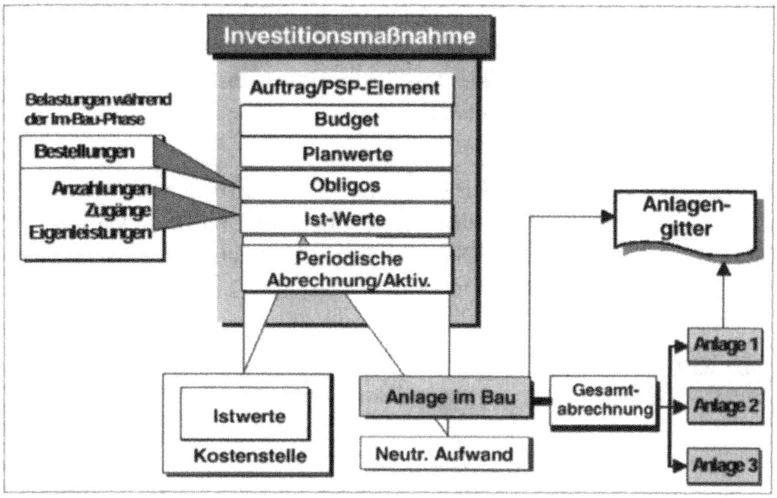

Zugänge

Istkosten auf Investitionsmaßnahmen entstehen grundsätzlich aus:

- Buchungen in der Finanzbuchhaltung;
- Warenbewegungen in der Materialwirtschaft (Bestellabwicklungen);
- Innerbetrieblichen Leistungsverrechnungen und Gemeinkostenzuschlägen innerhalb der Kostenrechnung.

Kontiert wird beim Buchen von Zugängen immer der Auftrag bzw. das PSP-Element der Investitionsmaßnahme. Eine Anlage im Bau kann nicht direkt kontiert werden.

Ein Zugang auf eine Investitionsmaßnahme durchläuft folgende Phasen:

1. Zuerst wird der Zugang im vollem Umfang auf Auftrag oder PSP-Element kontiert und als Primärkostenart in der Kostenartenrechnung des System CO ausgewiesen.
2. Im Rahmen einer *periodischen Abrechnung* erfolgt die Trennung zwischen aktivierungspflichtigen und nicht aktivierungspflichtigen Kostenanteilen.

3. Die periodische Abrechnung entlastet den Auftrag, das PSP-Element und bucht den aktivierungspflichtigen Betrag aus Aufwand um in den Bestand (Anlagen).
4. Nicht aktivierungspflichtige Beträge sind auf CO-Empfänger (z. B. Kostenstellen) abrechenbar.
5. Die aktivierungspflichtigen Anteile in der Kostenrechnung werden erst während der Nutzungsphase mit der Buchung der Abschreibungen im System FI-AA ausgewiesen (Anlagenbuchhaltung).

Bestellabwicklung

Für eine externe Beschaffung von Waren oder Dienstleistungen für eine Investitionsmaßnahme können Bestellanforderungen und Bestellungen direkt auf eine Investitionsmaßnahme kontiert werden.

Abb. 3.62
Bestellabwicklung

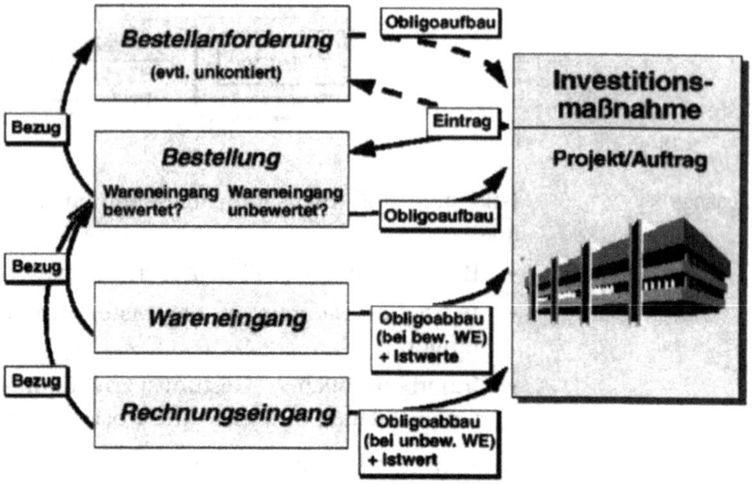

Bestellanforderung anlegen

Vor einer Bestellung kann eine Bestellanforderung angelegt werden. Sie wird über **drei Kontierungstypen** festgelegt:

- Kontierungstyp **P**: für Investitionsprojekte
- Kontierungstyp **F**: für Investitionsaufträge
- Kontierungstyp **U**: für unbekannt (falls Investitionsmaßnahme zum Zeitpunkt der Bestellung noch unbekannt oder noch nicht im System vorhanden ist)

Es wird im Nachhinein ein Obligo in Höhe des Bestellwertes auf der Investitionsmaßnahme aufgebaut.

Ablauf

1. *Logistik ⇨ Materialwirtschaft ⇨ Einkauf ⇨ Bestellanforderung ⇨ Anlegen*
2. Bestellart, Kontierungstyp, Lieferdatum, Werk, Lagerort, Einkäufergruppe und Warengruppe anlegen.
3. Materialnummer, Menge und Mengeneinheit angeben.
4. Sachkonto/Kostenart und den Auftrag/PSP-Element angeben.
5. Sichern

Bestellung anlegen

Wird eine Bestellanforderung unkontiert angelegt, muss der Kontierungstyp bei der Bestellung angegeben werden, ansonsten kann man sich auf die Bestellanforderung beziehen. Ein kontiertes Bestellanforderungsobligo wird ggf. in ein Bestellobligo umgewandelt.

Falls Wareneingänge gebucht werden, werden die Bestelldaten automatisch übernommen. Es muss dann nur noch geprüft werden, ob tatsächlich die bestellte Menge geliefert wurde.

Ablauf

1. *Logistik ⇨ Materialwirtschaft ⇨ Einkauf ⇨ Bestellung ⇨ Anlegen ⇨ Lieferant bekannt*
2. Lieferanten und Einkaufsorganisation angeben;
3. *Bestellung ⇨ Anlegen mit Bezug ⇨ Zur Bestellanforderung (Banf)*
4. Selektion der Bestellanforderung bestätigen;
5. Bestellanforderung markieren *Übernehmen* + *Detail* drücken;
6. Preisfindung bestätigen.

Anzahlungen

Geleistete Anzahlungen auf Investitionsmaßnahmen sind Zugänge. Folgende Vorgänge sind im Zusammenhang mit einer Anzahlung zu buchen.

- Buchen der Anzahlung;
- Buchen der zugehörigen Schlussrechnung;
- Verrechnen der Anzahlungen mit der zugehörigen Schlussrechnung

Abb. 3.63
Anzahlungen buchen

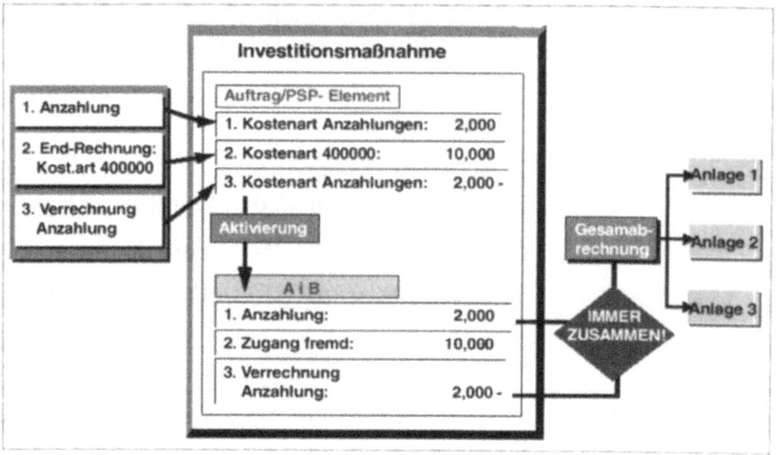

Die geleisteten Anzahlungen auf eine Investitionsmaßnahme werden bei der Gesamtabrechnung folgendermaßen verbucht:

Anzahlung buchen

Ablauf

1. *Rechnungswesen ⇨ Finanzwesen ⇨ Kreditoren ⇨ Buchung ⇨ Anzahlung*
2. Als Belegkopf das Belegdatum, Text Buchungskreis und Währung eingeben.
3. Als erste Buchungsposition muss die Kreditorenrechnung erfasst werden. Dazu sind Kreditorenkonto, Sonderhauptbuch-Kennzeichen „A", Bankkonto und Buchungsbetrag nötig. Anschließend bestätigen.
4. Auf dem nächsten Bild sind Buchungsbetrag, Steuerangaben und Bestellposition anzugeben.
5. Danach kann die Anzahlung gesichert werden.

Wareneingang buchen

Ablauf

1. *Logistik ⇨ Materialwirtschaft ⇨ Bestandsführung ⇨ Warenbewegung ⇨ Wareneingang ⇨ Zur Bestellung ⇨ Bestellnummer bekannt.*
2. Bewegungsart „101" und betroffene Bestellnummer eingeben.
3. Wareneingang sichern.

Rechnungseingang buchen

1. *Logistik ⇨ Materialwirtschaft ⇨ Rechnungsprüfung*
2. Funktionstaste *Rechnung* hinzufügen.

3. Belegdatum und zugehörige Bestellnummer eingeben und bestätigen.
4. Nun muss der Rechnungsbetrag eingegeben werden. Gegebenenfalls das Kennzeichen *Steuer rechnen* setzen.
5. Rechnung sichern.

Abgänge

Es gibt zwei Arten von Abgängen:

- der echte Abgang (z. B. Verschrottung), der buchhalterisch als Abgang von der zugehörigen Anlage im Bau gezeigt werden muss;
- die einfache Rückgabe, die als Storno-Belastung auf dem Auftrag gebucht wird.

Storno-Belastung und echte Abgänge

Grundsätzlich kann ein Abgang wie eine Storno-Belastung gebucht werden. Voraussetzung ist allerdings, dass im gleichen Jahr auch Kosten in mindestens gleicher Höhe auf die Investitionsmaßnahme gebucht worden sind.

Im Anlagengitter erscheinen Abgänge immer als Verminderung der Zugänge und nicht als Abgang.

Damit der Abgang korrekt ausgewiesen wird, muss bei einzelpostengenau verwalteten Investitionsmaßnahmen zuerst auf eine andere Anlage des Systems FI-AA abgerechnet werden. Von dort aus kann der Abgang gebucht werden.

Bei summarisch verwalteten Investitionsmaßnahmen kann direkt mit der Abgangstransaktion der Anlagenbuchhaltung auf die zur Investitionsmaßnahme gehörige Anlage im Bau der Abgang gebucht werden:

Ablauf eines Abganges ohne Erlös (Verschrottung)

1. Voraussetzung: Investitionsmaßnahme muss summarisch verwaltet werden und nicht einzelpostengenau.
2. In der Stammdatenpflege der Investitionsmaßnahme muss zuerst die betroffene Anlage (Zusätze) ermittelt werden.
3. *Rechnungswesen ⇨ Finanzwesen ⇨ Anlagenbuchhaltung ⇨ Buchungen ⇨ Abgang ohne Erlös*
4. Auf dem Startbild der Transaktion jetzt die betroffene Anlagen angeben. Vorgeschlagene Datumsangaben überprüfen.
5. Abgehenden AHK-Betrag angeben bzw. alternativ die abgehende Menge oder das Kennzeichen für Vollabgang setzen.

Spezielle Buchungstransaktionen

Lagerentnahmen

Die Entnahme von Lagermaterial für eine Investitionsmaßnahme kann direkt auf den Auftrag/PSP-Element gebucht werden.

Bei der Buchung im Lager sind nur Material, Menge und die empfangende Investitionsmaßnahme anzugeben. Das Umlaufvermögen bucht das System automatisch in den Aufwand um. Den Materialwert belastet das System der jeweiligen Investitionsmaßnahme.

Leistungsverrechnung / Gemeinkostenzuschläge

Gemeinkostenzuschläge benötigen den Schlüssel des Kalkulationsschemas, der in der Investitionsmaßnahme (Auftrag/Projekt) eingetragen werden muss.

Die interne Leistungsverrechnung wird von der Kostenstelle direkt auf die Investitionsmaßnahme durchgeführt. Für die Belastung legt das System einen Preis zugrunde, der zuvor in der Kostenstellenrechnung ermittelt wurde:

Ablauf

1. *Rechnungswesen ⇨ Investitionsmanagement ⇨ Projekte ⇨ Istbuchungen ⇨ Leistungsverrechnung ⇨ Erfassen*
2. Erfassungsvariante angeben.
3. Sendende Kostenstelle, Leistungsart, Leistungsverbrauch/Einheit und die empfangende Investitionsmaßnahme (PSP-Element/Auftrag) angeben.
4. Eingaben sichern.

Umbuchungen

Falls irrtümlich eine falsche Investitionsmaßnahme belastet wurde, kann eine Umbuchung zwischen Investitionsmaßnahmen erfolgen.

Liegen ursprüngliche Buchung und Umbuchung im gleichen Geschäftsjahr, so wird direkt auf dem betroffenen Auftrag/Projekt gebucht und in der periodischen Abrechnung wird diese Transaktion wie ein Storno-Zugang behandelt.

Die Umbuchung kann nicht durchgeführt werden, wenn Ursprungsbelastung und Umbuchung in verschiedenen Geschäftsjahren liegen.

Ablauf

1. Zuerst muss überprüft werden, ob die umzubuchende Belastung im aktuellen oder vergangenen Geschäftsjahr zuging (*Infosystem ⇨ Einzelposten*).
2. Belastungen verschiedener Geschäftsjahre müssen per Abrechnung auf ein anderes PSP-Element/Auftrag belastet werden.
3. *Istbuchungen ⇨ Umbuchung Kosten/Einzelkosten*

4. Bei der Umbuchung von Kostenbeträgen Erfassungsvariante angeben.
5. Bei Einzelpostenumbuchung muss die betroffene Belegnummer angegeben werden.
6. Jetzt die Umbuchungsdaten erfassen (Sender, Empfänger, Betrag und Einzelposten usw.).
7. Umbuchung sichern.

Investitionsförderungen und Sonderabschreibungen

In manchen Ländern dürfen bereits auf Anlagen im Bau Sonderabschreibungen gerechnet werden. Förderbeträge können unter Umständen bereits von den Herstellungskosten der AiB steuerrechtlich abgesetzt werden.

3.8.5 Abrechnung auf Investitionsmaßnahmen

In der heutigen Zeit tragen strategische Investionsentscheidungen mehr denn je zum Unternehmenserfolg bei. Ein wichtiger Kostenfaktor entsteht durch das an die Investitionsentscheidungen gebundene Kapital. Eine Planung und Verwaltung des Investitionsbereichs erfolgt allzu häufig aufgrund unvollständiger und ungenauer Zahlen.

Der Unternehmenserfolg hängt zu einem wesentlichen Teil von einer soliden Investitionsplanung ab. Zu einem ganzheitlichen Investitionscontrolling gehört mehr als die effiziente Unterstützung des Investitionsprozesses. Der Investitionsprozess muss als zyklischer Vorgang begriffen werden. Außerdem müssen nichtmaterielle Investitionen in eine Gesamtinvestitionsbetrachtung einbezogen werden. Nach der Investitionsdurchführung begleitet das Investitionscontrolling im Lebenslauf der Investition sowohl die Kosten- als auch die Ertragsseite.

Klassische Kennzahlen der Wirtschaftlichkeitsanalyse lassen sich ermitteln; dies sind:

- Kapitalrendite
- Amortisationsdauer
- Kapitalwert

Ziele dieser Kennzahlen sind:

- Marktchancen wahrnehmen;
- Umstieg auf neue Technologien;
- Treffen kompetenter Entscheidungen;
- Ersatzinvestitionen planen.

3.8.5.1 Das Entstehen von Kosten auf einer Investitionsmaßnahme

Istkosten können auf Investitionsmaßnahmen grundsätzlich auf drei Arten entstehen (siehe Abb. 3.64):

- Buchungen aus der Finanzbuchhaltung
- Warenbewegungen in der Materialwirtschaft
- Innerbetriebliche Leistungsverrechnung und Gemeinkostenzuschläge (Controlling)

Beim Buchen von Zugängen wird direkt der Auftrag bzw. das PSP-Element einer Investitionsmaßnahme kontiert. Auf Anlage im Bau wird nicht direkt gebucht, denn dies geschieht während der periodischen Abrechnung.

Abb. 3.64
Kosten auf einer Invesitionsmaßnahme

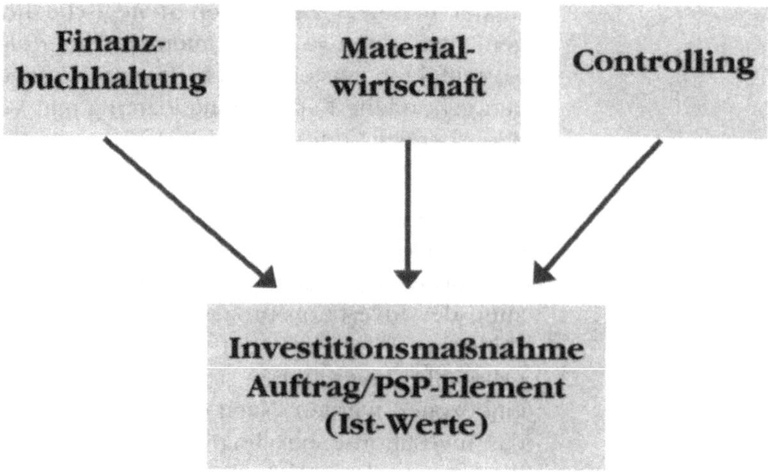

Beispiele für anfallende Istkosten bei:

1) Buchungen aus der Finanzbuchhaltung:
   - Lieferungen
   - Leistungen
   - Anzahlungen
2) Materialbewegungen in der Materialwirtschaft:
   - Materialentnahmen
   - Wareneingangsrechnung

3) Innerbetriebliche Leistungsverrechnung und Gemeinkostenzuschläge:
   - Eigenleistungen
   - Umbuchungen
   - GK -Zuschläge
   - Umlage
   - Verteilung

3.8.5.2 Vergleich periodische Abrechnung zum Periodenschluss vs. Endabrechnung bei Fertigstellung

Die Periodische Abrechnung findet ihre Anwendung während der Durchführung der Investitionsmaßnahme, d. h. vor Fertigstellung der Investitionsmaßnahme.

Die einzelnen Leistungen einer Investitionsmaßnahme können im Rechnungswesen differenziert werden in aktivierbare und nicht aktivierbare Leistungen (siehe Abb. 3.65). Für die periodische Abrechnung einer IM bedeutet das, dass aktivierbare Leistungen an die zugehörige „Anlage im Bau“ verrechnet werden müssen, nicht aktivierbare Leistungen an das Controlling (z. B. Kostenstellen). Die Endabrechnung wird getätigt, wenn die Investitionsmaßnahme fertiggestellt ist.

Abb. 3.65 Leistungsverrechnung

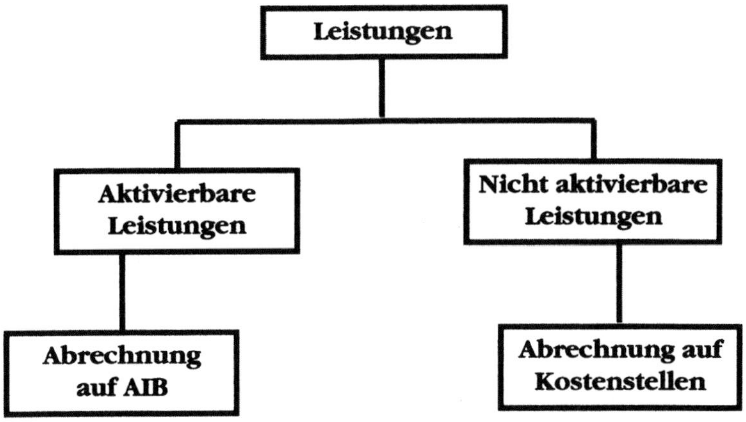

3.8.5.3 Vergleich einzelpostengenaue periodische Abrechnung vs. pauschale periodische Abrechnung

Des Weiteren lässt sich die Periodische Abrechnung im Controlling auf zwei verschiedene Arten durchführen, einzelpostengenau und pauschal (summarisch).

Parallel zur Abrechnung im Controlling am Periodenende (z. B. Monatsende) führt das System intern die Abrechnung der verbleibenden Posten zu den zugehörigen Anlagen im Bau durch. Wenn die Investitionsmaßnahme beendet ist, folgt die Gesamtabrechnung, d. h. die Beträge, die vor Beendigung der Investitionsmaßnahme die Anlage im Bau belasteten, werden nun im Anlagevermögen auf eine oder mehrere Anlagen abgerechnet.

Abb. 3.66
Abrechnung

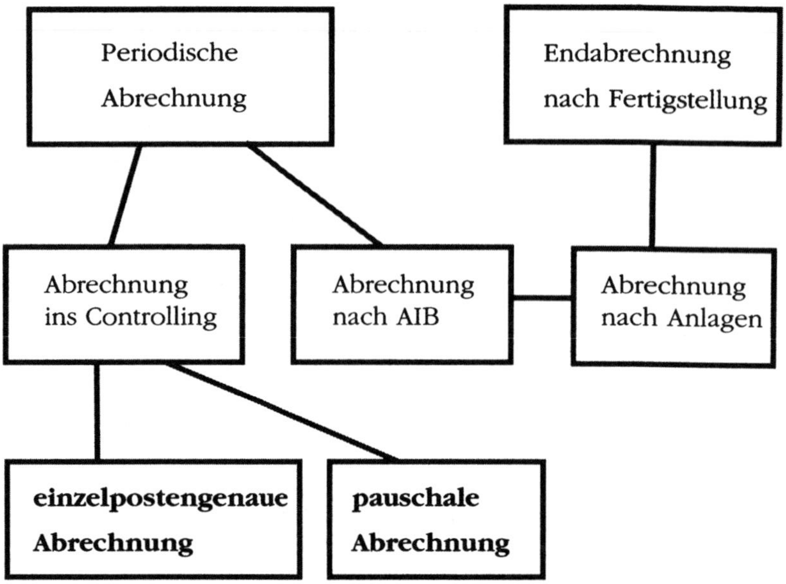

Einzelpostengenaue periodische Abrechnung im Controlling

Einzelpostengenau bedeutet, dass jedem Posten der Investitionsmaßnahme seine individuelle Abrechnungsregel zugeordnet wird. SAP bietet hierbei die Möglichkeit, die Abrechnungsregeln für die Abrechnung auf CO-Empfänger (sowie für die Gesamtabrechnung) frei zu definieren, indem im Investitionsprofil festgelegt wird, ob die Abrechnung nach Einzelposten (einzelpostengenau) oder summarisch erfolgen soll.

Aufteilungsregeln werden in **Aufteilungsregelgruppen** zusammengefasst. Eine Aufteilungsregelgruppe selbst legt fest, wie die Posten, die ihr zugeordnet sind, mit welchen Anteilen auf welche Empfänger abgerechnet werden. Die zulässigen Empfänger werden im Abrechnungsprofil festgelegt.

Die anteilsmäßige Verteilung der einzelnen Posten auf Controlling-Empfänger geschieht durch **Festlegung von Äquivalenzziffern oder Prozentzahlen**. So ist es möglich, die verschiedenen Posten einer Investitionsmaßnahme verschiedenen Aufteilungsregelgruppen zuzuordnen, die durch ihre Aufteilungsregeln bestimmen, zu welchem Prozentsatz, die ihr zugehörigen Posten an die Kostenempfänger verteilt werden. Dies geschieht am Ende einer Periode, z. B. am Monatsende, wenn das R/3-System die als nicht aktivierbar gekennzeichneten Posten ins Controlling abrechnet.

Im Controlling werden die einzelnen Posten dann dort hin abgerechnet wie es die einzelpostengenaue Abrechnungsregel vorschreibt. Die Kostenempfänger können u. a. Kostenstellen, Innenaufträge, PSP-Elemente, Ergebnisobjekte, Kostenträger sein.

Pauschale periodische Abrechnung im Controlling

Bei der pauschalen periodischen Abrechnung besteht der Unterschied zur einzelpostengenauen periodischen Abrechnung darin, dass nicht für einzelne Posten oder Postengruppen Aufteilungsregeln definiert werden, sondern die Untergliederung überhaupt nicht (für alle Posten die selbe Aufteilungsregeln) oder z. B. nach Kostenarten geschieht. Pauschale Aufteilungsregeln kommen dann zum Einsatz, wenn Einzelposten bestehen, für die nicht explizit eine einzelpostengenaue Aufteilungsregel definiert wurde oder alle Posten summarisch behandelt werden sollen.

Bei der **pauschalen periodischen Abrechnung nach Kostenarten** wird in einem Schema festgelegt, welche Kostenarten nach welcher Aufteilungsregel abgerechnet werden sollen. Bspw. werden die Kostenarten 0 - 100 im Ursprungsschema zusammengefasst. Über eine Ursprungszuweisung wird diesen Kostenarten eine Aufteilungsregel zugewiesen, die die einzelnen Kostenarten wieder mit Hilfe von Äquivalenzziffern oder Prozentangaben auf die festgelegten Empfänger verteilt.

Abb. 3.67
Verteilung der Kosten auf Empfänger

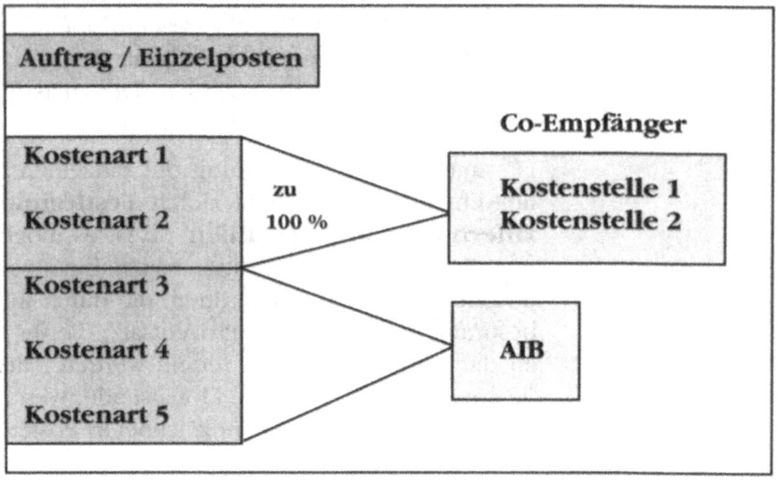

Periodische Abrechnung auf AiB

Am Ende einer Periode, wenn die für das Controlling gekennzeichneten Posten abgerechnet werden, führt das System R/3 automatisch und intern die Verrechnung der zu aktivierenden Leistungen an die zugehörige Anlage im Bau durch. Da der Gesetzgeber in verschiedenen Bereichen die Aktivierung von bestimmten Kostenarten nicht zulässt (z. B. bestimmte Gemeinkosten), bietet das System IM an, verschiedene Bewertungsbereiche verschieden zu aktivieren. Die Notwendigkeit dieses Vorganges wird deutlich, wenn wir das Rechnungswesen oder die Produktkalkulation betrachten, die immer mit tatsächlich angefallenen Kosten rechnen, also bestrebt sind 100 % zu aktivieren, während im Steuerrecht oder im Handelsrecht die volle Aktivierung nicht erlaubt ist.

Abgrenzungsschlüssel

Das IM-System realisiert dies durch Abgrenzungsschlüssel. Ist kein Abgrenzungsschlüssel vorhanden, werden alle Belastungen die ins AIB abgerechnet werden sollen, in allen Bewertungsbereichen voll abgerechnet. Der Abgrenzungsschlüssel wird im IM-Customizing definiert. Der Abgrenzungsschlüssel enthält den Prozentsatz, der festlegt, wie viel Prozent zu aktivieren sind, den Schlüssel der IM-Maßnahme, die Kostenart und die Versionsnummer.

Aktivierungsversion

Die Aktivierungsversion ordnet dem Abgrenzungsschlüssel dem/ den Bewertungsbereich/en der Anlagenbuchhaltung zu. Die Anteile, die nicht zu aktivieren sind, werden auf ein Konto „Neutraler Aufwand" gebucht, das vorher im Bewertungsbereich der entsprechenden Anlage im Bau anzulegen ist (IM-Customizing). Das Konto darf keine Kostenart sein, da sichergestellt werden muss, dass Belastungen nicht doppelt in die Kostenrechnung gelangen (einmal als Aktivierungsdifferenz/neutraler Aufwand und einmal über die spätere Abschreibung der fertigen Anlage).

Aktivierung im kalkulatorischen Bereich

Der für die Kostenrechnung (internes Rechnungswesen) reservierte Bewertungsbereich im AIB muss zu 100 % des zu verrechnenden Betrages an die Kostenrechnung liefern. Aus diesem Grunde, und weil das Konto „Neutraler Aufwand" dem externen Rechnungswesen zugehörig ist (nicht Co-relevant), ist es nicht möglich, in diesem Bereich ein Konto „Neutraler Aufwand" zu erstellen. Wäre in diesem Bereich ein Konto dieser Art zu finden, gingen dem internen Rechnungswesen für die Kalkulation Werte verloren. Im Customizing des Systems FI-AA wird festgelegt, welcher Bereich für die Kostenrechnung Verwendung findet. Wird dieses nicht explizit angegeben, verwendet das System für diesen Bereich das Handelsrecht. Eine Investitionsmaßnahme kann auch mehrere Anlagen im Bau haben. Sie hat dann, je Ursprungszuordnung des verwendeten Ursprungsschemas, eine eigene Anlage im Bau. Über das Investitionsprofil lässt sich dies steuern. Bei der AiB-Aktivierung werden dann alle Kostenarten einer Ursprungszuordnung auf jeweils eine eigene Anlage im Bau abgerechnet.

3.8.6 Gesamtabrechnung einer Investitionsmaßnahme

Ist die Investitionsmaßnahme abgeschlossen, erhält die Investitionsmaßnahme den Status „technisch abgeschlossen". Jetzt wird die Gesamtabrechnung durchgeführt. Diese kann auf mehrere verschiedene Empfänger erfolgen. Diese Empfänger sind in der Regel eine oder mehrere Anlagen. Es werden die Beträge abgerechnet, die auf Anlage im Bau belastet worden sind.

Es müssen analog zur periodischen Abrechnung - einzelpostengenau oder pauschal - für die Gesamtabrechnung der betroffenen Investitionsmaßnahmen Abrechnungsvorschriften festgelegt werden. Die Durchführung erfolgt analog wie im Kapitel „Periodische Abrechnung im Controlling". Generell sind aber pauschale Aufteilungsregeln ausreichend.

Es kann eine Anlage aus der Stammdatenpflege zu Aufträgen über die Option Zusätze angelegt werden. Es wird dann eine Gesamtabrechnungsvorschrift mit der Äquivalenzziffer 1 (entspricht 100 %) und der angelegten Anlage als Empfänger vom System erzeugt.

Bei umfangreichen Investitionen werden in manchen Fällen bestimmte Teile zeitlich aufeinanderfolgend in Betrieb genommen. Ist dies der Fall, können Abrechnungsvorschriften für die Gesamtabrechnung definiert werden, welche in der Gesamtsumme weniger als 100 % ergeben.

Bei Teilaktivierungen muss eine entsprechende Verarbeitungsart verwendet werden. Damit ist es möglich, die technisch eventuell noch nicht abgeschlossene Investitionsmaßnahme (Status im System) auf fertige Anlagen abzurechnen. Nach dem Buchen der Abrechnung können die benutzten Aufteilungsregeln nicht mehr geändert werden.

Literaturverzeichnis

CDI [Hrsg.]:
SAP R/3 Finanzwesen. Grundlagen, Anwendungen, Verlag Markt & Technik, München, 1996

CDI [Hrsg.]:
SAP R/3 Controlling. Grundlagen, Anwendungen, Verlag Markt & Technik, München, 1996

Falk-Kalms, E./Klenger, F.:
Kostenstellenrechnung mit SAP® R/3®. Mit Testbeispiel und Customizing für Studenten und Praktiker, Vieweg-/Gabler-Verlag, Reihe „Ausbildung und Studium", Braunschweig/ Wiesbaden, 1998

Gronau, N.:
Management von Produktion und Logistik mit SAP R/3, München/Wien/Oldenburg, 1996

Macha, R.:
Grundlagen der Kosten- und Leistungsrechnung, Frankfurt/ Main, 1998

Michel, R./Torspecken, H.-D.:
Grundlagen der Kostenrechnung, Kostenrechnung 1, 3. Aufl., München, 1989

Siemens Informationssysteme AG/Thome, R. [Hrsg]:
R/3 Modellfirma, LIVE Produktions- und Vertriebs AG, Version 4.5B, Dokumentation (CD), Würzburg, 1999

Wenzel, P. [Hrsg.]:
Betriebswirtschaftliche Anwendungen des integrierten Systems SAP R/3®, 3. Aufl., Vieweg-Verlag, Reihe „Edition Business Computing", Braunschweig/Wiesbaden, 1998

Wenzel, P. [Hrsg.]:
SAP® R/3®-Anwendungen in der Praxis. Anwendung und Steuerung betriebswirtschaftlich-integrierter Geschäftsprozesse mit ausgewählten R/3®-Modulen, Vieweg-Verlag, Reihe „Edition Business Computing", Braunschweig/Wiesbaden, 1997

Wenzel, P. [Hrsg.]:
Business Computing mit SAP R/3®. Modellierung, Steuerung und Management betriebswirtschaftlich-integrierter Geschäftsprozesse, Vieweg-/Gabler-Verlag, Reihe „Edition Business Computing", Braunschweig/Wiesbaden, 1998

Autorenverzeichnis

Die besondere Herausforderung im Studium, sich an ein Programmpaket der „Extraklasse“ heranzuwagen, führte die **Studenten/innen des vierten und fünften Semesters Wirtschaftsinformatik** (Fachbereich Informatik) an der Fachhochschule Konstanz bis an die Grenze der Belastbarkeit. Neben ihrem 36-stündigen Wochenpensum an der FH „büffelten“ viele von ihnen bis zu 50 Stunden zusätzlich für ihre Präsentationen und die schriftlichen Ausarbeitungen, die als Projekt-Vorlagen für dieses Buch dienten.

Von den Studierenden der Jahrgänge SS 1999 bis SS 2000 haben insgesamt 21 angehende Wirtschaftsinformatiker an den jeweiligen Kapiteln mitgewirkt:

1. Kapitel Finanzbuchhaltung

Arne Bittermann
Andre Güntert
Matthias Röger
Holger Rümmler
Adam Strebel

2. Kapitel Anlagenbuchhaltung

Michael Banzhaf
Andreas Buschbacher
Markus Jung
Michael Keck
Stephan Meinarzt
Volker Perkuhn
Stefan Schuch
Simon Vehovec
Kurt Zeller

3. Kapitel Kostenrechnung

ACHIM BAUR
JOHANNES GÜNTERT
TOBIAS HAUSSMANN
RALF HUBER
MARKUS JÄCKLE
STEFFEN RIEGER
CLEMENS SCHWARZ

Stichwortverzeichnis

A

B

C

D

E

F

L

M

N

O

P

R

S

T

Prof. Dr. *Paul Wenzel* ist Mitglied des Fachbereichs Informatik/Wirtschaftsinformatik an der Fachhochschule für Technik, Wirtschaft und Gestaltung, Konstanz. Er ist Mitglied in der „Deutschen SAP Anwendergruppe e. V., Walldorf" und „SAP AK Hochschule e. V., Walldorf".

GPSR Compliance

The European Union's (EU) General Product Safety Regulation (GPSR) is a set of rules that requires consumer products to be safe and our obligations to ensure this.

If you have any concerns about our products, you can contact us on ProductSafety@springernature.com

In case Publisher is established outside the EU, the EU authorized representative is:

Springer Nature Customer Service Center GmbH
Europaplatz 3
69115 Heidelberg, Germany

Batch number: 10584556

Printed by Printforce, the Netherlands